ちくま学芸文庫

常微分方程式

竹之内 脩

JN089580

筑摩書房

まえがき

　本書は，教養課程の微分積分学を修得した段階における常微分方程式のテキスト，または学習書として述作したものである．

　著者は約10年間にわたり，大阪大学基礎工学部において，2年次学生に対し，常微分方程式の講義を行ってきた．その間，多くの著書を参照してきたのであるが，そして邦書で常微分方程式に関するものは非常に多数存在するのであるが，外国における教科書と比較するとき，大きな違いのあるのを感じた．それは，邦書では，非常に初等的に，求積法と多少偏微分方程式への導入にまで言及しているような書物であるか，あるいは高度の専門書かであるのに対し，外国書では，教科書といえども主要なことは一通り書いてあり，一冊を通読すればほぼ常微分方程式に関する概観が得られるようになっていることである．これは，一つには日本では，教養課程のみを対象として考えていることが多く，専門課程の入口での教育のための著書が，あまり考慮されていなかった点にあるのではないかと思われる．

　本書は，以上のような点を考慮して叙述した．特に，考

慮した点を列挙しよう.

1. 理工系の学生諸君が,微分方程式の問題を身辺に感ずるように,A.第1章に,多くの例と,それに伴って発生する微分方程式上の問題について,できるだけ多岐にわたって述べた.

2. 定数係数の線形常微分方程式系の計算で,行列演算を積極的に用いた.これは,現在,応用方面で非常に行列が活用されているのにかんがみて,教養課程において通常学ぶ線形代数学との連係を深める意味でもある.また,行列の指数関数についても,これを活用できるよう配慮した.(A.第3章)

3. 解の定性的研究について,だいたいの方向がわかる程度の議論をした.(B.第2章)これは,従来,邦書の教科書ではほとんど述べられていなかったものである.しかし,これが現在,常微分方程式研究の主流であり,また工学上,制御方面等における広い応用などを考慮すれば,現代における常微分方程式の教科書としては当然1章をあてるべきものと思われる.

4. C編では古典的な複素領域における微分方程式の議論をした.これは関数論の知識を要するので,第1章では整級数展開だけで話がすむもの,第2章では関数論の知識を活用するもの,と分けた.

5. 全般に,できるだけ多くの図を入れた.微分方程式では,解の形状が主要な関心であるので,求積法によって解の求まるものでも,その概形を図にすることは

　　たいせつなことである．大ていは計算の困難な関数形
　　が出てくることが多いので，とかくこうしたことは敬
　　遠されがちであるが，読者においても試みていただき
　　たいことである．

　以上，本書の叙述上の特色ともいえるべきものをあげた
が，なお本書でも，常微分方程式の全貌を概観し得たとは
いい難い．論ずべき残された大きな問題としては，

　　a　　境界値問題

　　b　　数値積分法

がある．このうち a については，別著『フーリエ展開』
において叙述する．b については他の著書を参照された
い．（たとえば，一松信著『微分方程式と解法』教育出版）

　なお，本書を教科書として用いるにあたって，大阪大学
では教養課程の微分積分学において求積法は習得している
ので，筆者は，だいたい A. 3-3 からの内容を講述してい
ることを参考までに記しておく．

　昭和 52 年 2 月

　　　　　　　　　　　　　　　　　著者しるす

もくじ

A 常微分方程式の解法

B　常微分方程式の基礎理論

常 微 分 方 程 式

A　常微分方程式の解法

第1章　微分方程式

　微分方程式は，自然現象，社会科学的現象，工学的現象などの記述や解析のために広く利用されている．これらの背景をふまえて，微分方程式の議論は微分積分法の誕生とともに，数学における中心的テーマとして扱われてきた．

　微分方程式では，もちろんその解が問題であるが，だんだんと知られるように，非常に限られた場合を除いて，微分方程式の解を explicit な形に求めることはできない．A編では，この限られたいくつかの場合に微分方程式の解を具体的に求めることを問題とするが，それが不可能な場合でも，解があるのか，どのような性質をもっているのか，というようなことを考察する．この章では，微分方程式が利用されるいくつかの例をあげて，研究上の問題点を考察しよう．

　なお，1-2 ④，⑤では，変分法，偏微分方程式についても触れた．これは，導入部分としてはすこし先走りであるが，できるだけ関連する問題にも触れておきたかったのと，本書では扱わなかった境界値問題にも言及しておきたかったためである．この部分は，以後の章には全く関係がないから，省略しても，あとの理解には差し支えない．

1-1　微分方程式

　一つ，あるいはいくつかの変数に関する，一つ，あるいはいくつかの関数と，その導関数との間の方程式の形で書かれた関係を，微分方程式という．

　もう少し具体的に説明しよう．

　いま，x, y, z，3 変数の関数 $F(x, y, z)$ があるとする．このとき，変数 x の適当な区間 I で定義された C^1 級関数 $g(x)$ があって，$g(x)$ の導関数を $g'(x)$ で表すとき，$x \in I$ ならば点 $(x, g(x), g'(x))$ は F の定義域にあり，かつ

　　　$F(x, g(x), g'(x)) = 0$　　　（I において恒等的に）

となるとき，$y = g(x)$ は微分方程式 $F(x, y, y') = 0$ の解であるという．そして，$F(x, y, y') = 0$ を，このような関数——解——$g(x)$ を扱う問題として考察しているとき，これを微分方程式とよぶ．

　微分方程式の形は多様だが，いずれも，上述したことと類似に解釈すればよい．

　なお，上記では，$g(x)$ の導関数を $g'(x)$ で表したが，変数を t——時刻変数——にとっているときは，ニュートンの記法 $\dot{g}(t)$ も用いる．

　変数（独立変数）の数が一つのとき常微分方程式，変数の数が複数あり，したがって未知関数の偏導関数を含む微分方程式を偏微分方程式という．

　方程式の数が 1 個のときは単独の微分方程式，方程式の数が複数あるときは連立の微分方程式，または微分方程式

系という.

また, 微分方程式中に（形式上）現れた最高階の導関数を, この微分方程式の**階数**という.

① x を変数, y を関数として, $y' = ky$ （k は定数）

　　……単独 1 階常微分方程式

② t を変数, x, y をその関数として, $\begin{cases} \dot{x} = y \\ \dot{y} = -x \end{cases}$

　　……連立 1 階常微分方程式, または 1 階常微分方程式系

③ t, x を変数, u をその関数として, $\dfrac{\partial u}{\partial t} = k\dfrac{\partial^2 u}{\partial x^2}$ （k は定数）

　　……単独 2 階偏微分方程式

④ x, y を変数, u, v をその関数として, $\dfrac{\partial u}{\partial x} = \dfrac{\partial v}{\partial y}$, $\dfrac{\partial u}{\partial y} = -\dfrac{\partial v}{\partial x}$

　　……連立 1 階偏微分方程式, または 1 階偏微分方程式系

本書では, 偏微分方程式については, いくつかの例を触れるにとどめる.

①において, c を任意の定数とするとき, $y = ce^{kx}$ は $]-\infty, \infty[$ において微分方程式 $y' = ky$ を満たし, この微分方程式の解である.

1 階常微分方程式 $F(x, y, y') = 0$ に対して 1 個の任意

定数 c を含む x の関数（x, c 2 変数の関数）$y(x, c)$ があって，ここで c を一つきめると $y = y(x, c)$ が常にこの微分方程式の解になっている場合，$y(x, c)$ を**一般解**といい，一般解において c の値を指定することによって得られる解を**特解**という．（微分方程式の解は，このような単純な表現ではすまされない問題をいろいろ含んでいるが，これは本書を通じて明らかになっていくだろう．）

　2 階以上の常微分方程式，連立常微分方程式についても一般解が同様に考えられる．l 階単独常微分方程式では，l 個の任意定数を含んだものを**一般解**とよぶ．

1-2　微分方程式を利用した具体的諸問題

①消長の法則

　時間変化をする集団の状況を記述する量を $x = x(t)$ とする．増加・減少の割合が，そのときの x の値に比例するとき，たとえば人口の増加，放射性元素の崩壊などの微分方程式は，

$$\dot{x} = kx \quad (k > 0 のときは増加，k < 0 のときは減少)$$

$$(1)$$

　この微分方程式の解は，

$$x = ce^{kt} \quad (c は定数) \tag{2}$$

であることはよく知られているところである．

　実際，$x = e^{kt}u$ として(1)に代入してみると，（e^{kt} は決して 0 にならない関数だから，x がどんな関数であって

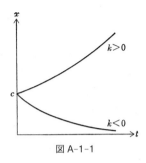

図 A-1-1

も，この形におくことができる）$e^{kt}\dot{u} + ke^{kt}u = ke^{kt}u$，すなわち $e^{kt}\dot{u}=0$，すなわち，$\dot{u}=0$ となり，u が定数でなければならないから，(1)の解はすべて(2)の形のものである．ここで，定数 c はある時刻 t_0 における x の値 x_0 によって定める．これを**初期値**という．

　なお，微分方程式の解は，図 A-1-1 のように図示するとわかりやすい．解の関数のグラフである曲線をこの微分方程式の**解曲線**，あるいは**積分曲線**という．

　ニュートンの冷却の法則　熱せられた物体，あるいは冷却された物体が大気中に放置されるときの温度低下，あるいは温度上昇の割合は，外気との温度差に比例する．

　微分方程式は，

$$\dot{x} = k(x-M)　（k, M は定数）\tag{3}$$

$y = x - M$ とおくと，M は定数だから $\dot{y} = \dot{x}$ で，

$$\dot{y} = \dot{x} = k(x-M) = ky$$

　したがって(1)から，

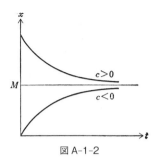

図 A-1-2

$$y = ce^{kt} \quad (c \text{ は定数})$$

が得られ，

$$x = M + ce^{kt} \quad (c \text{ は定数})$$

が (3) の解であることが知られる．c は初期値によって定める．解曲線の形は，図 A-1-2.

抑止力の働く過程　増加の割合は，だいたいそのときの x の値に比例すると考えられるが，ある飽和点があって，x の値がその値に近づくにつれて抑止力がかかり生長がおさえられるような場合：たとえば，消費材の売行きなど，普及の度が進むにつれておそくなる．いま，飽和点を p とし，抑止のファクターとして $p-x$ がかかるものとして，このような過程の一つのモデルとして次の微分方程式が考えられる．

$$\dot{x} = kx(p-x) \quad (k, p \text{ は定数})$$

このような微分方程式を扱うには，t と x の役割を入れかえて考えるのが，解を求めるのに便利なことがよくあ

る．$\dfrac{dx}{dt} \neq 0$ ならば，逆関数の存在によって x が t の関数と考えられると同時に，t が x の関数と考えられるから，このような操作は自由に許され，かつ $\dfrac{dt}{dx} = \dfrac{1}{\dfrac{dx}{dt}}$ である．

　今の場合にこれをあてはめれば，$x \neq 0$，$x \neq p$ ならば $\dot{x} \neq 0$ であるから，

$$\frac{dt}{dx} = \frac{1}{\dot{x}} = \frac{1}{kx(p-x)} = \frac{1}{kp}\left(\frac{1}{x} + \frac{1}{p-x}\right)$$

ゆえに，

$$t = \frac{1}{kp}\left(\log|x| - \log|p-x|\right) + C = \frac{1}{kp}\log\left|\frac{x}{p-x}\right| + C$$

$$（C \text{ は積分定数}）$$

これより，

$$\left|\frac{x}{p-x}\right| = e^{-kpC}e^{kpt}$$

　いま問題になっているのは $0 < x < p$ という部分であるから，そこでは，

$$\frac{x}{p-x} = ce^{kpt} \quad \left(c = e^{-kpC} \text{ とおいた．} c \text{ は正の定数}\right)$$

$$\therefore \quad x = \frac{pe^{kpt}}{e^{kpt} + c} \quad （c \text{ は正の定数}）$$

　$0 < x < p$ の範囲内にある解曲線は，図 A-1-3 の形であり，この曲線はロジスティック曲線とよばれる．

　化学反応における 2 物質の反応（2 次反応）生成物の量

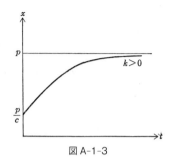

図 A-1-3

などは，この曲線で記述される．（→演習問題 4）

②幾何学的問題

　ニュートン，ライプニッツにおける微分積分法の発見
は，曲線に接線を引く方法の研究に端を発したものであっ
た．したがって，接線の性質から曲線の形状を決定しよう
という問題は，初期の微分積分法によってしばしば扱われ
たものであった．

　図 A-1-4 において，PT を接線，PR を法線とすると
き，TH を接線影，RH を法線影，PT を接線の長さとい
う．これらが一定な曲線を求めることなどが，そのような
種類の問題である．

　接線の長さが一定な曲線

　$y = f(x)$ をこの曲線（図 A-1-4）とするとき，PH $=$
$y = y' \cdot$ TH であるから，

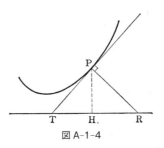

図 A-1-4

$$\mathrm{PT} = \sqrt{\mathrm{PH}^2 + \mathrm{TH}^2} = \sqrt{y^2 + \frac{y^2}{y'^2}}$$

$$= \left| \frac{y}{y'} \right| \sqrt{1 + y'^2}$$

一定の長さを a とすれば，これが a に等しいことになる.

　いま，$y = f(x)$ を逆に x を y の関数と見て $x = g(y)$ として，x の y に関する導関数をまた x' で表すこととすれば，

$$x' = \frac{1}{y'} \quad \text{そして} \quad \left| \frac{y}{y'} \right| \sqrt{1 + y'^2} = a \quad \text{より.} \quad \sqrt{1 + x'^2} = \frac{a}{|y|}$$

$$\therefore \quad x' = \sqrt{\frac{a^2}{y^2} - 1} = \frac{\sqrt{a^2 - y^2}}{|y|}$$

$$\therefore \quad x = \pm \int \frac{\sqrt{a^2 - y^2}}{y} dy$$

$$= \pm \left(\sqrt{a^2 - y^2} + a \log \left| \frac{a - \sqrt{a^2 - y^2}}{y} \right| \right) + c$$

これは，図 A-1-5 の曲線を左右にずらせたものになる.

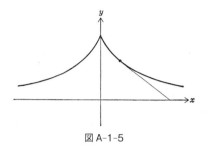

図 A-1-5

この曲線を**トラクトリックス**（追跡線）という.

　微分方程式の解は一般に任意定数を含むから，これを逆に見るならば，パラメーターを含む関数によって表される曲線群に共通な性質として，このパラメーターを消去した結果が微分方程式であると見ることができる．この立場で，一，二の例を扱ってみよう.

xy 平面内で半径が一定であるような円群から導かれる微分方程式

　この一定の半径を r とすれば，この円群は，a, b をパラメーターとして，

$$(x-a)^2+(y-b)^2 = r^2$$

で表される．y を x の関数と見て微分すれば，

$$2(x-a)+2(y-b)y' = 0 \qquad \therefore \quad x-a = -(y-b)y'$$
$$2+2y'^2+2(y-b)y'' = 0 \qquad \therefore \quad (y-b)y'' = -(1+y'^2)$$

$$\therefore \quad r^2 = (x-a)^2 + (y-b)^2 = y'^2(y-b)^2 + (y-b)^2$$

$$= (1+y'^2)\frac{(1+y'^2)^2}{y''^2} = \frac{(1+y'^2)^3}{y''^2}$$

すなわち,

$$\frac{|y''|}{(1+y'^2)^{3/2}} = \frac{1}{r}$$

という2階の常微分方程式を得る. 左辺は, $y = f(x)$ の
曲率であり, したがって, この微分方程式は, 曲率が一定
という関係を表したものである.

　二つの曲線 $y = f(x)$ と $y = g(x)$ は, その交点において
それぞれの曲線にひいた接線が直交するとき, 互いに**直交**
するという. この関係は交点において $f'(x)g'(x) = -1$ と
表される.

焦点を同じくする楕円群の各曲線に直交するような曲線

　楕円 $\dfrac{x^2}{a^2} + \dfrac{y^2}{b^2} = 1$ $(a > b > 0)$ の焦点は $(\pm\sqrt{a^2-b^2}, 0)$
であるから, 焦点が共通というのは $a^2 - b^2 = k^2$ (定数)
ということである.

$$\frac{x^2}{a^2} + \frac{y^2}{b^2} = 1 \quad \text{より} \quad \frac{2x}{a^2} + \frac{2y}{b^2}y' = 0$$

$$\therefore \quad a^2 = x^2 - \frac{xy}{y'}, \quad b^2 = y^2 - xyy'$$

$$\therefore \quad xyy'^2 + (x^2 - y^2 - k^2)y' - xy = 0$$

　これが共焦点楕円群の満足する微分方程式であり，これに直交する曲線群の微分方程式は，この式で y' を $-(y')^{-1}$ でおきかえれば得られる．その結果は

$$xyy'^2 + (x^2 - y^2 - k^2)y' - xy = 0 \qquad (4)$$

となり，同じ方程式となる．

　そこで(4)の解を求めてみよう．もともと，出発した式では x^2, y^2 の形で x, y が含まれているので，$\xi = x^2, \eta = y^2$ とおいて ξ, η の関係になおす．

$\dfrac{d\eta}{d\xi} = \dfrac{d\eta}{dx} \Big/ \dfrac{d\xi}{dx} = \dfrac{2yy'}{2x} = \dfrac{yy'}{x}$ であるから，(4)から，

$$\left(\frac{d\eta}{d\xi}\right)^2 + \frac{1}{\xi}(\xi - \eta - k^2)\frac{d\eta}{d\xi} - \frac{\eta}{\xi} = 0$$

いま，$\dfrac{d\eta}{d\xi} = p$ とおくと，これより，

$$\eta = \xi p - k^2 p(1+p)^{-1} \qquad (5)$$

となる．これをさらに ξ について微分すると，

$$p = p + \xi p' - k^2 p'(1+p)^{-1} + k^2 p(1+p)^{-2} p'$$

$$\therefore \quad p'((1+p)^2 \xi - k^2) = 0$$

第 2 因子 $= 0$ のときは，これと(5)より，$\eta = -\dfrac{k^2 p^2}{(1+p)^2}$

を得る．$\eta = y^2 \geqq 0$ であるから，これより $\eta = 0$, $p = 0$.

　また，$p' = 0$ のときは $p = C$（定数）

　(5)に代入すれば，$y^2 = Cx^2 - k^2 C(1+C)^{-1}$

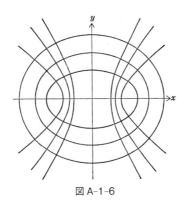

図 A-1-6

$$\therefore \quad \frac{x^2}{k^2(1+C)^{-1}} - \frac{y^2}{k^2C(1+C)^{-1}} = 1 \qquad (6)$$

ここで $-1 < C < 0$ ならば，この方程式の表す曲線は楕円となるが，$C > 0$ のときは x 軸を軸とする双曲線が得られ，これが求める曲線である．（$C < -1$ のときは(6)は xy 平面内に図形を表さない．また $C = 0$ のときとして x 軸がある．）

双曲線 $\dfrac{x^2}{a^2} - \dfrac{y^2}{b^2} = 1$ の焦点は $(\pm\sqrt{a^2+b^2}, 0)$ であるから，(6)の双曲線の焦点は $(\pm k, 0)$ となり，もとの楕円群と焦点を共有する双曲線であることがわかる．

③力学の問題，その他，物理学上の問題

ニュートン力学は，その基礎を運動の **3 法則**においてい

図 A-1-7

る．その**第 2 法則**：「物体の運動の変化は力の作用に比例
し，その力の働く直線の方向に起こる．」

　物体の質量 m と速度 $\boldsymbol{v}$ との積 $m\boldsymbol{v}$ を運動量という．こ
の法則は，適当な単位で表した力を F とするとき，

$$\frac{d}{dt}(m\boldsymbol{v}) = F \tag{7}$$

と表される．（ベクトル値関数の微分法については，後に
述べるが，要するに各成分を微分したものを成分とするベ
クトルである．）

　$\dot{\boldsymbol{v}}$ は加速度 $\boldsymbol{a}$ であるから，m が一定のときには，

$$m\boldsymbol{a} = F, \quad \text{あるいは} \quad m\ddot{x} = F \tag{8}$$

となる．(7)あるいは(8)を**運動方程式**という．

　落下の法則　質量 m の物体を重力のみの作用で落下さ
せるとき，重力の加速度を g とすれば，運動方程式は，
物体の動く鉛直線を x 軸（上向きにとる．図 A-1-7）と
するとき，

$$m\ddot{x} = -mg$$

これは 2 階の常微分方程式であり，その解は，

$$x = -\frac{1}{2}gt^2 + v_0 t + x_0$$

　ここで落下しはじめる時刻を $t=0$ とし，そのときの物
体の位置が x_0，初速度が v_0 である．なお，抵抗のある場
合は後に扱う．

　放物体の運動　質量 m の物体を空間内にほうり出すとき
を考えてみよう．ただし，ほうり出した後は，重力の作用
のみを受けて落下するものとする．

　この物体は一つの鉛直面内を動くから，この鉛直面内
に，水平方向に x 軸，垂直方向に y 軸をとる．重力によ
る加速度ベクトルは $-\boldsymbol{g} = (0, -g)$ であり，運動方程式
は，$\boldsymbol{x} = \boldsymbol{x}(t) = (x(t), y(t))$ として，

$$m\ddot{\boldsymbol{x}} = -m\boldsymbol{g}$$

あるいは成分に分けて，

$$m\ddot{x} = 0$$

$$m\ddot{y} = -mg$$

という連立の 2 階常微分方程式を得る．いま，$t=0$ にお
いてほうり出したとして，はじめの位置を $\boldsymbol{x}_0 = (x_0, y_0)$，
はじめの速度ベクトルを $\boldsymbol{v}_0 = (v_{x0}, v_{y0})$ とすれば，この

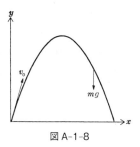

図 A-1-8

連立微分方程式の解は,

$$x = v_{x0}t + x_0$$

$$y = -\frac{1}{2}gt^2 + v_{y0}t + y_0$$

これより t を消去すれば（$v_{x0} \neq 0$ とする. $v_{x0} = 0$ なら
ば上記の落下の場合である）y は x の 2 次関数として表
され, 物体は xy 平面（鉛直平面）内に放物線をえがく.
（図 A-1-8）

　単振動　直線上を運動する物体が, 1 定点から, 変位に
比例する力を受ける場合, この定点を原点にとったとき,
運動の方程式は,

$$m\ddot{x} = -kx \quad (k \text{ は定数} > 0) \tag{9}$$

$\dfrac{k}{m} = \omega^2$ とおけば, この微分方程式は

$$\ddot{x} = -\omega^2 x \tag{10}$$

となり, その解は,

$$x = a\cos\omega t + b\sin\omega t \quad (a, b \text{ は定数})$$

あるいは,

$$x = A \sin(\omega t + \delta) \quad (A, \delta \text{ は定数}) \tag{11}$$

である. $x = A \sin(\omega t + \delta)$ が (10) の解であることは, $\cos$, あるいは $\sin$ を 2 回微分すれば $-\cos$, $-\sin$ となることから当然であるが, これで, (10) の解が尽くされることを示そう.

いま, (9) について, 次の式を考える.

$$u = \frac{1}{2} m \dot{x}^2 + \frac{1}{2} k x^2 \tag{12}$$

$\dot{u} = m \dot{x} \ddot{x} + k x \dot{x} = (-kx)\dot{x} + kx\dot{x} = 0$ であるから, $x = x(t)$ が解ならば, $\dot{u}(t) = 0$, すなわち $u(t) = $ 定数である.

一般に運動方程式 (7) において, 力 F に対し, ある関数 $U(x)$ があって,

$$F = -\operatorname{grad} U$$

と表されるときは, F は**ポテンシャルのある力**, あるいは**保存力**とよばれ, U をこの力の**ポテンシャル**という. 今の場合, 1 次元であるから, $\operatorname{grad} U = \dfrac{dU}{dx}$ であり, したがって, $U = \dfrac{1}{2} k x^2$ とすれば, これがこの物体に働く力のポテンシャルになっている. そして, $m\ddot{x} = -\dfrac{dU}{dx}$ の両辺に $\dot{x} = \dfrac{dx}{dt}$ をかければ,

$$m\dot{x}\ddot{x} = -\frac{dU}{dx}\frac{dx}{dt} = -\frac{d}{dt}U(x(t))$$

$$\therefore \quad \frac{d}{dt}\left(\frac{1}{2}m\dot{x}^2 + U(x(t))\right) = 0$$

$$\therefore \quad \frac{1}{2}m\dot{x}^2 + U(x(t)) = c \quad (\text{一定}) \qquad (13)$$

である. $\frac{1}{2}m\dot{x}^2$ はこの物体の運動のエネルギーとよば
れ, U はポテンシャルエネルギーといわれる. したがって,
(13)はいわゆるエネルギーの保存則を表す式である.

　式(12)のもつ意味は以上のとおりである.

　さて, $x = x(t)$ を(10)の解とする. $t = 0$ のときの $x(t)$,
$\dot{x}(t)$ の値をそれぞれ α, β とすれば（初期値）, $A\sin\delta =$
$\alpha, -\omega A\cos\delta = \beta$ から A, δ を定めてそれを(11)における
A, δ として用いれば, これが一つの解である.

　そこで,

$$g(t) = x(t) - A\sin(\omega t + \delta) \qquad (14)$$

とおけば, $x = g(t)$ も(10)の解であることは直ちに確か
められるが, これについては $g(0) = \dot{g}(0) = 0$ が成り立っ
ている. $g(t)$ について, (12)で定められる関数 $u(t)$ をつ
くってみよう.

$$u(t) = \frac{1}{2}m\dot{g}(t)^2 + \frac{1}{2}kg(t)^2 \qquad (15)$$

これが定数であることはすでに述べたところである. と
ころで, $t = 0$ では右辺は 0 であるから $u(t) = 0$. したが

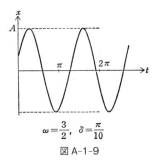

$$\omega = \frac{3}{2}, \quad \delta = \frac{\pi}{10}$$

図 A-1-9

って, すべての t の値について $u(t) = 0$ であることになる. (15)の右辺の形から, このとき, すべての t について $g(t) = 0$ でなければならないこととなる.

　したがって(14)から, (10)の解はすべて(11)の形で与えられることが知られる.

　この運動を単振動という. A は最大に振れたときの座標で, 振幅という. また $\omega t + \delta$ を振動の位相という. δ は $t = 0$ のときの位相で, 初期位相という.

　$T = \dfrac{2\pi}{\omega}$ を周期, $\dfrac{1}{T} = \dfrac{\omega}{2\pi}$ を振動数という.

　抵抗のある場合 (減衰振動), 外力のある場合 (強制振動) については, 後に論ずる.

　なお, 物体が平面内を運動し, その x 軸, y 軸への射影がともに単振動であるとき, もしそれらの振動数の比の値が有理数ならば, この物体が動いてできる図形をリサジュー図形という. (図 A-1-10)

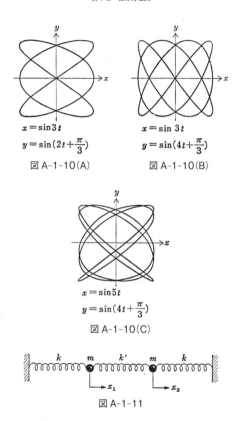

$x = \sin 3t$

$y = \sin\left(2t + \dfrac{\pi}{3}\right)$

図 A-1-10(A)

$x = \sin 3t$

$y = \sin\left(4t + \dfrac{\pi}{3}\right)$

図 A-1-10(B)

$x = \sin 5t$

$y = \sin\left(4t + \dfrac{\pi}{3}\right)$

図 A-1-10(C)

図 A-1-11

自由度 2 の系の振動 図 A-1-11 のように，二つの質点をバネでつないだものを考える．どちらも質量は同じく m とし，バネ定数を k, k', k とする．質点にかかる力はバ

ネの力だけとすれば，運動方程式は，それぞれの安定点からの距離を x_1, x_2 として，

$$\left.\begin{array}{l} m\ddot{x}_1 = -kx_1 + k'(x_2 - x_1) \\ m\ddot{x}_2 = -k'(x_2 - x_1) - kx_2 \end{array}\right\} \qquad (16)$$

という連立 2 階の常微分方程式となる．

　この方程式の解を一般に論ずることは，3-4 においてなされるが，いま，これに対し，それぞれ周期，位相の等しい単振動の形で，

$$x_1 = A_1 \sin(\omega t + \delta),$$
$$x_2 = A_2 \sin(\omega t + \delta)$$

の形の解を想定する．これを**規準状態**という．(16)に代入すれば，

$$(-m\omega^2 + k + k')A_1 - k'A_2 = 0,$$
$$-k'A_1 + (-m\omega^2 + k + k')A_2 = 0$$

A_1, A_2 を消去すると，

$$\begin{vmatrix} -m\omega^2 + k + k' & -k' \\ -k' & -m\omega^2 + k + k' \end{vmatrix} = 0,$$

すなわち $(m\omega^2 - k - k')^2 - k'^2 = 0$

これを ω について解いて，

$$\omega_1 = \sqrt{\frac{k}{m}}, \quad \omega_2 = \sqrt{\frac{k + 2k'}{m}}$$

という解が得られ，

図 A-1-12

$$\omega = \omega_1 \quad とすれば \quad A_1 = A_2,$$
$$\omega = \omega_2 \quad とすれば \quad A_1 = -A_2$$

すなわち

第一の規準状態は，$x_1 = A_1\sin(\omega_1 t + \delta_1),$
$$x_2 = A_1\sin(\omega_1 t + \delta_1)$$

第二の規準状態は，$x_1 = A_2\sin(\omega_2 t + \delta_2),$
$$x_2 = -A_2\sin(\omega_2 t + \delta_2)$$

一般の場合は，これの重ね合わせ（合成）である．（図 A-1-12）

単振子　1点 P で一端を支持された長さ l の糸の先端につけられた質量 m のおもりの運動を考える．（糸の重さは無視する．また，糸はピンと張られているとする．）おもりは重力の作用のみを受けるとし，糸が P を通る鉛直線となす角を θ とすれば，図 A-1-13 から知られるように，運動方程式は，

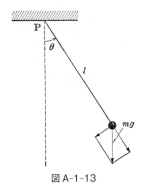

図 A-1-13

$$ml\ddot{\theta} = -mg\sin\theta$$

となる.

　振子の振れが小さく，$\sin\theta = \theta$ とみなされる程度であれば，その運動は単振動として記述される．しかし，振子の振れが相当に大きいときは，このような扱いはできない．この際，微分方程式の解には楕円関数が現れる．

　実際，いま $\dfrac{g}{l} = h^2$，$h > 0$ とすれば，

$$\frac{d}{dt}(\dot{\theta}^2) = 2\dot{\theta}\ddot{\theta} = -2h^2\sin\theta\cdot\dot{\theta} = \frac{d}{dt}(2h^2\cos\theta) \quad \text{より,}$$

$$\dot{\theta}^2 = 2h^2\cos\theta + c \quad (c \text{ は定数}) \quad \text{すなわち,}$$

$$\dot{\theta} = \sqrt{2h^2\cos\theta + c}$$

振子が最大に振れた角を θ_0 とすれば，そこで $\dot{\theta} = 0$ であるから，$2h^2\cos\theta_0 + c = 0$　そして，

$$\sqrt{2h^2\cos\theta + c} = \sqrt{2}h\sqrt{\cos\theta - \cos\theta_0}$$

$$= \sqrt{2}h\sqrt{\left(1-2\sin^2\frac{\theta}{2}\right) - \left(1-2\sin^2\frac{\theta_0}{2}\right)}$$

$$= 2h\sqrt{\sin^2\frac{\theta_0}{2} - \sin^2\frac{\theta}{2}}$$

ここで $\sin\frac{1}{2}\theta = k\sin\varphi$, $k = \sin\frac{1}{2}\theta_0$ とおいて, φ に変数変換すれば, 右辺は $2hk\cos\varphi$ となる. そして,

$$\frac{1}{2}\cos\frac{1}{2}\theta \cdot \dot{\theta} = k\cos\varphi\cdot\dot{\varphi}$$

$$\therefore \quad \frac{dt}{d\varphi} = \frac{1}{\dot{\varphi}} = \frac{2k\cos\varphi}{\cos\frac{1}{2}\theta}\cdot\frac{1}{\dot{\theta}}$$

$$= \frac{2k\cos\varphi}{\sqrt{1-\sin^2\frac{1}{2}\theta}}\frac{1}{2hk\cos\varphi}$$

$$= \frac{1}{h}\frac{1}{\sqrt{1-k^2\sin^2\varphi}}$$

これより, $t=0$ のとき $\theta=0$, したがって, $\varphi=0$ であるものとすれば,

$$t = \frac{1}{h}\int_0^\varphi \frac{1}{\sqrt{1-k^2\sin^2\xi}}d\xi$$

この右辺の積分は**第1種の楕円積分**とよばれ, $F(\varphi, k)$ で表される.

ゆえに,

$$t = \frac{1}{h} F(\varphi, k)$$

さらに $x = \sin \varphi$ とおいて，x に変数変換すれば，

$$\frac{dt}{dx} = \frac{dt}{d\varphi} \frac{d\varphi}{dx} = \frac{1}{h} \frac{1}{\sqrt{1 - k^2 \sin^2 \varphi}} \frac{1}{\cos \varphi}$$

$$= \frac{1}{h} \frac{1}{\sqrt{(1 - x^2)(1 - k^2 x^2)}}$$

ゆえに，また，

$$t = \frac{1}{h} \int_0^x \frac{du}{\sqrt{(1 - u^2)(1 - k^2 u^2)}}$$

したがって，t は x の関数として上述のように表されるが，ここで，右辺の積分の逆関数が**楕円関数** sn である．したがって，

$$x = \operatorname{sn} ht$$

いま，

$$K = K(k) = \int_0^{\pi/2} \frac{1}{\sqrt{1 - k^2 \sin^2 \xi}} d\xi$$

$$= \int_0^1 \frac{du}{\sqrt{(1 - u^2)(1 - k^2 u^2)}}$$

とすれば，この運動は $\dfrac{4K(k)}{h}$ を周期とする運動になる．この積分値を**第 1 種完全楕円積分**という．ここで $k = \sin \dfrac{1}{2} \theta_0$ であるから，単振動の場合と異なり，周期が振幅と関係して変化することが知られる．

単振子の運動はなお B. 第 2 章において述べる．（→B.

2-2[2]）

　ケプラーの法則と万有引力の法則　ニュートン力学の最初
の大きな成功は，太陽系の惑星の運動に関するケプラーの
法則と，万有引力の法則が同値であることを示したことで
ある．

　ケプラーは，ティコ・ブラーエが 16 世紀末約 30 年に
わたって惑星の運動を観測した記録をもとに研究を重ねた
結果，惑星の運動に関する 3 法則を発見した．

　ケプラーの第 1 法則　惑星は太陽のまわりを楕円軌道を
えがいて運動し，太陽はこの楕円の一方の焦点のところに
ある．（1605 年）

　第 2 法則　惑星と太陽を結ぶ線分は，ある一定の時間に
は等しい面積をおおう．（1602 年）

　第 3 法則　惑星の公転周期（太陽のまわりを一めぐりす
る時間）を T，楕円軌道の長軸の半分の長さ（太陽と惑
星との距離の逆数平均はこの長さの逆数に等しい）を a
とすると，T の 2 乗は a の 3 乗に比例する．（1618 年）

　当時，惑星は太陽を中心とする球面の上にくくりつけら
れて動いているように考えられていたので，楕円軌道をえ
がくということになると，太陽と惑星の間が何によって結
ばれているかということが問題になった．多くの学者がこ
れについていろいろ仮説をたてたが，ニュートンは，つい
にこのケプラーの法則が，**万有引力の法則**——宇宙のあら
ゆる物体は互いに引きあって，その引力の大きさは，それ
らの質量の積に比例し，距離の 2 乗に反比例する——と

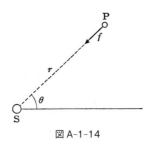

図 A-1-14

同等である，という決定的な結果を得た．(1684 年)

いま，万有引力の法則を認めてケプラーの法則を導いてみよう．

惑星 P の運動する平面内で，太陽 S を原点として座標系をとる．(図 A-1-14) そうすれば，ニュートンの運動の第 2 法則から，

$$m\ddot{\boldsymbol{x}} = F$$

ここで

$$|F| = \frac{Km}{r^2},$$

$K = GM$ （G は万有引力定数，M は太陽の質量），

m は惑星の質量，$r = |\boldsymbol{x}|$

成分で書けば F の方向は原点を向いているから，

$$F = -\frac{Km}{r^2}\begin{bmatrix} r^{-1}x \\ r^{-1}y \end{bmatrix} = -\frac{Km}{r^3}\begin{bmatrix} x \\ y \end{bmatrix}$$

である．これを極座標 r, θ に関する方程式に変換する．

$$x = r\cos\theta \quad \dot{x} = \dot{r}\cos\theta - r\sin\theta\cdot\dot{\theta}$$
$$\ddot{x} = \ddot{r}\cos\theta - 2\dot{r}\sin\theta\cdot\dot{\theta} - r\cos\theta\cdot\dot{\theta}^2$$
$$-r\sin\theta\cdot\ddot{\theta}$$
$$y = r\sin\theta \quad \dot{y} = \dot{r}\sin\theta + r\cos\theta\cdot\dot{\theta}$$
$$\ddot{y} = \ddot{r}\sin\theta + 2\dot{r}\cos\theta\cdot\dot{\theta} - r\sin\theta\cdot\dot{\theta}^2$$
$$+r\cos\theta\cdot\ddot{\theta}$$

$$\therefore \quad \ddot{r} - r\dot{\theta}^2 = \ddot{x}\cos\theta + \ddot{y}\sin\theta = -\frac{K}{r^3}(x\cos\theta + y\sin\theta)$$
$$= -\frac{K}{r^2} \tag{17-1}$$

$$r\ddot{\theta} + 2\dot{r}\dot{\theta} = \ddot{y}\cos\theta - \ddot{x}\sin\theta = -\frac{K}{r^3}(y\cos\theta - x\sin\theta)$$
$$= 0 \tag{17-2}$$

(17-2) から，$\dfrac{d}{dt}\left(\dfrac{1}{2}r^2\dot{\theta}\right) = \dfrac{1}{2}r^2\ddot{\theta} + r\dot{r}\dot{\theta} = 0$．ゆえに $\dfrac{1}{2}r^2\dot{\theta} = h$（＝定数）．

中心角 $d\theta$ の微小三角形の面積は，$\dfrac{1}{2}r^2d\theta$ で，したがってその時間 dt に対する割合 $\dfrac{1}{2}r^2\dot{\theta}$ は，これを単位時間に通過する面積に換算したもの，すなわち**面積速度**で，これが一定であるから，これによりケプラーの第 2 法則を得る．

次に第 1 法則を導くが，楕円を極座標で扱う（→ 補注 1）には，r よりも $\dfrac{1}{r}$ をとったほうがよいので，$u = \dfrac{1}{r}$

とする.

第 2 法則より, $\dot{\theta} = 2hu^2$ であるから,

$$\frac{du}{d\theta} = \frac{\dot{u}}{\dot{\theta}} = -\frac{1}{r^2}\dot{r}\frac{1}{2hu^2} = -\frac{\dot{r}}{2h}$$

$$\frac{d^2u}{d\theta^2} = \frac{d}{dt}\left(\frac{du}{d\theta}\right)\Big/\frac{d\theta}{dt} = -\frac{\ddot{r}}{2h}\frac{1}{\dot{\theta}}$$

$$= \frac{-r\dot{\theta}^2 + Kr^{-2}}{2h}\frac{1}{2hu^2}$$

$$= \frac{-4h^2u^3 + Ku^2}{4h^2u^2} = -u + \frac{K}{4h^2}$$

これは単振動の方程式の形であるから, これより,

$$u - \frac{K}{4h^2} = A\cos(\theta - \theta_0)$$

すなわち,

$$\frac{1}{r} = \frac{1}{l}(1 + e\cos(\theta - \theta_0)), \quad l = \frac{4h^2}{K}, \quad e = lA$$

となる. 惑星の運動は周期的であるから, ここで $0 < e < 1$ でなければならない. すなわち, 軌道の形は楕円である.

さて, 惑星が 1 回転してえがく楕円の面積は πab. それを一定の面積速度 h で通過するのだから, 1 周に要する時間, すなわち周期 $T = \dfrac{\pi ab}{h}$

一方, 楕円の長軸, 短軸と l との関係から,

$$\frac{b^2}{a} = l = \frac{4h^2}{K} \quad \therefore \quad T^2 = \frac{\pi^2 a^2 b^2}{h^2} = \frac{4\pi^2}{K}a^3$$

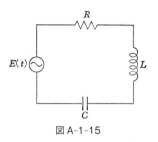

図 A-1-15

これは第 3 法則である.

なお, $\dfrac{1}{r}$ の平均は,

$$\frac{1}{T}\int_0^T \frac{1}{r}dt = \frac{1}{T}\int_0^{2\pi}\frac{1}{r}\frac{dt}{d\theta}d\theta = \frac{1}{T}\int_0^{2\pi}\frac{1}{r\dot\theta}d\theta$$

$$= \frac{1}{T}\int_0^{2\pi}\frac{r}{r^2\dot\theta}d\theta = \frac{1}{2hT}\int_0^{2\pi}\frac{l}{1+e\cos\theta}d\theta$$

$$= \frac{1}{2\pi ab}\frac{b^2}{a}\frac{2\pi}{\sqrt{1-e^2}} = \frac{1}{a} \quad (\because\quad hT = \pi ab)$$

交流回路　図 A-1-15 のような交流回路に流れる電流を考えよう. ここで, 抵抗 R (オーム), コイル L (ヘンリー), コンデンサー C (ファラッド) とし, $E = E(t)$ (ボルト) の外部電圧を通じたとき流れる電流 I (アンペア) とする.

これについて,

1. 抵抗での電圧の降下は RI
2. コイルでの電圧の降下は $L\dot I$

3. コンデンサーに蓄積された電気量を Q（クーロン）とすれば，$\dot{Q} = I$

4. コンデンサーでの電圧の降下は $\dfrac{Q}{C}$

という物理法則があり，さらに，

キルヒホフの第1法則　回路内の1点において流入，流出する電流の総和は0である.

第2法則　閉回路において，電圧の総和はその回路の起電力の総和に等しい.

図 A-1-15 の閉回路に第2法則を適用すれば，

$$L\dot{I} + RI + \frac{Q}{C} - E(t) = 0,$$

$$\text{すなわち，}\quad L\ddot{Q} + R\dot{Q} + \frac{Q}{C} = E(t)$$

という微分方程式が導かれる.

④**変分法の問題**

　微分積分法における一つの大きなテーマは，関数の最大値，最小値を求めることである. これと同時に，関数によって定義される量を最大，または最小にする問題が論ぜられた. すでに 1696 年，J. ベルヌーイは，空間の与えられた2点 A，B に対し，A，B を結ぶ曲線に沿って，物体が重力のみの作用によって降下するとき，落下の時間が最小となるのはどのような曲線に沿ってであるかを問題にした.

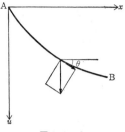

図 A-1-16

　いま，A$(a, 0)$，B(b, β) を結ぶ曲線を $u = u(x)$ とすれば，図 A-1-16 のように x 軸，u 軸をとり，曲線の微小部分の長さを ds とするとき，各点において接線が x 軸となす角を θ とすれば，

$$\frac{ds}{dx} = \sqrt{1 + u'^2}, \quad u' = \frac{du}{dx}$$

$$\cos\theta = \frac{dx}{ds} = \frac{1}{\sqrt{1 + u'^2}},$$

$$\sin\theta = \frac{du}{ds} = \frac{dx}{ds}\frac{du}{dx} = \frac{u'}{\sqrt{1 + u'^2}}$$

重力の接線方向への成分は $mg \sin\theta$ だから，運動方程式は，

$$m\ddot{x} = mg\sin\theta\cos\theta = mg\frac{u'}{1 + u'^2},$$

$$m\ddot{u} = mg\sin\theta\sin\theta = mg\frac{u'^2}{1 + u'^2}$$

$$\therefore \quad \frac{d}{dt}\left(\frac{ds}{dt}\right)^2 = \frac{d}{dt}(\dot{x}^2 + \dot{u}^2)$$

$$= 2\dot{x}\ddot{x} + 2\dot{u}\ddot{u}$$

$$= 2g\dot{u}\left(\frac{\dot{x}}{\dot{u}}\frac{u'}{1+u'^2} + \frac{u'^2}{1+u'^2}\right) = 2g\dot{u}$$

$$\therefore \quad \left(\frac{ds}{dt}\right)^2 = 2gu + c$$

初速度は 0 だから，$(x, u) = (a, 0)$ のときを考えて $c = 0$.

ゆえに $\dfrac{ds}{dt} = \sqrt{2gu}$. ゆえに，この曲線に沿って降下する

場合，降下に要する時間は，

$$\int_a^b \frac{dt}{dx}dx = \int_a^b \frac{ds}{dx}\bigg/\frac{ds}{dt}dx = \int_a^b \frac{\sqrt{1+u'^2}}{\sqrt{2gu}}dx$$

となる．この積分の値を最小にするような $u(x)$ を求める
ことが問題である．

　これを一般の形にすると次のようになる．

　3 変数の関数 $F(x, u, u')$ が与えられたとき，x の関数
$u(x)$ を

$$J[u] = \int_a^b F(x, u(x), u'(x))dx \tag{18}$$

の値を最小にするようなものとして求めよ．

　ただし，ここで，区間の両端における値を固定した条件
——境界条件——

$$u(a) = \alpha, \quad u(b) = \beta$$

を仮定する．

　これが変分法の問題である．(18)は関数 $u(x)$ に一つず
つ値を対応させる「関数の関数」であるので，**汎関数**とよ
ばれる．

　いま，$u_0(x)$ がこの変分問題の解，すなわち $J[u]$ を最
小ならしめる関数であったとする．このとき，C^1 級関数
$\eta(x)$ で，

$$\eta(a) = \eta(b) = 0 \tag{19}$$

を満足するものを任意にとり，$u_0(x)$ に変分 $\delta u(x) =$
$\varepsilon\eta(x)$（ε は定数変数）を与えて $u_\varepsilon(x) = u_0(x) + \varepsilon\eta(x)$ と
して(18)に代入したとき，

$$J[u_\varepsilon] = \int_a^b F(x, u_\varepsilon(x), u_\varepsilon{}'(x))dx$$

が $\varepsilon = 0$ において最小とならなければならない．このため
には，

$$\left(\frac{d}{d\varepsilon}J[u_\varepsilon]\right)_{\varepsilon=0} = \int_a^b \Bigg(F_u(x, u_0(x), u_0{}'(x))\eta(x)$$
$$+ F_{u'}(x, u_0(x), u_0{}'(x))\eta'(x)\Bigg)dx$$
$$= 0 \tag{20}$$

が満たされなければならない．(微分と積分の順序の
変更は，中を微分したものが連続なら許されるから，
$F(x, u, u')$ が C^1 級関数ならば大丈夫である．以下では
F は C^2 級関数とする．)

　(20)の中間の項は，部分積分により，

$$\int_a^b \Bigg(F_u(x, u_0(x), u_0{}'(x))$$

$$-\frac{d}{dx} F_{u'}(x, u_0(x), u_0{}'(x)) \Bigg) \eta(x) dx$$

$$= 0$$

となり，これが(19)をみたす任意の C^1 級関数 $\eta(x)$ について成り立つから，

$$F_u(x, u_0(x), u_0{}'(x)) - \frac{d}{dx} F_{u'}(x, u_0(x), u_0{}'(x)) = 0$$

(21)

でなければならない．（変分法の基本補題 → 補注2）

(21)は，

$$F_u(x, u_0(x), u_0{}'(x)) - F_{u'x}(x, u_0(x), u_0{}'(x))$$

$$- F_{u'u}(x, u_0(x), u_0{}'(x)) u_0{}'(x)$$

$$- F_{u'u'}(x, u_0(x), u_0{}'(x)) u_0{}''(x) = 0$$

となるから，$u = u_0(x)$ は2階常微分方程式

$$F_{u'u'}(x, u, u')u'' + F_{u'u}(x, u, u')u' + F_{u'x}(x, u, u')$$

$$- F_u(x, u, u') = 0$$

(22)

を満足する関数でなければならない．

(22)をこの変分問題に対する**オイラーの微分方程式**という．$u = u_0(x)$ はこの微分方程式の，境界条件

$$u(a) = \alpha, \quad u(b) = \beta$$

(23)

を満たす解である．

これは必要条件であるから，(22), (23)を満たす関数 $u = u_0(x)$ が求められても，それで変分問題が解決したわけではないが，このオイラーの微分方程式は，ふつうの関数 $f(x)$ の極値問題で，$f'(x) = 0$ を満たす点を求めることに相当する意味をもっている.

最速降下曲線　2点 $\mathrm{A}(a, 0)$，$\mathrm{B}(b, \beta)$ を結ぶ曲線に沿って物体が自然落下するときの時間が最短になるような曲線を求めてみよう.

$$J[u] = \int_a^b \sqrt{\frac{1 + u'(x)^2}{2gu(x)}} dx$$

であり，これに対するオイラーの微分方程式は，この場合 $F(x, u, u')$ が x を含まない関数であるので，

$$F_{u'u'}u'' + F_{u'u}u' - F_u = 0$$

となる.

そして，

$$\frac{d}{dx}(F - u'F_{u'}) = F_u u' + F_{u'}u'' - u''F_{u'} - (u')^2 F_{u'u}$$
$$- u'F_{u'u'}u'' = 0$$

であるので，オイラーの微分方程式の解に対しては，

$$F(u_0(x), u_0'(x)) - u_0'(x)F_{u'}(u_0(x), u_0'(x)) = C \ (\text{定数})$$

が成立することになる.

すなわち，$c = \dfrac{1}{C}$ として，$u = u_0(x)$ に対し，

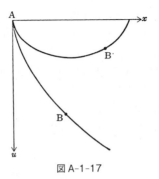

図 A-1-17

$$\sqrt{\frac{1+u'^2}{u}} - \frac{u'}{\sqrt{u}}\frac{u'}{\sqrt{1+u'^2}} = \frac{1}{\sqrt{u(1+u'^2)}} = \frac{1}{c}$$

$$\therefore \quad u' = \sqrt{\frac{c^2 - u}{u}}$$

ここで, $u = \dfrac{1}{2}c^2(1 - \cos t)$ とおくと,

$$\frac{1}{2}c^2\sin t\frac{dt}{dx} = u' = \sqrt{\frac{1+\cos t}{1-\cos t}} = \cot\frac{t}{2}$$

$$\therefore \quad \frac{dx}{dt} = c^2\sin^2\frac{t}{2} = \frac{1}{2}c^2(1-\cos t)$$

$$\therefore \quad x = \frac{1}{2}c^2(t - \sin t) + c', \quad u = \frac{1}{2}c^2(1-\cos t)$$

これはサイクロイドを表す. c, c' の値は境界条件からきめられるが, 図 A-1-17 から知られるように, もし A を原点にとれば, $c' = 0$. また, B における t の値を t_0 とす

れば $\dfrac{1-\cos t_0}{t_0-\sin t_0}=\dfrac{\beta}{b}$ で，$0<t_0<2\pi$ において t_0 の値が

定まり，$\dfrac{1}{2}c^2(t_0-\sin t_0)=b$ によって c の値が定まる．

　$\dfrac{\beta}{b}\geqq\dfrac{2}{\pi}$ ならば，物体は単調に落下し，$\dfrac{\beta}{b}<\dfrac{2}{\pi}$ ならば，

物体は一たん落下した後上昇して B に到達する．(図
A-1-17)

《注意》　オイラーの微分方程式の解を求めることは一般に
容易でないが，$F(x,u,u')$ が上記のように x を含まない場合
は $F(u,u')-u'F_{u'}(u,u')=C$ (C は定数) なる 1 階の常微分
方程式に，$F(x,u,u')$ が u を含まないときは，$F_u=0$ だから
$F_{u'}(x,u')=C$ (C は定数) なる 1 階の常微分方程式になる．

⑤偏微分方程式

　物理数学において扱われる偏微分方程式には，2 階線形
の形のものが多い．たとえば，

ラプラスの方程式　　　　$\dfrac{\partial^2 u}{\partial x^2}+\dfrac{\partial^2 u}{\partial y^2}=0$

波動方程式　　　　　　　$\dfrac{\partial^2 u}{\partial t^2}=\dfrac{\partial^2 u}{\partial x^2}$

熱方程式　　　　　　　　$\dfrac{\partial u}{\partial t}=\dfrac{\partial^2 u}{\partial x^2}$

　これらの方程式に関しては，u_1,u_2 が解ならば u_1+u_2
も解である，という**重ね合わせの原理**が成立するので，u
に簡単な形を想定して解を求め，それらの和として一般的

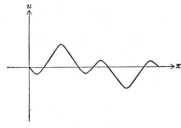

図A-1-18

な解を表そうとするのが，古くから考えられた方法である．

　簡単な形の解としては，$u(x, y) = f(x)g(y)$ と，積の形に書けるものを探すのが原始的であり，これを**変数分離の方法**という．このようにすれば，常微分方程式の**境界値問題**に変換できる場合が少なくない．

　弦の振動　両端を固定された長さ l の弦の振動は，図A-1-18 のように変位を $u = u(t, x)$ で表すと，

$$\frac{\partial^2 u}{\partial t^2} = \mu^2 \frac{\partial^2 u}{\partial x^2} \tag{24}$$

という波動方程式で記述される．ここに μ は弦の張力，線密度等に関係する係数で，以下定数であるとする．

　いま，$u(t, x) = v(x)g(t)$ の形であるとして(24)に代入すれば，

$$v(x)\ddot{g}(t) = \mu^2 v''(x)g(t)$$

（˙ は時刻 t に関する微分，′ は場所の変数 x に関する微分

を表す.）

$$\therefore \quad \mu^2 \frac{v''(x)}{v(x)} = \frac{\ddot{g}(t)}{g(t)}$$

　左辺は x のみの関数，右辺は t のみの関数であるから，x, t が独立な変数であることより，これは定数でなければならない．これを λ とすれば，

$$v''(x) - \frac{\lambda}{\mu^2} v(x) = 0, \quad \ddot{g}(t) - \lambda g(t) = 0$$

ゆえに $v(x)$ は，

　　$\lambda > 0$ ならば，$v(x) = c_1 e^{(\sqrt{\lambda}/\mu)x} + c_2 e^{-(\sqrt{\lambda}/\mu)x}$

　　$\lambda = 0$ ならば，$v(x) = c_1 + c_2 x$

　　$\lambda < 0$ ならば，

$$v(x) = c_1 \cos \mu^{-1}\sqrt{-\lambda}\,x + c_2 \sin \mu^{-1}\sqrt{-\lambda}\,x$$

の形であるが，弦の両端が固定されていることから，$v(x)$ は，**境界条件**

$$v(0) = v(l) = 0$$

を満たしていなければならないこととなる．上記の解の形からこのようなものを探してみると，それは，

　　$\lambda = -\mu^2 l^{-2} n^2 \pi^2$（$n$ は正の整数）のとき，

$$v(x) = c \sin \frac{n\pi}{l} x$$

　したがって，求める $v(x)g(t)$ の形の解は，

$$u(t,\, x) = c \sin \frac{n\pi}{l} x \cos\left(\frac{n\mu\pi}{l} t + \delta\right)$$

054   A 常微分方程式の解法

であることとなる.

　一般の形の解は, これらの重ね合わせとして,

$$u(t,x) = \sum_{n=1}^{\infty} c_n \cos\left(\frac{n\mu\pi}{l}t + \delta_n\right) \sin\frac{n\pi}{l}x$$

の形で得られる. (もちろん, この級数の収束性, 微分可
能性などの議論が必要であるが, 詳細は省略する. 基礎は
C^2 級関数は絶対かつ一様収束するフーリエ級数に展開さ
れ, かつそれが項別微分可能であることである. →『フー
リエ展開』)

　円形膜の振動　半径 l の円形のわくに張った円形の膜の
振動は, 変位を $u(t,x,y)$ で表すと,

$$\frac{\partial^2 u}{\partial t^2} = \mu^2 \left(\frac{\partial^2 u}{\partial x^2} + \frac{\partial^2 u}{\partial y^2}\right) \tag{25}$$

という波動方程式で記述される. μ は定数であるとする.

　変数分離して, $u(t,x,y) = v(x,y)g(t)$ と考えれば,
(25)から,

$$\mu^2 \frac{v_{xx} + v_{yy}}{v} = \frac{\ddot{g}}{g}$$

　ここで, 左辺は x, y の関数, 右辺は t のみの関数であ
るから, 両辺は定数でなければならない. これを λ とす
る.

$$\Delta v = v_{xx} + v_{yy} = \lambda v$$

であるが, $D = \{(x,y) : x^2 + y^2 \leqq l^2\}$ とすれば, $v(x,y)$
が ∂D 上で 0 であることより, グリーンの公式によって,

$$\lambda \iint_D v^2 dxdy = \iint_D v \cdot \Delta v dxdy$$

$$= \iint_D v \cdot \frac{\partial^2 v}{\partial x^2} dxdy + \iint_D v \cdot \frac{\partial^2 v}{\partial y^2} dxdy$$

$$= -\iint_D \left(\frac{\partial v}{\partial x}\right)^2 dxdy - \iint_D \left(\frac{\partial v}{\partial y}\right)^2 dxdy < 0$$

したがって，$\lambda < 0$ でなければならない．$\lambda = -k^2$ とおく．

さて，極座標を導入し，$x = r\cos\theta,\ y = r\sin\theta,$ $v(x, y) = v(r, \theta)$ とすれば，

$$r^2(\Delta v + k^2 v) = r^2 v_{rr} + r v_r + k^2 r^2 v + v_{\theta\theta} = 0$$

ここで，r, θ に関して変数分離して，$v(r, \theta) = w(r)h(\theta)$ とすれば，

$$\frac{r^2 w'' + rw' + k^2 r^2 w}{w} = \frac{h''}{h} \qquad (26)$$

左辺は r のみの関数，右辺は θ のみの関数であるから，再びこれは定数．また，$w(r)$，$h(\theta)$ は，

$$w(l) = 0, \quad h(0) = h(2\pi) \qquad (27)$$

を満たしていなければならない．したがって，

$$h = A\cos(n\theta - \theta_n) \quad (n \text{ は正の整数})$$

の形で，この定数は n^2 である．

そうすれば，(26)の左辺より，

$$r^2 w'' + rw' + (k^2 r^2 - n^2)w = 0 \qquad (28)$$

を得る．あるいは，$\rho = kr$ とおけば，$r\dfrac{dw}{dr} = \dfrac{1}{k}\rho\dfrac{dw}{d\rho}\dfrac{d\rho}{dr}$

$=\rho\dfrac{dw}{d\rho}$ であるから, (28)は,

$$\rho^2\frac{d^2w}{d\rho^2}+\rho\frac{dw}{d\rho}+(\rho^2-n^2)w=0$$

となる.

これは n 次のベッセルの微分方程式とよばれているものである. この微分方程式の解で, $\rho=0$ の近傍で有界なものは $J_n(\rho)$ と表される n 次のベッセル関数である. (→C. 1-5)

よって, (28)の解は $w=J_n(kr)$ であり, これが(27)を満たすことより,

$$J_n(kl)=0$$

$J_n(\rho)=0$ は, $0<\rho_1^{(n)}<\rho_2^{(n)}<\cdots$ なる可算個の点 $\{\rho_m^{(n)}:m=1,2,\cdots\}$ で成立することが知られているので,

$$kl=\rho_m^{(n)}, \quad \text{すなわち,} \ k=\frac{\rho_m^{(n)}}{l}$$

という形でなければならない.

以上より, 変数分離の結果生ずる解の形として, $\ddot{g}=-k^2\mu^2g$ であるから,

$u(t,r,\theta)$

$$=A_{nm}\cos\left(\mu\frac{\rho_m^{(n)}}{l}(t-t_{nm})\right)J_n\left(\frac{\rho_m^{(n)}}{l}r\right)\cos(n\theta-\theta_{nm})$$

一般の解は, これを加えた形となる.

A　第 1 章の演習問題

1. p. 17 で述べた方法と同様に，$x = e^{kt}u$ とすることによって，

$$\dot{x} = kx + g(t)$$

の形の微分方程式の解を導くことができる．これを試みよ．

2. 放射性元素において，現在ある物質の量が半分になるまでの時間は半減期とよばれる．半減期を T としたときの放射性元素の崩壊の過程を記述せよ．

3. 密閉された室内にたちこめた煙を，一方から新鮮な空気を送り，他方から同量の空気を吸収して排除するものとする．室内では，送風された空気は，中の空気とよくかきまぜられているとする．初めの煙の，濃度を a として，t 時間後における煙の濃度を定める微分方程式をつくれ．そして，この方程式の解を求めよ．（室内の容積，送風量は適宜定めよ．）

4. 二つの物質 A, B の化学反応によって第三の物質 C が生ずるような過程（2 次反応）を考える．化学反応は A, B の分子の衝突，相互作用によって起こるから，その速度はその時点における A, B の分子の衝突の割合に比例すると考えられ，したがって，その時点における A, B の濃度に比例すると考えられる．（A, B は，ともに気体の状態にあるか，あるいは溶液の形で常によくか

きまぜられており，どの部分も同じ状態にあるものとする．）

　　A，Bの初めの濃度をa, b，生成されたCの濃度をxとし，この反応の速度を表す微分方程式をつくれ．ただし，Cを1単位をつくるのに，A，Bは1単位ずつを要するものとする．次に，この方程式の解を求めよ．

5. 接線影の長さが一定の曲線を求めよ．また，法線影の長さが一定の曲線を求めよ．

6. xy平面内で，中心が原点であるような円群から導かれる微分方程式をつくれ．

7. リサジュー図形をえがく物体の運動について，そのx軸，y軸への射影がともに原点を中心とする単振動で，その振動数の比が$p:q$（p, qは互いに素な自然数）であるとき，この物体の運動を記述する方程式をつくれ．

　　p：奇数，q：偶数　のときは図形はy軸に関し対称

　　p：偶数，q：奇数　のときは図形はx軸に関し対称

　　p：奇数，q：奇数　のときは図形は原点に関し対称

であることを示せ．

8. 原子核は正の電気を帯びた粒子である．いまこれに向かって，α粒子などの正電気を帯びた様子が飛んでくるときは，原子核とα粒子との間に，クーロンの法則による斥力が働く．その大きさは，この2粒子のもつ電気量の積に比例し，距離の2乗に反比例する．これより，このときのα粒子の飛跡の曲線を求めよ．

9. 平面上の2点を結ぶ$y = f(x)$の形の滑らかな曲線

（C^1 級曲線）に対して，その長さを表す式を述べよ．
これより，この長さを最小にするための条件式としての
オイラーの微分方程式をつくり，その解を導け．

10. 長さ l の棒の両端を 0 度に保って，この棒の温度分
布の時間経過を調べる．棒は x 軸上にあり，その温度
分布 $u(t, x)$ は熱方程式

$$\frac{\partial u}{\partial t} = k^2 \frac{\partial^2 u}{\partial x^2}$$

で与えられる．このとき，この偏微分方程式の解を，変
数分離の方法によって考察せよ．

第2章　求積法

　与えられた微分方程式から出発して，それに微分法，積分法，代数演算（四則演算，累乗根をとる演算），変数変換を有限回ほどこして解の形を見いだすことを**求積法**という．

　求積法で解が求まるのは，ごく限られた形の微分方程式のみである．

　また，解が積分を用いて表されたといっても，それが知られた関数になるとは限らない．たとえば，第1章の単振子で示したように，微分方程式 $\ddot{x} = -\sin x$ の解を表示するには初等関数だけではすまなくて，楕円関数が必要であった．

　よって，求積法によって解が求められない場合に，解があるのか，ということが問題になる．

　また，解く，解を求める，ということの意味には，すべての解を求めることを期待しているわけであるが，はたしてそういうことが求積法で解を求め得た場合に主張できるのか，これは重要なポイントであるが，きわめて難しい問題を含んでいる．

2-1　変数分離形

次の形の 1 階常微分方程式を**変数分離形**という.

$$y' = f(x)g(y) \tag{1}$$

いま，$\dfrac{1}{g(y)}$ の不定積分を $G(y)$ とすれば，$y = y(x)$ を (1)
の解とするとき，

$$\frac{dG(y(x))}{dx} = \frac{dG(y)}{dy}\frac{dy}{dx} = \frac{1}{g(y)}y'(x) = f(x)$$

したがって，

$$G(y(x)) = \int f(x)dx$$

これが $y(x)$ を定める関係である.

実際には，次のような方式で解を求める.

変数分離形の微分方程式の解法

$$y' = f(x)g(y) \tag{1}$$

$$\frac{1}{g(y)}y' = f(x) \quad \text{から,} \quad \int \frac{1}{g(y)}dy = \int f(x)dx$$

例 2-1　$y' = x(1 + y^2)$ $\hspace{2cm}$ (2)

［解］　$\dfrac{1}{1 + y^2}y' = x$

$$\therefore \quad \int \frac{1}{1 + y^2}dy = \int x dx$$

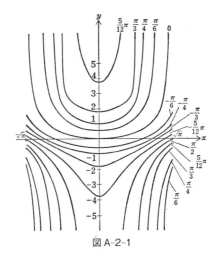

図 A-2-1

$$\therefore \quad \tan^{-1} y = \frac{1}{2}x^2 + c$$

したがって一般解は，

$$y = \tan\left(\frac{1}{2}x^2 + c\right) \quad （c は任意定数）（図 A-2-1）$$

解法への注意 1　上記解法で，$\dfrac{1}{g(y)}$ をつくる際に，$g(y)$
$=0$ のところではこれは許されないから，$g(y)=0$ の点は
別に考える必要がある．

　実際 $g(y)=0$ となる y の値を考えると，いま $g(b)=0$
とすれば，

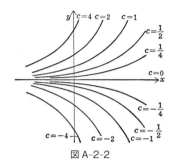

図 A-2-2

$$y = b \quad (\text{恒等的に})$$

という x の関数も，たしかに (1) の解である．よって上記の方法で得られる解のほかに，このような解を加えておかねばならない．

例 2-2　$y' = ky$　（k は定数）　　　　　　　　(3)

[解]　$y \neq 0$ ならば，$\dfrac{1}{y} y' = k$　$\therefore$　$\displaystyle\int \frac{1}{y} dy = \int k dx$

$$\therefore \quad \log |y| = kx + C$$

$$\therefore \quad y = \pm e^C e^{kx}$$

ここで，$y > 0$ ならば符号は＋をとり，$y < 0$ ならば符号は－をとる．そして，e^{kx} は決して0にならないから，この形で $]-\infty,\ \infty[$ で解が表示されている．

ところで，注意1によって，$y = 0$（恒等的に）も (3) の解である．これをも含めて解を表示するには，$y = ce^{kx}$ とすればよい．すなわち，一般解は

$$y = ce^{kx} \quad (c は任意定数)（図 \text{A-2-2}）$$

解法への注意 2　一般解を表す式で，任意定数のはいり方はいろいろあり得るが，なるべく広い範囲の解を表すことができるようにこれを選ばねばならない．

例 2-2 では，すべての解を表すことができるように任意定数をとることができたが，必ずしもそうはいかない場合もある．

例 2-3　$y' = ky(p-y)$　$(k, p は定数)$　　　　　　(4)

[解]　$y \neq 0, p$ ならば，$\dfrac{1}{y(p-y)} y' = k$

$$\int \frac{1}{y(p-y)} dy = \frac{1}{p} \int \left(\frac{1}{y} + \frac{1}{p-y} \right) dy$$

$$= \frac{1}{p} \left(\log|y| - \log|p-y| \right) = kx + C$$

$$\therefore \quad \frac{y}{p-y} = \pm e^{kpx + pC} = ce^{kpx} \quad (c = \pm e^{pC})$$

$$\therefore \quad y = \frac{pe^{kpx}}{e^{kpx} + c} \quad （図 \text{A-2-3}）$$

ここで，$c \neq 0$ であるが，$c = 0$ の場合として解 $y = p$（恒等的に）を含ませることができる．しかし，$y = c$（恒等的に）は c をどのようにとっても表せない．

c の代わりに $\dfrac{1}{c}$ として，

$$y = \frac{cpe^{kpx}}{ce^{kpx} + 1}$$

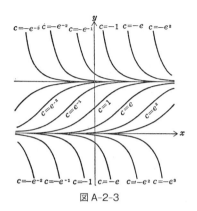

図 A-2-3

とすれば，これも(4)の一般解を表す式であるが，このと
きは $y=p$（恒等的に）が表し得ないことになる．

　どのような表現法をとっても $y=0$, $y=p$ を同時に含
めることはできない．二つの定数を用いて $y=\dfrac{c_1 p e^{kpx}}{c_1 e^{kpx}+c_2}$
とすれば，どちらも含めた表現にはなるがこのときは同一
の解を表すのに，いくつもの任意定数の値のとり方がある
ことになり，いままで述べてきた表現法とは意味が違って
くる．

　(4)の解としては，

$$y=\frac{p e^{kpx}}{e^{kpx}+c}\quad（c は任意定数）\ および\ y=0\ （恒等的に）$$

と表示することになる．

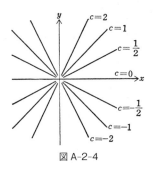

図 A-2-4

解法への注意 3　はじめから方程式が (1) の形で与えられ
ていないときは，変形したときに他の解がはいり，あるい
は一部の解がぬけ，あるいは解の定義範囲が変化する，な
どのことがある.

例 2-4　$xy' = y$ を解け.

[解]　　　　$\dfrac{1}{y} y' = \dfrac{1}{x}$　　　$\displaystyle\int \dfrac{1}{y} dy = \int \dfrac{1}{x} dx$

　　　　　$\log |y| = \log |x| + C$　　　$y = \pm e^{C} x$

よって，一般解として $y = cx$（c は任意定数）という解が
得られる.（図 A-2-4）

　微分方程式 $y' = \dfrac{y}{x}$ では，右辺の関数は $x \neq 0$ のところ
でしか考えられないから，$x > 0$，あるいは $x < 0$ に限定
して解は考えられるべきものである.

　$xy' = y$ の形ならば $y = cx$ は，$x = 0$ のところもこめて解になる．なお，解は C^1 級関数であることを要求しているので，

$$y = c_1 x \quad (x > 0),$$
$$= 0 \qquad (x = 0),$$
$$= c_2 \ x \quad (x < 0)$$

として得られる関数は，$c_1 \neq c_2$ のとき連続関数であるが解ではない．しかし，微分方程式が $y' = \dfrac{y}{x}$ の形で与えられているときは，$x = 0$ のところは除外して考えられることとなるので，これらはすべて解である．

例 2-5　$xy' = 2y$ を解け．　　　　　　　　　　　　　(5)

[解]　前題と同じようにして，一般解として $y = cx^2$（c は任意定数）という解が得られる．（図 A-2-5）

　前題と同様の反省を加えてみると，

$$y = c_1 x^2 \quad (x > 0)$$
$$= 0 \qquad (x = 0)$$
$$= c_2 x^2 \quad (x < 0)$$

として得られる関数は，この場合 C^1 級関数となり，これらはすべて(5)の解であることになる．このような解を含めて，すべての解を表示する方法を求めることは一般には不可能であろう．

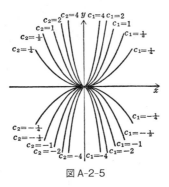

図 A-2-5

これらの事情については，→ B. 第 1 章.

(問) **2-1-1**　次の微分方程式を解け.

(1) $(1+x^2)y' = 3xy$

(2) $(1+x^2)y' = 1+y^2$

(3) $x(1+x^2)y' = y(1+y^2)$

(4) $\cos x \sin y \cdot y' = \sin x \cos y$

2-2　変数の変換

与えられた微分方程式において，変数に適当な変換をほどこすことによって，これを既知の解ける型に導くことができることがある.

同次形　次の形の 1 階常微分方程式を**同次形**という.

$$y' = f\left(\frac{y}{x}\right)$$

　この形の方程式では，$y = ux$ とおくと，$y' = u'x + u$ であるから，$u'x + u = f\left(\frac{y}{x}\right) = f(u)$　ゆえに，$u' = \dfrac{f(u) - u}{x}$ となり，u に関する変数分離形の微分方程式ができる．

同次形の微分方程式の解法

$$y' = f\left(\frac{y}{x}\right)$$

$y = ux$ とおいて，u に関する微分方程式に直す．

例 2-6　$(x+y)y' = x - y$ を解け．

［解］　$y' = \dfrac{x - y}{x + y} = \dfrac{1 - x^{-1}y}{1 + x^{-1}y}$ であるから同次形．ゆえに $y = ux$ とおいて，

$$u'x + u = \frac{1 - u}{1 + u} \qquad xu' = \frac{1 - 2u - u^2}{1 + u}$$

ゆえに

$$\frac{1 + u}{1 - 2u - u^2} u' = \frac{1}{x}$$

これから，

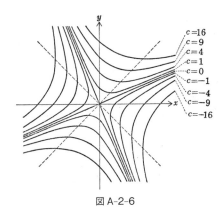

図 A-2-6

$$\int \frac{1+u}{1-2u-u^2}\,du = \int \frac{1}{x}\,dx$$

$$-\frac{1}{2}\log|1-2u-u^2| = \log|x| + C$$

$$1-2u-u^2 = cx^{-2}$$

　ゆえに，$x^2 - 2xy - y^2 = c$（c は任意定数）が解になる（図 A-2-6）．ただし，$x+y=0$ 上の点では $y'=\infty$ となり，$y=y(x)$ の形では C^1 級でなくなるので，この上の点は除外される．

例 2-7　次の形の微分方程式を考えてみよう．

$$y' = f\left(\frac{ax+by+c}{a'x+b'y+c'}\right) \qquad \text{ただし } ab' - a'b \neq 0 \qquad (1)$$

連立方程式 $ax+by+c=0,\ a'x+b'y+c'=0$ の解を $x=\alpha,\ y=\beta$ とすれば，$X=x-\alpha,\ Y=y-\beta$ とおくと，(1) は，

$$\frac{dY}{dX} = f\left(\frac{aX+bY}{a'X+b'Y}\right)$$

と変形され，これは同次形であるから簡単に解が求まる．

なお，第 1 章 1-2 節の共焦点楕円群の場合でも変換を用いた．

$F(x, y, y') = 0$ で，F が x または y を含まないとき

x を含まないときは，$F(y, y') = 0$ の形となる．ここで $z = y'$ とおくと，$F(y, z) = 0$．これは，yz 平面内で一つの曲線を表すから，適当にパラメーター t をとれば，

$$y = y(t), \quad z = z(t)$$

のように表される．$z = \dfrac{dy}{dx} = \dfrac{dy}{dt}\Big/\dfrac{dx}{dt}$ であるから，

$$\frac{dx}{dt} = \frac{1}{z}\frac{dy}{dt}$$

この右辺は t の関数であるから積分すれば $x = x(t)$．これと $y = y(t)$ によって，t をパラメーターとして y が x の関数として表される．

y を含まないときも全く同様であり，$F(x, y') = 0$ で $z = y'$ とおき，$F(x, z) = 0$　これをパラメーター t を用いて，$x = x(t),\ z = z(t)$ と表し，$z = \dfrac{dy}{dx} = \dfrac{dy}{dt}\Big/\dfrac{dx}{dt}$ から，

こんどは,

$$\frac{dy}{dt} = z\frac{dx}{dt}$$

によって,$y = y(t)$ と解かれることになる.

　　$F(x, y, y') = 0$ で F が x または y を含まないとき
　は,$z = y'$ とおき,$F(y, z) = 0$ または $F(x, z) = 0$ を
　パラメーターを用いた形で解き,これから $\dfrac{dx}{dt}$,または
　$\dfrac{dy}{dt}$ を求める.

例 2-8　$y^2 + y'^2 = a^2$（a は定数,$\neq 0$）を解け.
［解］$z = y'$ とおけば,$y^2 + z^2 = a^2$.ここで $y = a\sin t$,
$z = a\cos t$ とする.$z = \dfrac{dy}{dx} = \dfrac{dy}{dt}\Big/\dfrac{dx}{dt}$ に代入して,$a\cos t$
$= a\cos t\Big/\dfrac{dx}{dt}$.

$$\therefore \quad \frac{dx}{dt} = 1, \quad \text{または} \cos t = 0$$

$\dfrac{dx}{dt} = 1$ からは,$x = t + c$（c は任意定数）　したがって,
$$y = a\sin(x - c) \quad (c \text{ は任意定数})$$
が一般解として得られる.（図 A-2-7）

　$\cos t = 0$ からは,$z = 0$,$y = \pm a$ が得られる.$y = \pm a$
（恒等的に）は解であるけれども,上記一般解の中には含
まれない.

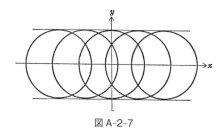

図 A-2-7

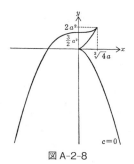

図 A-2-8

例 **2-9**　$x^3 + y'^3 - 3axy' = 0$（a は定数，$\neq 0$）を解け.

［解］　$z = y'$ とおけば，$x^3 + z^3 - 3axz = 0$. $z = tx$ と

してパラメーター t を導入すれば，これより，$x = \dfrac{3at}{1+t^3}$,

$z = \dfrac{3at^2}{1+t^3}$. $z = \dfrac{dy}{dx} = \dfrac{dy}{dt} \bigg/ \dfrac{dx}{dt}$ に代入して，$\dfrac{dy}{dt} = z\dfrac{dx}{dt} =$

$9a^2 \dfrac{t^2(1-2t^3)}{(1+t^3)^3}$

$$\therefore \quad y = \frac{3}{2}a^2 \frac{1+4t^3}{(1+t^3)^2} + c$$

ゆえに，パラメーター表示により

$$x = \frac{3at}{1+t^3}, \quad y = \frac{3}{2}a^2 \frac{1+4t^3}{(1+t^3)^2} + c$$

$$（c は任意定数）$$

が一般解である．（図 A-2-8）

(問) **2-2-1**　次の微分方程式を解け．

(1) $y' = \dfrac{2xy}{x^2+y^2}$

(2) $yy' = 2y - x$

(問) **2-2-2**　次の微分方程式を解け．

(1) $y' = 3x + 2y + 1$（$u = 3x + 2y + 1$ として考えよ）

(2) $y' \cos(x+y) = 1$（$u = x + y$ として考えよ）

(問) **2-2-3**　次の微分方程式を解け．

(1) $x = y'^3 + 1$

(2) $y'^3 - y'^2 + y^2 = 0$

2-3　1 階線形常微分方程式

次の形の 1 階常微分方程式を，**1 階線形常微分方程式**という．

$$y' + P(x)y = Q(x) \tag{1}$$

ここで，$Q(x) = 0$ のときは**斉次**，$Q(x) \neq 0$ のときは非

斉次という.

　微分方程式(1)において，右辺の $Q(x)$ のところを 0 にした斉次方程式

$$y' + P(x)y = 0 \qquad (2)$$

を(1)に付随する斉次方程式という.

　斉次方程式は変数分離形であるから，直ちに解が求められる.

$$\frac{1}{y}y' = -P(x) \qquad \int \frac{1}{y}dy = -\int P(x)dx$$

$$\log|y| = -\int P(x)dx + C \qquad y = \pm e^{C}\exp\left(-\int P(x)dx\right)$$

　これらと，2-1 節の「解法への注意1」で述べたように，$y = 0$（恒等的に）も解である.

　ゆえに一般解は,

$$y = c\exp\left(-\int P(x)dx\right) \quad (c \text{ は任意定数}) \qquad (3)$$

　次に，一般の場合の(1)を考えよう.

　いま，付随する斉次方程式の一つの解 $y_0(x)$（恒等的に 0 でないもの）をとる. (3)によって $y_0(x)$ はいかなる x の値に対しても 0 にならない. したがって，x の任意の関数 $y(x)$ は,

$$y(x) = u(x)y_0(x) \qquad (4)$$

の形に書くことができる. ここで $u(x)$ を適当にとって，これが(1)の解になるようにしよう.

$$y' = u'y_0 + uy_0'$$

$$\therefore \quad y' + Py = u'y_0 + u(y_0' + Py_0)$$

$$= u'y_0 \quad (y_0' + Py_0 = 0 \text{ だから})$$

これが $= Q$ ということであるから，

$$u'y_0 = Q, \quad \therefore \quad u' = \frac{Q}{y_0}$$

$$\therefore \quad u(x) = \int \frac{Q(x)}{y_0(x)} dx + c$$

したがって(1)の一般解は，

$$y = cy_0(x) + y_0(x) \int \frac{Q(x)}{y_0(x)} dx$$

　さて，(1)に付随する斉次方程式(2)の解は，(3)によって $y = cy_0$（c は任意定数）であるわけだが，(4)はこの定数 c のところを x の関数と考えて，(1)に代入して解を求める，ということである．この方法は，したがって**定数変化法**とよばれている．

線形 1 階常微分方程式の解法

(1) 斉次方程式 $y' + P(x)y = 0$ の場合

$$y = c\exp\left(-\int P(x)dx\right) \quad (c \text{ は任意定数})$$

(2) 非斉次方程式 $y' + P(x)y = Q(x)$ の場合
付随する斉次方程式 $y' + P(x)y = 0$ の解 $y_0(x)$
（$\neq 0$）から，定数変化法によって求める．

$$y = cy_0(x) + y_0(x) \int \frac{Q(x)}{y_0(x)} dx \quad (c\,\text{は任意定数})$$

例 2-10　$y' + y \tan x = \sin 2x$ を解け.

［解］　まず付随する斉次方程式 $y' + y \tan x = 0$ の解を求める.

$$\frac{1}{y} y' = -\tan x \qquad \int \frac{1}{y} dy = -\int \tan x\, dx$$

$$\log |y| = \log |\cos x| + C$$

$$y = c \cos x \quad (c\,\text{は任意定数}) \tag{5}$$

この解の定数 c のところを x の関数 u でおきかえる.

$$y = u \cos x \quad y' = u' \cos x - u \sin x$$

これより,

$$u' \cos x = \sin 2x \quad u' = 2 \sin x \quad u = -2 \cos x + c$$

ゆえに求める解は,

$$y = c \cos x - 2 \cos^2 x \quad (c\,\text{は任意定数})$$

あるいは, すでに得られた一般的に解を表す式から,

$$y_0(x) = \exp\left(-\int \tan x\, dx\right) = \exp(\log |\cos x|) = \cos x \tag{5'}$$

$$\begin{aligned} y(x) &= cy_0(x) + y_0(x) \int \frac{\sin 2x}{y_0(x)} dx \\ &= c \cos x + \cos x \int 2 \sin x\, dx = c \cos x - 2 \cos^2 x \end{aligned}$$

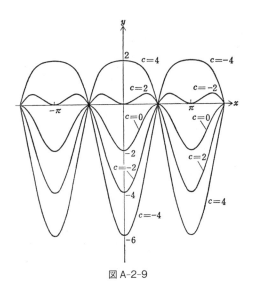

図 A-2-9

としてもよい.

《注意》 図 A-2-9 によってわかるように, この解 は, …
$\left]-\dfrac{\pi}{2},\dfrac{\pi}{2}\right[,\ \left]\dfrac{\pi}{2},\dfrac{3}{2}\pi\right[,\ \cdots$ におけるばらばらな部分から
成っている. これは, もともと与えられた微分方程式が $\tan x$
を含んでいて, これが連続であるような範囲として, この微分
方程式はこれら一つ一つの区間の中で別々に考察されるべきで
あったことからいって当然である.

　このことは, また上の解法の過程中, (5)あるいは(5′)で絶
対値をはずしたところにおいても注意すべきことであって, こ
れらの区間の中では $\cos x$ の符号が一定であることから, この

ようにしてさしつかえないのである.

（問）**2-3-1** 次の微分方程式を解け.
(1) $y' - 3y = e^{-x}$
(2) $y' + xy = 2x$
(3) $(1 + x^2)y' = x(y + x)$

（問）**2-3-2** 次の微分方程式を，x または y を適当に変換して，1階線形常微分方程式に直して解け.
(1) $yy' = -x + x^2 + y^2$
(2) $y'\cos x + y \sin x + y^3 = 0$

[付記] ベルヌーイの微分方程式

次の形の1階常微分方程式を，ベルヌーイの微分方程式という.

$$y' + P(x)y + Q(x)y^n = 0 \quad (n \neq 0, 1)$$

この式は，$u = y^{1-n}$ とおくと，$u' = (1-n)y^{-n}y'$ から，

$$u' + (1-n)P(x)u = (n-1)Q(x)$$

という，u に関する1階線形常微分方程式に帰着される.

2-4 全微分方程式

微分方程式 $y' = F(x, y)$ は，$\dfrac{dy}{dx} = F(x, y)$，したがって，分母をはらって，

$$F(x, y)dx - dy = 0$$

という形にできると考えられる．そこで，この形を一般に
した，

$$P(x, y)dx + Q(x, y)dy = 0 \qquad (1)$$

という形の微分方程式を考えよう．この形で与えられた微
分方程式を，**全微分方程式**という．

　これはまた，変数分離形を一般的にした形とも見ること
ができる．

[1]　完全微分形

　全微分方程式(1)に対して，もし，ある関数 $\Phi(x, y)$ が
存在して，(1)の左辺がちょうどその全微分になっている
とき，すなわち，

$$d\Phi(x, y) = \frac{\partial \Phi}{\partial x}dx + \frac{\partial \Phi}{\partial y}dy$$

であるから，

$$\frac{\partial \Phi(x, y)}{\partial x} = P(x, y), \quad \frac{\partial \Phi(x, y)}{\partial y} = Q(x, y) \qquad (2)$$

となっているならば，全微分方程式(1)は，**完全微分形**で
あるという．

　変数分離形 $y' = f(x)g(y)$ の場合，方程式を

$$f(x)dx - \frac{1}{g(y)}dy = 0 \qquad (3)$$

の形に書いたとき，

$$\Phi(x, y) = \int f(x)dx - \int \frac{1}{g(y)}dy$$

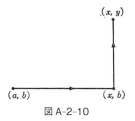

図 A-2-10

とすれば，(2)が成りたっていることがわかるから，(3)は
完全微分形である．

定理1　全微分方程式 $P(x, y)dx + Q(x, y)dy = 0$ が
完全微分形であるための条件は，

$$\frac{\partial P(x, y)}{\partial y} = \frac{\partial Q(x, y)}{\partial x} \qquad (4)$$

が成立することである．

[証明]　ここで，$\varPhi(x, y)$ は C² 級関数と考えているわけ
だが，そのときは，$\varPhi_{xy} = \varPhi_{yx}$ が成りたつ．(4)の条件は，
これを書いたものである．

　逆に(4)が成りたっていれば，1点 (a, b) を固定して，
(図 A-2-10)

$$\varPhi(x, y) = \int_a^x P(s, b)ds + \int_b^y Q(x, t)dt \qquad (5)$$

とすれば，(4)を用いて，

$$\frac{\partial \Phi(x,y)}{\partial x} = P(x,b) + \int_b^y \frac{\partial Q(x,t)}{\partial x} dt$$

$$= P(x,b) + \int_b^y \frac{\partial P(x,t)}{\partial t} dt$$

$$= P(x,b) + (P(x,y) - P(x,b))$$

$$= P(x,y)$$

$$\frac{\partial \Phi(x,y)}{\partial y} = Q(x,y)$$

となり，(5)によって定められる $\Phi(x,y)$ に対して，$d\Phi = Pdx + Qdy = 0$ が知られる．　　　　　　　　　（証明終り）

定理 2　完全微分形の全微分方程式 $d\Phi(x,y) = 0$ の解は，

$$\Phi(x,y) = c \quad (c \text{ は任意定数}) \tag{6}$$

によって与えられる．

[証明]　実際，いま $\Phi(x_0, y_0) = c$ のとき，$Q(x_0, y_0) \neq 0$ であれば，すなわち，$\Phi_y(x_0, y_0) \neq 0$ であるから，陰関数の存在定理によって $\Phi(x,y) = c$ は (x_0, y_0) の近傍で y について解けて，$y = y(x)$ と書くことができる．そしてこの $y(x)$ は C^1 級関数で，

$$\frac{dy}{dx} = -\frac{\Phi_x(x,y)}{\Phi_y(x,y)},$$

すなわち，

$$P(x,y)dx + Q(x,y)dy = 0$$

を満たしていることになるから，与えられた全微分方程式

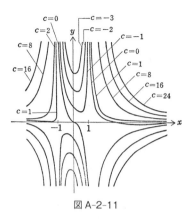

図 A-2-11

の解である.

　いまは $Q(x_0, y_0) \neq 0$ としたが,$P(x_0, y_0) \neq 0$ のときも
x について解けて,$x = x(y)$ の形で議論できる.

(証明終り)

　上記の証明では,$Q(x_0, y_0) \neq 0$,あるいは $P(x_0, y_0)$
$\neq 0$ の場合を扱ったが,

$$P(x_0, y_0) = Q(x_0, y_0) = 0$$

の場合は一般的な議論は困難になる.全微分方程式の解を
論ずるときは,(6)の形のものを一般解とよび,それ以上
の議論をしないのがふつうである.

例 2-11　全微分方程式 $(2xy - \cos x)dx + (x^2 - 1)dy = 0$
を解け.

[解] $P(x, y) = 2xy - \cos x$, $Q(x, y) = x^2 - 1$ で, P_y $= Q_x$ を満たすから完全微分形である. 実際, 直接視察によって $\Phi(x, y) = (x^2 - 1)y - \sin x$ ととれる. または(5)により, $(a, b) = (0, 0)$ として,

$$\Phi(x, y)$$
$$= \int_0^x (-\cos s)ds + \int_0^y (x^2 - 1)dt$$
$$= -\sin x + (x^2 - 1)y$$

この全微分方程式の一般解は,

$$(x^2 - 1)y - \sin x = c \quad (c \text{ は任意定数})$$

[2] 完全微分形でない場合

全微分方程式 $P(x, y)dx + Q(x, y)dy = 0$ が与えられたとき, 一般には完全微分形ではないであろう. そこで, 適当な関数 $M(x, y)$ を見いだして,

$$M(x, y)(P(x, y)dx + Q(x, y)dy) = 0$$

が完全微分形であるようにする. このとき, $M(x, y)$ を積分因子という.

このためには $M(x, y)P(x, y)$, $M(x, y)Q(x, y)$ が定理1の条件を満たさなければならない. すなわち, $\dfrac{\partial(MP)}{\partial y}$ $= \dfrac{\partial(MQ)}{\partial x}$ であるから, これを変形して $M(x, y)$ の満たすべき条件の式として,

$$\frac{1}{M}\left(Q\frac{\partial M}{\partial x}-P\frac{\partial M}{\partial y}\right)=\frac{\partial P}{\partial y}-\frac{\partial Q}{\partial x} \qquad (7)$$

が得られる. しかし, この偏微分方程式を解いて積分因子を求めることは, 一般には困難である.

　幸い視察によって積分因子が見つかればよいが, また, 積分因子として x あるいは y のみの関数が存在するような場合には, (7)からその関数を求めることができる. いま, x のみの関数であるような積分因子が存在したとすると, (7)から,

$$\frac{1}{M}\frac{dM}{dx}=\frac{1}{Q}\left(\frac{\partial P}{\partial y}-\frac{\partial Q}{\partial x}\right) \qquad (8)$$

となり, この右辺は x のみの関数でなければならない. 逆にそうなっていればこの式から, x のみの関数として積分因子 M を見いだすことができる.

例 2-12　全微分方程式 $(y^2-xy)dx+x^2dy=0$ を解け.
[解]　これに対しては, 完全微分形の条件が満たされていないから, 積分因子を見いださねばならない. いま, $M(x,y)=x^m y^n$ の形で求められないかを調べてみる.

$$x^m y^n(y^2-xy)dx+x^m y^n x^2 dy=0 \qquad (9)$$

に対して完全微分形の条件を書いてみると,

$$(n+2)x^m y^{n-1}-(n+1)x^{m+1}y^n$$
$$=(m+2)x^{m+1}y^n$$

これから, $n+2=0$, $-(n+1)=m+2$ が成立すれば

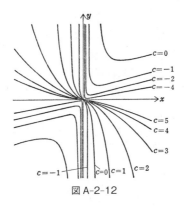

図 A-2-12

よい．ゆえに $m = -1$，$n = -2$　これを(9)に代入する．

$$\left(\frac{1}{x} - \frac{1}{y}\right) dx + \frac{x}{y^2} dy = 0$$

これは，$\Phi(x, y) = \log x - \dfrac{x}{y}$ とすれば $d\Phi(x, y) = 0$ の形になるから，一般解は，

$$\log |x| - \frac{x}{y} = c \quad (c \text{ は任意定数})$$

(問) **2-4-1**　次の全微分方程式は完全微分形であることを確かめて，これを解け．

(1) $y dx + x dy = 0$

(2) $(2xy - \cos x) dx + (x^2 - 1) dy = 0$

(3) $(x^3 + e^x \sin y + y^3) dx + (3xy^2 + e^x \cos y + y^3) dy = 0$

(問) **2-4-2** 積分因子を見つけて，次の全微分方程式を解け．

(1) $ydx + (x^2y^2 + x)dy = 0$

(2) $4ydx + xdy = xy^2dx$

(3) $(y^4 + 2y)dx + (xy^3 + 2y^4 - 4x)dy = 0$ （y のみの関数の積分因子をもつ）

(4) $(x^3e^xy^2 - 2x + 2y)dx + (2x^3e^xy - x)dy = 0$ （x のみの関数の積分因子をもつ）

2-5 一般解のほかに解がある場合

微分方程式によっては，一般解の中に含ませられない解をもつものもある．

たとえば，微分方程式
$$y' = 3y^{2/3}$$
は変数分離形であるから容易に $y = (x + c)^3$ （c は任意定数）が一般解として得られる．しかし，このほかに $y = 0$ （恒等的に）という解もあるのは，2-1 節の「解法への注意1」で示した通りである．この解は，特解として一般解の一部分に含めることはできない．

しかもこの場合，図 A-2-13 に見るように，A–B–C–D というような形の曲線で表される関数はすべて解になる．

例 2-1，2-2 などで扱った場合は，xy 平面上のどの点をとっても，その点を通る解曲線がただ一つであった．これを解の**一意性**が成立するという．ところが，いま述べた

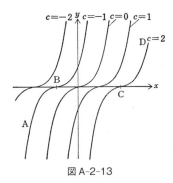

図 A-2-13

例では，たとえば x 軸上の点 $(0,0)$ をとってみると，この点を通る解は，$y=x^3$ のほかに $y=0$ もあり，さらに，

$$
\begin{aligned}
y &= (x-\alpha)^3 &&(x \leqq \alpha), \\
&= 0 &&(\alpha \leqq x \leqq \beta), \\
&= (x-\beta)^3 &&(x \geqq \beta)
\end{aligned}
$$

で定められる関数（$\alpha \leqq 0 \leqq \beta$ とする）はすべて解である．つまり，$(0,0)$ を通る解は無数に存在する．例 2-8 でも同様のことが見られる．

　そこで，一般解に含まれない解のうち，一般解の表す曲線群の包絡線となっているものを**特異解**とよぶ．上例では $y=0$ が特異解であり，例 2-8 では $y=\pm a$ が特異解である．しかし，例 2-5 ではやはり $(0,0)$ において解の一意性は成立していないけれども，上記の意味で特異解とよばれるものはない．

　曲線群 $\{C_t\}$ とその包絡線 C は，C_t と C の共通の点で

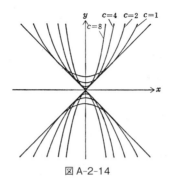

図 A-2-14

共通の接線をもっているから，特異解がある場合には，上述の例の A–B–C–D のように一般解から途中で特異解に移り，また一般解に戻る，というようにして無数の解がこれから派生することになる．

特異解を求める方法

　一般解をまず求め，その包絡線として求める．

例 2-13　$xy'^2 - 2yy' + x = 0$ を解け．

［解］　この微分方程式から y' を求めれば，

$$y' = \frac{y \pm \sqrt{y^2 - x^2}}{x} = \frac{y}{x} \pm \sqrt{\left(\frac{y}{x}\right)^2 - 1}$$

これは同次形であるから簡単に解けて，一般解は

$$y = \frac{1}{2}\left(cx^2 + \frac{1}{c}\right) \quad (c \text{ は任意定数})$$

特異解を求めるために，$y = \dfrac{1}{2}\left(cx^2 + \dfrac{1}{c}\right)$ を c につ

いて偏微分すれば，$\dfrac{1}{2}\left(x^2 - \dfrac{1}{c^2}\right) = 0$ で，これから $c = \pm\dfrac{1}{x}$ を得る．したがって，これと $y = \dfrac{1}{2}\left(cx^2 + \dfrac{1}{c}\right)$ から c を消去すれば，$y = \pm x$

クレーローの方程式

次の形の1階常微分方程式を**クレーローの方程式**という．

$$y = xy' + g(y') \qquad (1)$$

この式の両辺を微分してみると，

$$y' = y' + xy'' + g'(y')y''$$

すなわち，$y''(x + g'(y')) = 0$ となり，

$$y'' = 0, \quad \text{または，} \quad x + g'(y') = 0$$

前者からは $y' = c$（定数）を得るから，(1)に代入して，

$$y = cx + g(c) \quad (c \text{は任意定数}) \qquad (2)$$

なる一般解を得る．

後者からは，

$$\begin{cases} y = xy' + g(y') \\ x + g'(y') = 0 \end{cases}$$

より y' を消去して x の関数として解を求めればよい．これは，$y' = c$ とおいてみればわかるように，一般解(2)の包絡線になっている．したがってこれは特異解である．

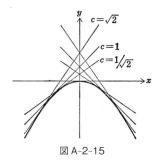

図 A-2-15

クレーローの方程式の解法
$$y = xy' + g(y')$$
一般解　$y = cx + g(c)$　（c は任意定数）
特異解　一般解の表す直線群の包絡線として求める.

例 **2-14**　$y = xy' + y'^2$ を解け.

［解］　一般解は $y = cx + c^2$（c は任意定数）.

　特異解を求めるために c について偏微分すれば, $x + 2c = 0$, $c = -\dfrac{1}{2}x$. ゆえに, $y = -\dfrac{1}{2}x^2 + \dfrac{1}{4}x^2 = -\dfrac{1}{4}x^2$ が特異解である.（図 A-2-15）

（問）**2-5-1**　次の微分方程式の一般解, および特異解を求めよ.

　（1）　$y^2 - 4 - 2xyy' - y^2 y'^2 = 0$

(2) $y'^2 + 2x^3 y' - 4x^2 y = 0$

(問) **2-5-2** 次の微分方程式の一般解，および特異解を求めよ．

(1) $y = xy' + \sqrt{1+y'^2}$

(2) $y = xy' + \dfrac{y'}{\sqrt{1+y'^2}}$

2-6　特殊な 2 階常微分方程式

今まで求積法によって解を求め得る 1 階の常微分方程式を扱ったが，2 階の場合も，特殊な型のものは，1 階常微分方程式を解くことに帰着させて解を求めることができる．

なお線形常微分方程式で定数係数の場合，解は容易に求められるが，これは次の章で扱うこととする．

[1]　$y'' = f(x)$　初期値：$x = a$ のとき $y = b$，$y' = c$.

$$y = \int_a^x du \int_a^u f(t)dt + c(x-a) + b$$

$$= \left[u \int_a^u f(t)dt \right]_{u=a}^{u=x} - \int_a^x uf(u)du + c(x-a) + b$$

$$= \int_a^x (x-t)f(t)dt + c(x-a) + b$$

[2]　$F(x, y', y'') = 0$　（y を含まない）

$u = y'$ として 1 階常微分方程式 $F(x, u, u') = 0$ が解ければよい．

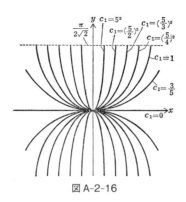

図 A-2-16

[3] $F(y, y', y'') = 0$ （x を含まない）

$u = y'$ を未知関数と考えれば，

$$y'' = \frac{dy'}{dx} = \frac{du}{dy}\frac{dy}{dx} = u\frac{du}{dy}$$

ゆえに，$F\left(y, u, u\dfrac{du}{dy}\right) = 0$ となり，これから u が y の

関数として $u = u(y)$ と求められれば，

$$\frac{dy}{dx} = u(y) \quad \therefore \quad \frac{dx}{dy} = \frac{1}{u(y)}$$

これから $x = x(y)$ という形で解が得られる.

例 2-15　$xy'' = y' + x^2 y'^3$ を解け.

[解]　$u = y'$ とおくと，$x\dfrac{du}{dx} = u(1 + x^2 u^2)$.

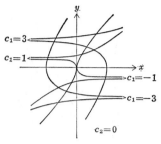

図 A-2-17

ここで，さらに $z = 1 + x^2 u^2$ とおくと，$z' = 2xu^2 + 2x^2 uu'$ に $xu' = uz$ を代入して，

$$xz' = 2(z^2 - 1)$$

これより，$\dfrac{z-1}{z+1} = c_1{}^2 x^4$ （x^4 の係数は > 0 となるから $c_1{}^2$ の形にとった.）

したがって，$u = \dfrac{dy}{dx} = \dfrac{\sqrt{2}c_1 x}{\sqrt{1 - c_1{}^2 x^4}}$.

これより，$y = \dfrac{1}{\sqrt{2}} \sin^{-1} c_1 x^2 + c_2$ （c_1, c_2 は任意定数）

例 2-16 $yy'' + (y')^2 - y' = 0$ を解け.

[解] $u = y'$ とおく.

$$yu\frac{du}{dy} + u^2 - u = 0$$

$u \neq 0$ ならば，$y\dfrac{du}{dy} = 1 - u$. これより $y(1-u) = c_1$

（c_1 は定数）が得られる.

そして，$\dfrac{dy}{dx} = u = \dfrac{y - c_1}{y}$.

これより，

$$y + c_1 \log|y - c_1| = x + c_2 \quad (c_1, c_2 は任意定数)$$

が一般解として得られる.

$u = 0$ のときは，$y = c$（c は任意定数）.

（問）2-6-1　次の2階常微分方程式を解け.

（1）$y'' = ky' + mx$　（k, m は定数）

（2）$y'' + k^2 y = 0$　（k は定数）

（3）$(1 + x^2)y'' - 1 + y'^2 = 0$

（4）$yy'' + y'^2 = 1$

《注意》（1），（2）は線形常微分方程式なので，第3章の理論から解は容易に求め得るのであるが，ここでは，この節で述べた方法により解を求めることを考察せよ.

2-7　級数解

いままで，与えられた常微分方程式の解を適当に変形して積分を使って求めることを考えた.これが求積法である.しかし，微分方程式は，一般にこのような方法では解を見いだし得ないものである.

たとえば微分方程式

$$y' = x^2 - y^2 \tag{1}$$

は見かけは簡単であるが，求積法では解は求められない．

$$y' + ay^2 = bx^\alpha \quad (a \neq 0, b \neq 0, \alpha \neq 0)$$

という形の微分方程式はリッカティ型の微分方程式といわれているが，これは，α が次の特別な値のときを除いては，解は求積法では求められないことが証明されている．（リュウヴィル，1841 年）

$$\alpha = -2, \frac{4k}{1-2k} \quad (k = 0, \pm 1, \pm 2, \cdots)$$

そこで，このような方程式に対して，解を，

$$y = c_0 + c_1(x-a) + c_2(x-a)^2 + \cdots \tag{2}$$

のように整級数展開の形で表示することを考察する．後に C．第 1 章において，この方法は正しいことが知られるが，ここでは単に方法のみを例示するにとどめよう．

整級数(2)は，その収束域内では，

$$y' = c_1 + 2c_2(x-a) + 3c_3(x-a)^2 + \cdots$$

のように項別微分が許され，また，累乗の際は，

$$y^2 = c_0{}^2 + 2c_0 c_1(x-a) + (c_1{}^2 + 2c_0 c_2)(x-a)^2 + \cdots$$

のように，多項式の場合の計算を一般化した形で計算を行うことができる．

例 2-17 $y' = x^2 - y^2$ の解で，初期値「$x = 1$ のときに $y = 1$」を有するものを求めよ．

[解] $y = c_0 + c_1(x-1) + c_2(x-1)^2 + \cdots$ (3)

とすれば，

$$c_n = \frac{1}{n!} \left[y^{(n)} \right]_{x=1}$$

$$y' = x^2 - y^2, \ y'' = 2x - 2yy', \ y''' = 2 - 2y'^2 - 2yy'',$$

$$y^{(4)} = -6y'y'' - 2yy''', \cdots$$

に初期値 $x = 1, y = 1$ を代入すれば，順次，

$$[y]_{x=1} = 1, \quad [y']_{x=1} = 0, \quad [y'']_{x=1} = 2,$$

$$[y''']_{x=1} = -2, \quad [y^{(4)}]_{x=1} = 4, \cdots$$

したがって，

$$c_0 = 1, \quad c_1 = 0, \quad c_2 = 1, \quad c_3 = -\frac{1}{3}, \quad c_4 = \frac{1}{6}, \cdots \tag{4}$$

すなわち，

$$y = 1 + (x-1)^2 - \frac{1}{3}(x-1)^3 + \frac{1}{6}(x-1)^4 + \cdots \tag{5}$$

となる．

このままでは展望がないが，$n \geqq 3$ のときはライプニッツの公式より，

$$y^{(n+1)} = \frac{d^n}{dx^n} y' = -\frac{d^n}{dx^n} y^2 = -\frac{d^n}{dx^n} yy$$

$$= -\sum_{k=0}^{n} {}_n\mathrm{C}_k y^{(k)} y^{(n-k)} = -n! \sum_{k=0}^{n} \frac{y^{(k)}}{k!} \frac{y^{(n-k)}}{(n-k)!}$$

から，

$$c_{n+1} = -\frac{1}{n+1} \sum_{k=0}^{n} c_k c_{n-k} \tag{6}$$

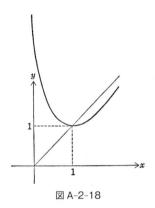

図 A-2-18

となり，これを利用して次々に c_{n+1} を求めていくことが
できる．

この式はまた，$y' = x^2 - y^2$ に(3)を代入し，

$$\sum_{n=0}^{\infty} (n+1)c_{n+1}(x-1)^n$$

$$= x^2 - \sum_{n=0}^{\infty} \left(\sum_{k=0}^{n} c_k c_{n-k} \right) (x-1)^n$$

の両辺を比較することによっても得られる．

このようにして得られた整級数(4)がどの程度まで利
用できるかは別に論ぜねばならない．いまの場合(4)，
(6)から直ちに，

$$|c_n| \leqq 1 \quad (n = 1, 2, \cdots)$$

が得られるから，$|x-1| < 1$ の範囲ではこの級数は収束
し，利用することができる．

（問）**2-7-1**　微分方程式 $y' = x^2 - y^2$ の初期値「$x = 0$ の
とき $y = c$」を有するものを，整級数展開の方法により，
はじめの 5 項を求めよ。

（問）**2-7-2**　微分方程式 $y'' + xy = 0$ の解を，初期条件
「$x = 0$ のとき，$y = 1, y' = 0$」で求めよ。

2-8　図式解

前節では，整級数によって近似的に解を表す方法を考え
たが，解のおおよその形を知るだけならば，図をえがいて
それを知ることもできる。

すなわち，y' は接線の傾きを表し，微分方程式によっ
て各点でその値が与えられることになるから，それをつな
げていくのである。

すなわち，微分方程式が，

$$y' = F(x, y)$$

の形で与えられているとする。このとき，一点 $P_0(x_0, y_0)$
から出発して，P_0 において与えられた方向に沿って少し
h だけ進み，到達した点 $P_1(x_1, y_1)$ においてまた与えら
れた方向に沿って h だけ進み，… というようにやってい
くと，このようにして近似的に解を表す折れ線が得られる
と考えられる。

このような方法を能率的に行うには，平面上で $F(x, y)$
$= c$ という曲線群をあらかじめ書いておくと，この上では
傾きが常に c ということになるので，便利である。この曲

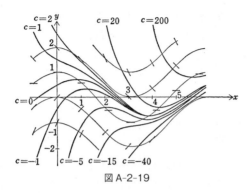

図 A-2-19

線を**等傾斜線**という.

例 2-18 $y' = \cos x - y$

[解] 等傾斜線と解を図 A-2-19 に示した. この場合, 一般解は,

$$y = \frac{1}{2}(\cos x + \sin x) + ce^{-x} \quad (c \text{ は任意定数})$$

と求められるので, 等傾斜線との関係が明瞭になるであろう.

例 2-19 $y' = x^2 - y^2$

[解] 等傾斜線と解を図 A-2-20 に示した.

[付記] いま図で述べたことを数値的に行えば, 数値計算の方法になる. 微分方程式の解を数値計算によって求める

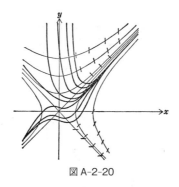

図 A-2-20

方法は，多くの方法が研究され，開発されている．

A 第 2 章の演習問題

1. 次の常微分方程式を解け.

   (1) $yy' = e^{x+2y} \sin x$

   (2) $x^2(y+1) + y^2(x-1)y' = 0$

   (3) $3x \cosh \dfrac{y}{x} \cdot y' = 2x \sinh \dfrac{y}{x} + 3y \cosh \dfrac{y}{x}$

   (4) $xy' = y + \sqrt{x^2 - y^2}$

   (5) $y' = \dfrac{2x+3y+1}{x+2y+1}$

   (6) $y' = (y-4x)^2$

2. 次の常微分方程式を, p. 72 のパラメーター表示の方法
により解け.

   (1) $y'^2 = a^2 + y^2 \quad (a \neq 0)$

   (2) $y'^2 = a^2 - x^2 \quad (a \neq 0)$

   (3) $x + y' = 2y + y'^2$

   (4) $3x^2 y' = 2x^2 + y^2$

3. 次の常微分方程式を解け.

   (1) $\tan x \cdot y' = \sin^2 x - y$

   (2) $x^2 y' - y = x^2 e^{x-(1/x)}$

   (3) $y' - y = xy^5$

   (4) $xy' = y + xy^3(1 + \log x)$

4. 次の全微分方程式を解け.

(1)　$\dfrac{x}{\sqrt{x^2+y^2}}dx + \left(1 + \dfrac{y}{\sqrt{x^2+y^2}}\right)dy = 0$

(2)　$(y^2\exp(xy^2)+4x^3)dx + (2xy\exp(xy^2)-3y^2)dy$
　　$= 0$

(3)　$2xydx + (y^2-x^2)dy = 0$

(4)　$(2y+3xy)dx + 2x(1+x)dy = 0$

(5)　$(2xy^4e^y+2xy^3+y)dx + (x^2y^4e^y-x^2y^2-3x)dy$
　　$= 0$

(6)　$\sin 2y \cdot dx + \sin 2x \cdot dy = 0$

5. 次の微分方程式を解け.

(1)　$y = xy' + \log y'$

(2)　$y = xy' + y' - y'^2$

(3)　$y'' - (y')^2 - 1 = 0$

(4)　$y' + \dfrac{(y'')^2}{4} = xy''$

6. x 軸, y 軸を漸近線とする双曲線群に直交する曲線を求めよ.

7. カージオイドの族 $r = C(1+\sin\theta)$ に直交する曲線を求めよ.

8. 法線が原点を通る曲線を求めよ.

9. 曲線上の点 (x, y) における法線と, この点を原点と結ぶ直線と, x 軸とでできる三角形が, 常に x 軸を底辺とする二等辺三角形であるような曲線を求めよ.

10. 全微分方程式 $P(x, y)dx + Q(x, y)dy = 0$ の二つの積分因子 $M_1(x, y)$, $M_2(x, y)$ が見いだされ, $M_1(x, y)$

が $M_2(x, y)$ の定数倍でなければ,
$$M_1(x, y) = cM_2(x, y) \quad (c \text{ は定数})$$
はこの全微分方程式の解であることを示せ.

11. リッカティ型の微分方程式 (p. 95)
$$y' + ay^2 = bx^\alpha \quad (a \neq 0, b \neq 0, \alpha \neq 0)$$
は, 次の場合に解求積法で求められることを示せ.

(1) $\alpha = -2$ のとき.

$z = \dfrac{1}{y}$ とおいて z に関する微分方程式にする.

(2) $\alpha = \dfrac{4k}{1-2k}$ $(k = -1, -2, \cdots)$ のとき.

$t = x^{\alpha+1}$, $u = \dfrac{1}{y}$ とすれば, $k > 0$ の場合になる.

(3) $\alpha = \dfrac{4k}{1-2k}$ $(k = 1, 2, \cdots)$ のとき.

まず $y = \dfrac{z}{x^2} + \dfrac{1}{ax}$ とし, さらに, $t = x^{\alpha+3}$, $u = \dfrac{1}{z}$
とすれば, k が 1 少ない場合になる.

第3章　線形常微分方程式

　1階線形常微分方程式の解法については，2-3で述べた．

　一般に，未知関数 y およびそれの導関数 $y', y'', \cdots, y^{(l)}$ について，x の関数を係数とした一次式の形の微分方程式

$$p_0(x)y^{(l)} + p_1(x)y^{(l-1)} + \cdots + p_{l-1}(x)y' + p_l(x)y = r(x)$$

を，l 階線形常微分方程式という．

　線形常微分方程式の重要性は，どれほど強調してもいい過ぎることはない．その理由としては，

① 線形というのは一つのきわだった類型であり，この他にそのような類型を求めてもこれといったものはない．

② 実用上，この形の微分方程式が利用される機会はきわめて多い．

③ 解の性質がよく知られる．殊に，重ね合わせの原理は重要である．

などがあげられよう．

　この章では，この線形常微分方程式の理論を展開する．

3-1 線形常微分方程式の解の性質

　次のように，未知関数 y およびその導関数 $y', y'', \cdots, y^{(l)}$ について一次式の形の微分方程式を，**線形常微分方程式**という．

$$p_0(x)y^{(l)} + p_1(x)y^{(l-1)} + \cdots + p_{l-1}(x)y' + p_l(x)y = r(x)$$
(1)

　ここで，$p_0(x), p_1(x), \cdots, p_{l-1}(x), p_l(x), r(x)$ は，区間 I において連続であるとする．

　1階線形常微分方程式は，2-3 で述べたように求積法によって容易に解が求められる．しかし，2階以上の線形常微分方程式では，$p_j(x)$ $(j = 0, 1, \cdots, l)$ がすべて定数であるなどの特別の場合を除き，解を求積法で求めることは一般にできない．（求積法で解が求め得るための必要十分条件は，ピカール・ヴェシオーの理論として知られている．）そこで，解のもっている性質を調べて，いろいろな議論に役だたせるようにしよう．

　以下では，簡単のため $l = 2$ として論ずる．2階線形常微分方程式は各方面でよく現れて重要であることと，また $l = 2$ の場合の結果を $l \geqq 3$ の場合に拡張するのは，さほど困難ではないであろうからである．特に注意を要するものについては，一般の l についての形もあげることとする．

$$p_0(x)y'' + p_1(x)y' + p_2(x)y = r(x)$$
(2)

は2階線形常微分方程式であるが，特に，$p_0(x) = 1$ である

$$y'' + P(x)y' + Q(x)y = R(x) \qquad (3)$$

の形のものを**正規形**という．例 2-10 では，1 階の正規形
線形常微分方程式を扱ったが，その例では係数の関数
に不連続点があり，x がその値のとき解は図 A-2-9 に示
したように大へんやっかいな形状を示し，一般的に取
り扱うのは困難である．そこで，以下では (3) において
$P(x), Q(x), R(x)$ が区間 I において連続であるもののみ
を扱う．なお，(2) を (3) の形にするときは $p_0(x)$ で両辺
を割ることになるので，(2) では $p_0(x), p_1(x), p_2(x), r(x)$
が I で連続であると仮定する上に，さらに $p_0(x)$ は I で
決して 0 にならないとする．そうすれば，以下述べるこ
とはすべて適用できる．（$p_0(x)$ が零点をもつ場合のうち
特別なものについては，C 編において扱われる．）

　初期値問題　x の区間 $J \,(\subset I)$ で定義された C^2 級関数
$y(x)$ が，$x \in J$ ならば常に $y''(x) + P(x)y'(x) + Q(x)y(x)$
$= R(x)$ を満たすときが，$y = y(x)$ が (3) の解であると
いうことである．いま，$a \in I$ を固定し，b, b' を与えて，
(3) の解で

$$y(a) = b, \quad y'(a) = b' \qquad (4)$$

を満たすものを求めることを考える．（a が区間 I の端点
ならば，(4) における微分係数は片側微分係数の意味であ
る．）b, b' を**初期値**，(4) を**初期条件**という．そして与えら
れた初期条件を満たす解を見いだすという問題を**初期値問
題**，または**コーシー問題**という．

　B. の第 1 章において，初期値問題に対する解の存在，そ

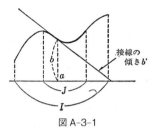

図 A-3-1

の他について一般的な考察をするが，そこからの結論として，次の定理は基本的である．この章では，これを仮定してすべて話を進める．

定理1　正規形2階線形常微分方程式
$$y'' + P(x)y' + Q(x)y = R(x) \qquad (3)$$
において，$P(x), Q(x), R(x)$ は区間 I において連続であるとする．

いま，任意に $a \in I$ をとり，任意に初期値 b, b' を与えるとき，
$$\text{初期条件}\quad y(a) = b, \quad y'(a) = b' \qquad (4)$$
を満足する(3)の解が存在する．

そのような解は，すべて I 全体で定義された解に拡張することが可能であり，しかも，I 全体で定義された初期条件(4)を満たす解はただ一つである．

線形常微分方程式(3)において，$R(x) = 0$ のとき**斉次**，$R(x) \neq 0$ のとき**非斉次**という．

　そして，微分方程式(3)において右辺の $R(x)$ のところを 0 にした斉次方程式

$$y'' + P(x)y' + Q(x)y = 0 \qquad (5)$$

を，(3)に付随する斉次方程式という．

　微分作用素　C^2 級関数 $y(x)$ に対して，

$$y(x) \longrightarrow y''(x) + P(x)y'(x) + Q(x)y(x) \qquad (6)$$

により，(6)の右にある関数を対応させる写像を考える．このように，関数に関数を対応させる写像を，一般に**作用素**とよぶ．(6)は微分演算が関係する作用素なので**微分作用素**といわれる．これを L で示そう．すなわち，

$$L[y(x)] = y''(x) + P(x)y'(x) + Q(x)y(x) \qquad (7)$$

---

1. $L : y \to L[y]$ は**一次変換**である．
すなわち，任意の C^2 級関数 $y_1(x), y_2(x)$ および定数 c_1, c_2 に対して，

$$L[c_1 y_1 + c_2 y_2] = c_1 L[y_1] + c_2 L[y_2] \qquad (8)$$

が成立する．

　実際，

$$\begin{aligned}
L[c_1 y_1 + c_2 y_2] &= (c_1 y_1 + c_2 y_2)'' + P(c_1 y_1 + c_2 y_2)' \\
&\quad + Q(c_1 y_1 + c_2 y_2) \\
&= c_1 y_1'' + c_2 y_2'' + P(c_1 y_1' + c_2 y_2') \\
&\quad + Q(c_1 y_1 + c_2 y_2) \\
&= c_1(y_1'' + P y_1' + Q y_1) \\
&\quad + c_2(y_2'' + P y_2' + Q y_2) \\
&= c_1 L[y_1] + c_2 L[y_2]
\end{aligned}$$

---

2. 斉次線形常微分方程式

$$y'' + P(x)y' + Q(x)y = 0 \qquad (5)$$

の解はベクトル空間（あるいは線形空間）をつくる.

すなわち，(5)のいくつかの解 $y_1(x), y_2(x), \cdots,$ $y_l(x)$ に対して，その一次結合

$$c_1 y_1(x) + c_2 y_2(x) + \cdots + c_l y_l(x) \qquad (9)$$

もまた(5)の解である.

このことがこの方程式を**線形**とよぶゆえんである.

---

y が(5)の解であるということは，$L[y] = 0$ ということだから，$y_1(x), y_2(x), \cdots, y_l(x)$ が(5)の解ならば，$L[c_1 y_1 + c_2 y_2 + \cdots + c_l y_l] = c_1 L[y_1] + c_2 L[y_2] + \cdots + c_l L[y_l] = 0$ より，(9)も(5)の解である.

---

3. $y_1(x), y_2(x)$ をそれぞれ,

$$y'' + P(x)y' + Q(x)y = R_1(x),$$

$$y'' + P(x)y' + Q(x)y = R_2(x)$$

の解とすれば，$y(x) = y_1(x) + y_2(x)$ は

$$y'' + P(x)y' + Q(x)y = R_1(x) + R_2(x) \qquad (10)$$

の解である.

これを**重ね合わせの原理**という.

実際，$L[y_1] = R_1(x)$, $L[y_2] = R_2(x)$ であるから，$L[y] = L[y_1 + y_2] = L[y_1] + L[y_2] = R_1(x) + R_2(x)$ であり，これは(10)にほかならない.

　このことは，ごくあたりまえに見えるが，線形常微分方
程式を重要ならしめる最も大きな特長である．

　例として次の微分方程式を考えてみよう．

$$\ddot{x} + \omega^2 x = 0 \quad (\text{変数は } t,\ x \text{ は } t \text{ の関数}) \qquad (11)$$

$x = \sin \omega t,\ x = \cos \omega t$ がこの微分方程式の解であり，し
たがってその一次結合 $c_1 \sin \omega t + c_2 \cos \omega t$ がまた解であ
る．この解は，また $x = A \sin(\omega t + \delta)$（$A, \delta$ は定数）の
ように書いても同じことである．

　いま，任意に初期条件 $x(a) = b,\ x'(a) = b'$ を与え，こ
れを満たす解 $x(t)$ を $c_1 \sin \omega t + c_2 \cos \omega t$ の形で求めるこ
とを考えよう．このためには，

$$c_1 \sin \omega a + c_2 \cos \omega a = b,$$

$$c_1 \omega \cos \omega a - c_2 \omega \sin \omega a = b'$$

であるように c_1, c_2 を定めればよいが，これは，

$$c_1 = b \sin \omega a + \frac{b'}{\omega} \cos \omega a, \quad c_2 = b \cos \omega a - \frac{b'}{\omega} \sin \omega a$$

とすればよい．

　定理 1 により，線形常微分方程式の解はその初期条件
によってただ一通りに完全にきまるから，以上により，微
分方程式(11)の解は $\sin \omega t$, $\cos \omega t$ の一次結合ですべて
尽くされることがわかる．このことは，第 1 章の単振動
の例においても直接の方法によって示したところである．

以上により，微分方程式(11)の解のつくる線形空間は $\sin \omega t$, $\cos \omega t$ を基本ベクトルとする 2 次元のベクトル空間であることになる．次にこれを一般に示そう．

定理 2　2 階斉次線形常微分方程式
$$y'' + P(x)y' + Q(x)y = 0 \qquad (5)$$
の解のつくるベクトル空間は 2 次元である．(l 階の方程式ならば，l 次元になる．)

［証明］　$a \in I$ を一つ固定する．定理 1 によって，(5) は，a において任意に与えた初期値に対してただ一つの解をもつから，いま，

　$y_1(x)$ は初期条件 $y_1(a) = 1$, $y_1{}'(a) = 0$ を満たす解

　$y_2(x)$ は初期条件 $y_1(a) = 0$, $y_1{}'(a) = 1$ を満たす解

としてとることができる．この二つの解は一次独立である．すなわち，どのように定数 c_1, c_2 をとっても，$c_1 = c_2 = 0$ の場合を除けば，$c_1 y_1(x) + c_2 y_2(x)$ が恒等的に 0 である関数になることは決してない．($x = a$ における値を考えてみよ．)

　そして，(5) の解 $y(x)$ を任意に一つとってくれば，
$$z(x) = y(a)y_1(x) + y'(a)y_2(x)$$
は，$y(x)$ と a において同じ初期値をもつ解であることは容易に確かめられるから，(5) の解がその初期値によって完全に決定されることより，$y(x) = z(x)$.

　すなわち $y(x)$ は $y_1(x), y_2(x)$ の一次結合として表され

る.

　以上により, (5)の解のつくるベクトル空間が2次元で
あることが知られた.　　　　　　　　　　　（証明終り）

　基本解　2階斉次線形常微分方程式(5)の解のつくる2
次元ベクトル空間で, 一次独立な二つの関数の組を(5)の
基本解という.

　定理2の証明中で用いた $y_1(x), y_2(x)$ は一組の基本解
であるが, これは初期値を, $\begin{bmatrix} y(a) \\ y'(a) \end{bmatrix}$ と縦ベクトルに書

くとき, $\begin{bmatrix} 1 \\ 0 \end{bmatrix}$, $\begin{bmatrix} 0 \\ 1 \end{bmatrix}$ ととったものであった. このか

わりに初期値が $\begin{bmatrix} b_1 \\ b_1{}' \end{bmatrix}$, $\begin{bmatrix} b_2 \\ b_2{}' \end{bmatrix}$ で表されるような二つ

の関数をとれば, この二つのベクトルが一次独立ならば,
やはり任意の2次元ベクトルはこの一次結合で書けるこ
ととなり, 対応する関数が同じように一次結合で書けるか
ら, この一組の関数もやはり基本解である.

$\begin{bmatrix} b_1 \\ b_1{}' \end{bmatrix}$, $\begin{bmatrix} b_2 \\ b_2{}' \end{bmatrix}$ が一次独立であるための条件は,

$\begin{vmatrix} b_1 & b_2 \\ b_1{}' & b_2{}' \end{vmatrix} \neq 0$ である.

　このことから, 次の基本解に対する定理が得られる. そ
れを述べる前に, 一つの記号を導入しよう.

　　ロンスキアン　二つの関数 $y_1(x), y_2(x)$ に対して，行列

式 $\begin{vmatrix} y_1(x) & y_2(x) \\ y_1{}'(x) & y_2{}'(x) \end{vmatrix}$ で表される関数を $y_1(x), y_2(x)$ の

ロンスキアン（Wronskian），またはロンスキー行列式と

いい，$W[y_1, y_2](x)$ で表す.

　定理 3　斉次方程式(5)の二つの解 $y_1(x), y_2(x)$ が，一
組の基本解となるための条件は，ある $a \in I$ に対し
て $W[y_1, y_2](a) \neq 0$ となることである.

　このとき，このロンスキアン $W[y_1, y_2](x)$ は，区
間 I において決して 0 にならない.

[証明]　もし，ある $a_1 \in I$ で

$$W[y_1, y_2](a_1) = \begin{vmatrix} y_1(a_1) & y_2(a_1) \\ y_1{}'(a_1) & y_2{}'(a_1) \end{vmatrix} = 0$$

となったとすれば，二つのベクトル

$$\begin{bmatrix} y_1(a_1) \\ y_1{}'(a_1) \end{bmatrix}, \begin{bmatrix} y_2(a_1) \\ y_2{}'(a_1) \end{bmatrix}$$

は一次従属. したがって，$(c_1, c_2) \neq (0, 0)$ で，

$$c_1 \begin{bmatrix} y_1(a_1) \\ y_1{}'(a_1) \end{bmatrix} + c_2 \begin{bmatrix} y_2(a_1) \\ y_2{}'(a_1) \end{bmatrix} = \begin{bmatrix} c_1 y_1(a_1) + c_2 y_2(a_1) \\ c_1 y_1{}'(a_1) + c_2 y_2{}'(a_1) \end{bmatrix}$$

$$= \begin{bmatrix} 0 \\ 0 \end{bmatrix}$$

であるようなものが存在することは，線形代数で教えるところである．

そこで，$y(x) = c_1 y_1(x) + c_2 y_2(x)$ を考えると，これはやはり(5)の解であり，かつ，$x = a_1$ において $y(a_1) = 0$，$y'(a_1) = 0$ である．一方，恒等的に 0 という関数 $z(x)$ は，明らかに(5)の解で，しかも $x = a_1$ で $z(a_1) = 0, z'(a_1) = 0$ であるから，定理 1 の，解が初期値によって完全に決定されるということから，$y(x) = z(x)$ でなければならない．すなわち $y(x)$ は恒等的に 0 で，これはすなわち $y_1(x), y_2(x)$ が一次従属であることを意味する．そして $y_1(x), y_2(x)$ が一次従属のときは，どの $x \in I$ に対しても，$\begin{bmatrix} y_1(x) \\ y_1'(x) \end{bmatrix}$，$\begin{bmatrix} y_2(x) \\ y_2'(x) \end{bmatrix}$ は一次従属となるから，

$$\begin{vmatrix} y_1(x) & y_2(x) \\ y_1'(x) & y_2'(x) \end{vmatrix} = 0.$$ すなわち，ロンスキアンは恒等的に 0 である．

したがってロンスキアンが 0 でない点があれば，$y_1(x)$，$y_2(x)$ は一次従属でない．すなわち一次独立で，一組の基本解であることになる．そして，そのロンスキアンが I で決して 0 にならないことが，上述したことの対偶として分る．

$\hfill$（証明終り）

$W(x) = W[y_1, y_2](x) = y_1(x){y_2}'(x) - {y_1}'(x)y_2(x)$ であるから,

$$
\begin{aligned}
W' &= y_1{y_2}'' - {y_1}''y_2 \\
&= y_1(-P{y_2}' - Qy_2) - (-P{y_1}' - Qy_1)y_2 \\
&= -P(y_1{y_2}' - {y_1}'y_2) \\
&= -PW
\end{aligned}
$$

これを W に関する微分方程式と見れば, 解は容易に得られて,

$$
W(x) = W(a)\exp\left(-\int_a^x P(t)dt\right) \tag{12}
$$

これは, アーベルの公式とよばれている. この公式からも, $W(x)$ は決して 0 にならないか, または恒等的に 0 であるか, いずれかであることが知られる.

《注意 1》 定理 3 から,

$y_1(x), y_2(x)$ が一次独立

$\iff$ ロンスキアンが決して 0 にならない

$y_1(x), y_2(x)$ が一次従属

$\iff$ ロンスキアンが恒等的に 0

が得られるが, これは線形常微分方程式の解について特に成立する性質であって, 一般の関数にこれがあてはまると考えてはならない. (→ 問 3-1-2).

《注意 2》 l 個の関数 $y_1(x), y_2(x), \cdots, y_l(x)$ について, そのロンスキアンは,

$$W[y_1, y_2, \cdots, y_l](x)$$

$$= \begin{vmatrix} y_1(x) & y_2(x) & \cdots & y_l(x) \\ y_1{}'(x) & y_2{}'(x) & \cdots & y_l{}'(x) \\ \cdots\cdots\cdots\cdots\cdots\cdots\cdots\cdots\cdots\cdots \\ y_1{}^{(l-1)}(x) & y_2{}^{(l-1)}(x) & \cdots & y_l{}^{(l-1)}(x) \end{vmatrix}$$

である．そして定理3は l 階の斉次線形常微分方程式

$$y^{(l)} + P_1(x)y^{(l-1)} + P_2(x)y^{(l-2)} + \cdots + P_l(x)y = 0$$

の l 個の解の一組 $y_1(x), y_2(x), \cdots, y_l(x)$ について同様に述べられる．アーベルの公式も同様に成立する．((12)で，$P(t)$ が $P_1(t)$ になる．)

《注意3》 2階斉次線形常微分方程式の場合には，解 $y_1(x)$, $y_2(x)$ について，

　$y_1(x), y_2(x)$ は基本解 $\Longleftrightarrow$ $y_1(x), y_2(x)$ の比は定数でない

ということができる．

　一般の l 階の場合には，もちろん，このような単純ないい方では話はすまない．

　斉次方程式(5)の基本解 $y_1(x), y_2(x)$ の一次結合

$$y = c_1 y_1(x) + c_2 y_2(x) \quad (c_1, c_2 \text{ は任意定数})$$

これが斉次方程式の**一般解**である．これと，重ね合わせの原理を用いることによって，次の定理が得られる．

定理4　2階線形常微分方程式

$$y'' + P(x)y' + Q(x)y = R(x)$$

の解は，その一つの特解と，付随する斉次方程式の一般解の和として表される

例 3-1　区間 I 上で定義された二つの C^2 級関数 $y_1(x)$, $y_2(x)$ に対して，$W[y_1, y_2](x)$ が I で決して 0 にならないならば，$y_1(x), y_2(x)$ を基本解とする 2 階線形常微分方程式がある．

[解]

$$\begin{vmatrix} y_1(x) & y_2(x) \\ y_1{}'(x) & y_2{}'(x) \end{vmatrix} = W[y_1, y_2](x)$$

は I のどの点でも 0 でないから，連立方程式

$$\begin{cases} Py_1{}'(x) + Qy_1(x) = -y_1{}''(x) \\ Py_2{}'(x) + Qy_2(x) = -y_2{}''(x) \end{cases}$$

は，各 x に対してただ一つの解をもつ．この係数 P, Q は各 x により定まるから x の関数である．それらを $P(x)$, $Q(x)$ とすれば，$P(x), Q(x)$ を具体的に求めてみればわかるように，これらは x の連続関数である．そして，微分方程式

$$y'' + P(x)y' + Q(x)y = 0$$

は $y_1(x), y_2(x)$ を解にもつ．$W[y_1, y_2] \neq 0$ であるから，$y_1(x), y_2(x)$ はこの微分方程式の基本解である．

(問) **3-1-1**　斉次線形常微分方程式 $y'' + P(x)y' + Q(x)y = 0$ において，$y_1(x), y_2(x)$; $z_1(x), z_2(x)$ を二組の基本解とする．

そのとき，

$$z_1(x) = c_{11}y_1(x) + c_{12}y_2(x),$$

$$z_2(x) = c_{21}y_1(x) + c_{22}y_2(x)$$

となるような定数 $c_{11}, c_{12}, c_{21}, c_{22}$ が存在し，かつ，ここ
で $\begin{vmatrix} c_{11} & c_{12} \\ c_{21} & c_{22} \end{vmatrix} \neq 0$ であることを示せ.

(問) **3-1-2**　二つの関数 $y_1(x) = x^3$, $y_2(x) = |x|^3$ につい
て，$W[y_1, y_2](x)$ は恒等的に 0 であるが，$y_1(x), y_2(x)$
は 0 を含むどのような区間においても一次独立である.
これは $y_1(x)$, $y_2(x)$ が $x = 0$ において共通の零点をもっ
ているからであって，もし $y_1(x), y_2(x)$ が区間 I におい
て共通の零点をもたず，かつ $W[y_1, y_2](x) = 0$ が I で恒
等的に 0 ならば，$y_1(x), y_2(x)$ は I において一次従属であ
る.　これを示せ.　〈ヒント〉 $\dfrac{y_2(x)}{y_1(x)}$ を考えよ.

3-2　求積法

　高階の線形常微分方程式では，たとえそれが非常に簡単
な形でも一般には解を見いだすことは困難である.　たとえ
ば，$y'' + xy = 0$ は非常に簡単そうであるけれども，初等
関数では解を表示し得ない.（→C. 第 1 章の演習問題 9）

　そこでこの節では，解を具体的に求め得るいくつかの場
合について調べよう.

[1] 付随する斉次線形常微分方程式の一組の基本解が知られているとき

$$y'' + P(x)y' + Q(x)y = R(x) \qquad (1)$$

において付随する斉次線形常微分方程式

$$y'' + P(x)y' + Q(x)y = 0 \qquad (2)$$

の一組の基本解 $y_1(x), y_2(x)$ が知られているとする. そして,

$$y(x) = u_1(x)y_1(x) + u_2(x)y_2(x) \qquad (3)$$

の形で(1)の解を求める. (1階線形常微分方程式の場合の定数変化法と同じ考えである.) ここで, $u_1(x), u_2(x)$ はさらに,

$$u_1{}'(x)y_1(x) + u_2{}'(x)y_2(x) = 0 \qquad (4)$$

を満たすように求め得ることを示そう.

$$y = u_1 y_1 + u_2 y_2$$

$$y' = u_1 y_1{}' + u_2 y_2{}' + u_1{}' y_1 + u_2{}' y_2$$

$$= u_1 y_1{}' + u_2 y_2{}'$$

$$y'' = u_1 y_1{}'' + u_2 y_2{}'' + u_1{}' y_1{}' + u_2{}' y_2{}'$$

y_1, y_2 が(2)の解. ゆえに,

$$y'' + Py' + Qy = u_1{}' y_1{}' + u_2{}' y_2{}'$$

となり, (1)より,

$$u_1{}'(x)y_1{}'(x) + u_2{}'(x)y_2{}'(x) = R(x) \qquad (5)$$

$W[y_1, y_2](x) \neq 0$ であるから, (4),(5) より $u_1{}'(x)$, $u_2{}'(x)$ が求まり, これを積分して $u_1(x), u_2(x)$ が求まって(3)の形で解が定まる. **(定数変化法)**

例 3-2　微分方程式
$$\ddot{x}+\omega^2 x = A\cos\alpha t \quad (\omega>0, \alpha>0, \omega\neq\alpha) \quad (6)$$

［解］　付随する斉次方程式の基本解は $\cos\omega t, \sin\omega t$ であるから，(4), (5) は，

$$u_1{}'(t)\cos\omega t + u_2{}'(t)\sin\omega t = 0$$
$$-u_1{}'(t)\omega\sin\omega t + u_2{}'(t)\omega\cos\omega t = A\cos\alpha t$$

これより，
$$u_1{}'(t) = -\frac{A}{\omega}\cos\alpha t\sin\omega t$$
$$= -\frac{A}{2\omega}(\sin(\omega+\alpha)t + \sin(\omega-\alpha)t)$$
$$\therefore\quad u_1(t) = \frac{A}{2\omega}\Big(\frac{1}{\omega+\alpha}\cos(\omega+\alpha)t$$
$$+\frac{1}{\omega-\alpha}\cos(\omega-\alpha)t\Big)+c_1$$

同様に，
$$u_2(t) = \frac{A}{2\omega}\Big(\frac{1}{\omega+\alpha}\sin(\omega+\alpha)t$$
$$+\frac{1}{\omega-\alpha}\sin(\omega-\alpha)t\Big)+c_2$$

したがって，(6) の一般解は，

$$x = \frac{A}{2\omega}\left\{\frac{1}{\omega+\alpha}\left(\cos(\omega+\alpha)t\cos\omega t + \sin(\omega+\alpha)t\sin\omega t\right)\right.$$

$$\left.+\frac{1}{\omega-\alpha}\left(\cos(\omega-\alpha)t\cos\omega t + \sin(\omega-\alpha)t\sin\omega t\right)\right\}$$

$$+c_1\cos\omega t + c_2\sin\omega t$$

$$= \frac{A}{2\omega}\left(\frac{1}{\omega+\alpha}+\frac{1}{\omega-\alpha}\right)\cos\alpha t + c_1\cos\omega t + c_2\sin\omega t$$

$$= \frac{A}{\omega^2-\alpha^2}\cos\alpha t + c_1\cos\omega t + c_2\sin\omega t \tag{7}$$

これは物理的には，ω は系の固有振動を表し $\left(\dfrac{\omega}{2\pi}\right.$ が振

動数$\Big)$，(6)の右辺は外部から周期的な力が加えられた**強**

制振動の状態を示している．この結果は，外力の周期が系
の固有周期に近いときは，たとえ小さな外力でも振幅が非
常に大きくなり得ることを示している．

《注意》　(7)の解の最後の形からいけば，(6)の特解が $x = C\cos\alpha t$ の形であると見当をつけて(6)に代入して係数を決めるほうが早道である．一般に解の形の見当がつくときは，そのような方法によるほうがはるかに能率的である．

[2] 付随する斉次線形常微分方程式の一つの解（恒等的に 0 でないもの）が知られているとき

$$y'' + P(x)y' + Q(x)y = R(x) \tag{1}$$

において付随する斉次線形常微分方程式

$$y'' + P(x)y' + Q(x)y = 0 \tag{2}$$

の一つの解 $y_1(x)$ が知られているとする．このとき，

$$y(x) = u(x)y_1(x) \tag{8}$$

の形で(1)の解を表すことを考えてみよう．

(8)より，

$$y = uy_1$$
$$y' = uy_1' + u'y_1$$
$$y'' = uy_1'' + 2u'y_1' + u''y_1$$

y_1 が(2)の解．ゆえに，

$$y'' + Py' + Qy = y_1u'' + (2y_1' + Py_1)u'$$

となり，(1)より，

$$y_1(x)u'' + (2y_1'(x) + P(x)y_1(x))u' = R(x)$$

これは u' に関してみれば1階の線形常微分方程式であり，これを解いて得られる解を積分して u が定まり，したがって (8) の形で解が求められる．(**ダランベールの階数低下法**)

例3-3　微分方程式 $x^2y'' - xy' + y = 1$ 　　　　(9)

[解]　$y = x$ が斉次方程式 $x^2y'' - xy' + y = 0$ の解であることは直ちに知られる．そこで $y = ux$ とおいて代入する．そうすれば，

$$x^3u'' + x^2u' = 1 \quad \therefore \quad u'' + \frac{1}{x}u' = \frac{1}{x^3}$$

斉次方程式 $u'' + \frac{1}{x}u' = 0$ の一つの解は $u' = \frac{1}{x}$．ゆえ

に, 上記の方程式の解は,

$$u' = \frac{1}{x}\left(\int \frac{1}{x^2}dx + c_1\right) = -\frac{1}{x^2} + \frac{c_1}{x}$$

$$u = \frac{1}{x} + c_1 \log x + c_2$$

したがって, 求める解は $y = 1 + c_1 x \log x + c_2 x$

[3] 定数係数線形常微分方程式

ここでは, 一般に定数係数の線形常微分方程式

$$p_0 y^{(l)} + p_1 y^{(l-1)} + \cdots + p_{l-1} y' + p_l y = r(x) \qquad (10)$$

を扱う. (p_j ($j=0,1,2,\cdots,l$) は定数とする.)

いままず, 斉次線形常微分方程式

$$p_0 y^{(l)} + p_1 y^{(l-1)} + \cdots + p_{l-1} y' + p_l y = 0 \qquad (11)$$

の場合に, 解を, $y = e^{\alpha x}$ という形で求めることを考えてみよう. 代入すれば,

$$(p_0 \alpha^l + p_1 \alpha^{l-1} + \cdots + p_{l-1}\alpha + p_l)e^{\alpha x} = 0 \qquad (12)$$

となり, α は l 次方程式

$$p_0 \lambda^l + p_1 \lambda^{l-1} + \cdots + p_{l-1}\lambda + p_l = 0 \qquad (13)$$

の解でなければならない. この方程式を**特性方程式**, その解を**特性根**という.

(13)の解としては, 一般には複素数が現れ, したがってこのようにして求めた(11)の解 $e^{\alpha x}$ は, 一般に複素数指数の関数である. (指数関数等において, 変数を複素数とすることに関しては, →C. 1-1 節) $\alpha = r + si$ とすれば, $e^{\alpha x} = e^{rx}(\cos sx + i \sin sx)$ であり, この実数部分,

虚数部分 $e^{rx}\cos sx$, $e^{rx}\sin sx$ はそれぞれ, (11)の解である. ただし一般的な扱いには $e^{\alpha x}$ のままのほうが便利であるから, 必要が生じたとき, このように分けることにするとよい.

例 3-4 $\ddot{x}+\omega^2 x=0$　（変数は t, x は t の関数）　　(14)

[解]　$x=e^{\alpha t}$ として代入すれば, $\alpha^2 e^{\alpha t}+\omega^2 e^{\alpha t}=0$ より, $\alpha^2=-\omega^2$, $\alpha=\pm\omega i$ となる. 複素数指数の場合でも, (11)から(12)を得た計算は正しいから, $x=e^{i\omega t}$, $x=e^{-i\omega t}$ は確かに(14)の解である. そして, これを実数部分と虚数部分とに分けることにより, 実数値関数の解として $x=\cos\omega t$, $x=\sin\omega t$ が得られる.

　記号解法　いま, 微分するという演算を D で表す. すなわち,

$$Dy=\frac{d}{dx}y=y'$$

そして, $D^2 y=y''$, $D^3 y=y'''$ とする.

　t の多項式 $\Phi(\lambda)=p_0\lambda^l+p_1\lambda^{l-1}+\cdots+p_{l-1}\lambda+p_l$ に対して,

$$\Phi(D)=p_0 D^l+p_1 D^{l-1}+\cdots+p_{l-1}D+p_l$$

とする. $\Phi(D)$ を y にほどこすとは,

$$\Phi(D)y=p_0 D^l y+p_1 D^{l-1}y+\cdots+p_{l-1}Dy+p_l y$$
$$=p_0 y^{(l)}+p_1 y^{(l-1)}+\cdots+p_{l-1}y'+p_l y$$

のこととする. そうすれば, 微分方程式(10)は, 次のよ

うに書かれる.

$$\Phi(D)y = r(x)$$

これについて以下のような性質がある.

1. $\Phi(\lambda) = \Phi_1(\lambda)\Phi_2(\lambda)$ ならば,

$$\Phi(D)y = \Phi_1(D)(\Phi_2(D)y)$$

たとえば, $\lambda^2 - (\alpha + \beta)\lambda + \alpha\beta = (\lambda - \alpha)(\lambda - \beta)$ で,

$$(D - \alpha)((D - \beta)y) = (D - \alpha)(Dy - \beta y)$$
$$= D(Dy - \beta y) - \alpha(Dy - \beta y)$$
$$= D^2 y - \beta Dy - \alpha Dy + \alpha\beta y$$
$$= (D^2 - (\alpha + \beta)D + \alpha\beta)y$$

2. $D(e^{-\alpha x}y) = e^{-\alpha x}(D - \alpha)y$. 一般に, $D^k(e^{-\alpha x}y)$ $= e^{-\alpha x}(D - \alpha)^k y$

実際, $D(e^{-\alpha x}y) = (e^{-\alpha x}y)' = -\alpha e^{-\alpha x}y + e^{-\alpha x}y' = e^{-\alpha x}(y' - \alpha y) = e^{-\alpha x}(D - \alpha)y$.

これから,

$$D^k(e^{-\alpha x}y) = D^{k-1}(e^{-\alpha x}(D - \alpha)y)$$
$$= D^{k-2}(e^{-\alpha x}(D - \alpha)^2 y)$$
$$= \cdots = e^{-\alpha x}(D - \alpha)^k y$$

3. $D^k y = 0$ の一組の基本解は $1, x, x^2, \cdots, x^{k-1}$ である.

したがって, $(D - \alpha)^k y = 0$ の一組の基本解は $e^{\alpha x}$, $xe^{\alpha x}, x^2 e^{\alpha x}, \cdots, x^{k-1}e^{\alpha x}$

実際 **2.** によって, $D^k(e^{-\alpha x}y) = e^{-\alpha x}(D - \alpha)^k y = 0$ となるからである.

4. $(D-\alpha)^k y = x^p e^{\beta x}$ の一つの特解として，次の形のものがある．（α, β は一般に複素数でよい．p は 0 または自然数．）

$\beta = \alpha$ のとき，$\dfrac{1}{(p+1)(p+2)\cdots(p+k)} x^{p+k} e^{\beta x}$　　　(15)

$\beta \neq \alpha$ のとき，$x^p e^{\beta x}, x^{p-1} e^{\beta x}, \cdots, x e^{\beta x}, e^{\beta x}$ の一次結合．ただし，$x^p e^{\beta x}$ の係数は $\dfrac{1}{(\beta-\alpha)^k}$.

実際，まず **2.** によって，$D^k(e^{-\alpha x} y) = e^{-\alpha x}(D-\alpha)^k y = x^p e^{(\beta-\alpha)x}$.

$\beta = \alpha$ のときは，これから直ちに(15)が解であることが知られる．

$\beta \neq \alpha$ のときは，$Du = x^q e^{(\beta-\alpha)x}$ の解が次のように計算される．

$$u = \int x^q e^{(\beta-\alpha)x} dx$$
$$= \frac{1}{\beta-\alpha} x^q e^{(\beta-\alpha)x} - \frac{q}{\beta-\alpha} \int x^{q-1} e^{(\beta-\alpha)x} dx$$

このようにして，積分記号内の x の累乗指数は一つずつ減っていくから，結局，

$$u = \frac{1}{\beta-\alpha} x^q e^{(\beta-\alpha)x}$$
$$+ (x^{q-1} e^{(\beta-\alpha)x}, \cdots, x e^{(\beta-\alpha)x}, e^{(\beta-\alpha)x} \text{ の一次結合})$$

これを繰り返すことにより，$D^k u = x^p e^{(\beta-\alpha)x}$ の解は，

$$u = \frac{1}{(\beta-\alpha)^k} x^p e^{(\beta-\alpha)x}$$

$$+ (x^{p-1}e^{(\beta-\alpha)x}, \cdots, xe^{(\beta-\alpha)x}, e^{(\beta-\alpha)x} \text{ の一次結合})$$

という形をもっていることがわかる.

5. $\Phi(\lambda) = (\lambda-\alpha(1))^{k(1)}(\lambda-\alpha(2))^{k(2)}\cdots(\lambda-\alpha(m))^{k(m)}$

のとき, 微分方程式 $\Phi(D)y = x^p e^{\beta x}$ の解.

斉次方程式 $\Phi(D)y = 0$ の一組の基本解は,

$$x^j e^{\alpha(h)x} \quad (j = 0, 1, \cdots, k(h), \ h = 1, 2, \cdots, m)$$

で与えられる.

非斉次方程式の特解を求めるには, 部分分数展開を利用する.

このままでは説明が煩雑になるので, 次の例により説明しよう.

例 3-5 $(D-1)(D-2)^2 y = x^2 e^x$

[斉次方程式の解] $(D-1)(D-2)^2 y = 0$ の一組の基本解は, e^x, e^{2x}, xe^{2x} である.

$y = e^x$ は $(D-1)y = 0$ の解, $y = e^{2x}, xe^{2x}$ が $(D-2)^2 y = 0$ の解であることはすでに示した.

したがってこれらは, $(D-1)(D-2)^2 y = (D-2)^2(D-1)y = 0$ の解である. これがこの斉次方程式の一組の基本解であることを示すには, これらが一次独立であることを示せばよい.

いま, $c_1 e^x + c_2 e^{2x} + c_3 xe^{2x} = 0$ (c_1, c_2, c_3 は定数) とすると, これに $D-1, D-2, (D-2)^2$ をほどこすことに

より，$(D-1)xe^{2x} = (D-1)e^x xe^x = e^x Dxe^x = e^x(e^x + xe^x) = (x+1)e^{2x}$ などであるから，

$$(D-1)(c_1 e^x + c_2 e^{2x} + c_3 xe^{2x})$$
$$= c_2 e^{2x} + c_3(x+1)e^{2x} = 0$$
$$(D-2)(c_1 e^x + c_2 e^{2x} + c_3 xe^{2x})$$
$$= -c_1 e^x + c_3 e^{2x} = 0$$
$$(D-2)^2(c_1 e^x + c_2 e^{2x} + c_3 xe^{2x})$$
$$= c_1 e^x = 0$$

より，$c_1 = c_2 = c_3 = 0$ が得られる.

[非斉次方程式の特解]

$$\frac{1}{(t-1)(t-2)^2} = \frac{1}{t-1} - \frac{1}{t-2} + \frac{1}{(t-2)^2} \tag{16}$$

であるから，

$$y = \frac{1}{(D-1)(D-2)^2} x^2 e^x$$
$$= \frac{1}{D-1} x^2 e^x - \frac{1}{D-2} x^2 e^x + \frac{1}{(D-2)^2} x^2 e^x$$

ここで $\dfrac{1}{D-1} x^2 e^x$ などは，それぞれ $(D-1)y = x^2 e^x$ などの解を示すものとする. **2.**, **3.**, **4.** を利用して，次のように計算する.

$$\frac{1}{D-1}x^2 e^x = \frac{1}{3}x^3 e^x$$

$$\frac{1}{D-2}x^2 e^x = \frac{1}{D-2}e^{2x}x^2 e^{-x} = e^{2x}\frac{1}{D}x^2 e^{-x}$$

$$= e^{2x}\int x^2 e^{-x}dx$$

$$= e^{2x}(-x^2 e^{-x} - 2xe^{-x} - 2e^{-x})$$

$$= -(x^2+2x+2)e^x$$

$$\frac{1}{(D-2)^2}x^2 e^x = e^{2x}\frac{1}{D^2}x^2 e^{-x}$$

$$= -e^{2x}\int (x^2+2x+2)e^{-x}dx$$

$$= -e^{2x}\{-(x^2+2x+2)e^{-x} - (2x+2)e^{-x}$$

$$\qquad -2e^{-x}\}$$

$$= (x^2+4x+6)e^x$$

これから一つの特解が,

$$y = \left(\frac{1}{3}x^3 + 2(x^2+3x+4)\right)e^x$$

と求まる.

このように部分分数展開を利用することの根拠を説明しよう.

(16)ということは, 分母をはらって,
$$1 = (t-2)^2 - (t-1)(t-2) + (t-1)$$
であるということであり, したがって,
$$1 = (D-2)^2 - (D-1)(D-2) + (D-1)$$

ゆえに，x の任意の関数 u に対して，

$$u = (D-2)^2 u - (D-1)(D-2)u + (D-1)u \qquad (17)$$

そこでいま，

$$\frac{1}{D-1}u = y_1, \quad \frac{1}{D-2}u = y_2, \quad \frac{1}{(D-2)^2}u = y_3 \qquad (18)$$

すなわち，

$$(D-1)y_1 = u, \quad (D-2)y_2 = u, \quad (D-2)^2 y_3 = u$$

であったとすれば，

$$y = y_1 - y_2 + y_3$$

とすると，(17)から，

$$\begin{aligned}
(D-1)(D-2)^2 y &= (D-2)^2(D-1)y_1 - (D-1)(D-2) \\
&\quad \times (D-2)y_2 + (D-1)(D-2)^2 y_3 \\
&= (D-2)^2 u - (D-1)(D-2)u \\
&\quad + (D-1)u \\
&= u
\end{aligned}$$

したがって，この y が解であることになる.

以上の操作を扱いやすくするために，例 3-5 の中にあるようにしたのである.

非斉次方程式の解を求める別法　4. によって，$(D-1) \times (D-2)^2 y = x^2 e^x$ の一つの特解が，適当な定数 c_1, c_2, c_3, c_4 を用いて，

$$y = c_1 x^3 e^x + c_2 x^2 e^x + c_3 x e^x + c_4 e^x$$

として得られることが知られているわけである. したがっ

て，この y が与えられた微分方程式をみたすように，係数 c_1, c_2, c_3, c_4 を決めていけばよいことになる．（**未定係数法**）

$$(D-1)y = 3c_1 x^2 e^x + 2c_2 x e^x + c_3 e^x$$

$$(D-2)((D-1)y)$$
$$= -3c_1 x^2 e^x + (6c_1 - 2c_2)x e^x + (2c_2 - c_3)e^x$$

$$(D-2)((D-2)(D-1)y)$$
$$= 3c_1 x^2 e^x + (-12c_1 + 2c_2)x e^x + (6c_1 - 4c_2 + c_3)e^x$$

これより，$3c_1 = 1,\ -12c_1 + 2c_2 = 0,\ 6c_1 - 4c_2 + c_3 = 0$

$$\therefore\quad c_1 = \frac{1}{3},\ c_2 = 2,\ c_3 = 6$$

c_4 は決まらないままだが，このことは e^x が斉次方程式の解であることを示している．このようにして特解 $y = \dfrac{1}{3}x^3 e^x + 2x^2 e^x + 6x e^x$ が得られる．

例 3-6　$m\ddot{x} + r\dot{x} + kx = F(t)$　（$r > 0$，抵抗のある振動）

(19)

[解]　$F(t) = 0$ の場合は，単振動に速度に比例する抵抗 $r\dot{x}$ の項がついたものである．

付随する斉次方程式 $m\ddot{x} + r\dot{x} + kx = 0$ の特性方程式

$$m\lambda^2 + r\lambda + k = 0$$

の解 λ について，次の場合が起こる．

①　$\Delta = r^2 - 4mk > 0$

特性根は $\lambda = -a \pm b$

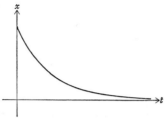

図 A-3-2

$$a = \frac{r}{2m}, \quad b = \frac{\Delta^{1/2}}{2m}$$

解は, $x = c_1 e^{-(a+b)t} + c_2 e^{-(a-b)t}$

　この場合は振動が起こらない. (図 A-3-2) $0 < b < a$ で
あるから, 解は減衰して 0 に近づく. 物理的現象として
は, 粘度の高い油の中での物体の動き, 緩衝器などがこれ
によって説明される.

　② $\Delta = 0$

特性根は $\lambda = -a$ (重なった解)

$$a = \frac{r}{2m}$$

解は, $x = (c_1 + c_2 t)e^{-at}$

　この場合も①と同様である. (図 A-3-3)

　③ $\Delta < 0$

特性根は $\lambda = -a \pm i\omega$

$$a = \frac{r}{2m}, \quad \omega = \frac{(-\Delta)^{1/2}}{2m}$$

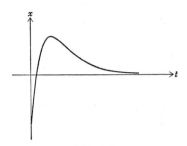

図 A-3-3

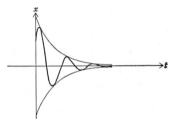

図 A-3-4

解は $x = e^{-at}(c_1 \cos \omega t + c_2 \sin \omega t)$，または，
$$x = Ae^{-at}\cos(\omega t + \delta)$$
このときは，減衰振動が現れる．（図 A-3-4）

非斉次方程式の解（外力のある場合）

いま，例 3-2 と同じく，外力が $F(t) = F_0 \cos \alpha t$ （$\alpha >$ $0, \alpha \neq \omega$）の形で与えられるとしよう．

(19)は $m\ddot{x} + r\dot{x} + kx = F_0 e^{i\alpha t}$ の実数部分である．この

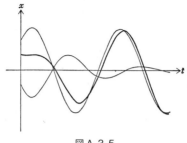

図 A-3-5

方程式は $Ce^{i\alpha t}$ という形の解をもっていると見て，代入して計算すれば，一つの特解として，

$$x = \frac{F_0 e^{i\alpha t}}{-m\alpha^2 + ir\alpha + k}$$

を得る．したがって，その実数部分

$$x = F_0 \frac{(k - m\alpha^2)\cos\alpha t + r\alpha \sin\alpha t}{(k - m\alpha^2)^2 + (r\alpha)^2}$$

が (19) の一つの特解である（図 A-3-5）．斉次方程式の一般解は減衰して 0 に近づくので，終局的には (19) の解はすべてこの解に近づく．

　$m\alpha^2$ が k に近いときは，例 3-2 と同様に，非常に振幅の大きな解が現れる．

（問）**3-2-1**　次の線形常微分方程式で，$y_1(x), y_2(x)$ が付随する斉次方程式の一組の基本解であることを確かめて，これを解け．

(1) $\quad x^2 y'' - (x^2 + 2x)y' + (x+2)y = x^3$

$\qquad y_1(x) = x, \quad y_2(x) = xe^x$

(2) $\quad xy'' - (x+1)y' + y = 2x^2 e^x$

$\qquad y_1(x) = x+1, \quad y_2(x) = e^x$

(問) **3-2-2** 次の線形常微分方程式で, $y_1(x)$ が付随する
斉次方程式の解であることを確かめて, これを解け.

(1) $\quad x^2 y'' + x(x-4)y' + 2(3-x)y = 2x^4 e^x$

$\qquad y_1(x) = x^2$

(2) $\quad xy'' + (1-2x)y' + (x-1)y = x^4 - 7x^3 + 9x^2$

$\qquad y_1(x) = e^x$

(問) **3-2-3** 次の定数係数の線形常微分方程式を解け.

(1) $\quad D^2(D-1)^2 y = 0$

(2) $\quad (D^3 - 1)y = 0$

(3) $\quad (D^2 + D - 2)y = -1 - 2x$

(4) $\quad (D^4 + 2D^2 + 1)y = x\sin x$

(5) $\quad (D^2 - 2D + 2)y = 3e^x + \cos x$

(6) $\quad (D^3 - 3D^2 + 3D - 1)y = 4e^x$

(問) **3-2-4** 落体の運動で, 抵抗の項を考えて,

$$m\ddot{x} + r\dot{x} + mg = 0 \quad (r > 0)$$

について, 解の形状を考察せよ.

3-3　1 階線形常微分方程式系

　次に連立の 1 階線形常微分方程式を扱う．連立の常微分方程式は，**常微分方程式系**とよばれることが多いので，本書でも以下そのようによぶ．1-2 にもいくつかの例を述べたが，また，高階の一般の形の常微分方程式

$$F(x, y, y', \cdots, y^{(l)}) = 0$$

は，$y_1 = y, y_2 = y', \cdots, y_l = y^{(l-1)}$ とおくことにより，

$$\left\{ \begin{array}{l} y_1{}' = y_2 \\ y_2{}' = \qquad y_3 \\ \qquad \cdots \\ y_{l-1}{}' = \qquad\qquad y_l \\ F(x, y_1, y_2, \cdots, y_l, y_l{}') = 0 \end{array} \right.$$

と，連立 1 階の常微分方程式の形に書くことができるので，連立 1 階の常微分方程式の議論は，高階常微分方程式の議論を含んでしまうことになる．

　以下には変数を t ととり，未知関数を $x_1, x_2, \cdots, x_l$ として，

$$\left\{ \begin{array}{l} \dot{x}_1 = F_1(t, x_1, x_2, \cdots, x_l) \\ \dot{x}_2 = F_2(t, x_1, x_2, \cdots, x_l) \\ \qquad \cdots \\ \dot{x}_l = F_l(t, x_1, x_2, \cdots, x_l) \end{array} \right. \qquad (1)$$

の形のものをおもに扱う．これを**正規形の常微分方程式系**という．

　(1) は，かっこでくくって，

$$\begin{bmatrix} \dot{x}_1 \\ \dot{x}_2 \\ \vdots \\ \dot{x}_l \end{bmatrix} = \begin{bmatrix} F_1(t, x_1, x_2, \cdots, x_l) \\ F_2(t, x_1, x_2, \cdots, x_l) \\ \cdots \\ F_l(t, x_1, x_2, \cdots, x_l) \end{bmatrix} \qquad (2)$$

と書くことができる．これは各成分についてばらばらに書かれた(1)の関係を，l 次元空間のベクトル（縦ベクトル）としてまとめて扱う意味である．

そのように考えて，(2)はさらに簡単に，

$$\dot{\boldsymbol{x}} = \boldsymbol{F}(t, \boldsymbol{x}) \qquad (3)$$

と表すことができる．ここで $\boldsymbol{x} = \boldsymbol{x}(t)$ は t のベクトル値関数，そして $\dot{\boldsymbol{x}}$ は $\boldsymbol{x}$ の各成分を t について微分したものを成分とするベクトルを表す．

[1] ベクトル値関数の微分法，積分法

ベクトル $\boldsymbol{x} = \begin{bmatrix} x_1 \\ x_2 \\ \vdots \\ x_l \end{bmatrix}$ に対してその大きさ $|\boldsymbol{x}|$ は，

$$|\boldsymbol{x}| = (x_1{}^2 + x_2{}^2 + \cdots + x_l{}^2)^{1/2}$$

で定義する．これについて，次の関係が成立することは容易に確かめられる．

$$|\boldsymbol{x} + \boldsymbol{y}| \leqq |\boldsymbol{x}| + |\boldsymbol{y}|, \quad |c\boldsymbol{x}| = |c||\boldsymbol{x}| \qquad (4)$$

$$\max\{|x_1|, |x_2|, \cdots, |x_l|\} \leqq |\boldsymbol{x}|$$
$$\leqq \sqrt{l}\max\{|x_1|, |x_2|, \cdots, |x_l|\} \tag{5}$$

$$|\boldsymbol{x}| \leqq |x_1| + |x_2| + \cdots + |x_l| \leqq \sqrt{l}|\boldsymbol{x}| \tag{6}$$

t のベクトル値関数 $\boldsymbol{x}(t)$ に対して，$t \to t_0$ のときの極限 $\boldsymbol{a}$ とは，

$$\lim_{t \to t_0} |\boldsymbol{x}(t) - \boldsymbol{a}| = 0 \tag{7}$$

が成立することである．いま，

$$\boldsymbol{x}(t) = \begin{bmatrix} x_1(t) \\ x_2(t) \\ \vdots \\ x_l(t) \end{bmatrix}, \quad \boldsymbol{a} = \begin{bmatrix} a_1 \\ a_2 \\ \vdots \\ a_l \end{bmatrix}$$

とするとき，(5)から，(7)の関係は，

$$\lim_{t \to t_0} |x_j(t) - a_j| = 0 \quad (j = 1, 2, \cdots, l) \tag{8}$$

が同時に成立することと同じである．すなわち，各成分ごとに成立する関係(8)をまとめて書いたものが(7)である，ということになる．

極限がこのような意味をもっていることが知られたので，微分法，積分法に関しても，

$\dfrac{d}{dt}\boldsymbol{x}(t)$ とは，$\boldsymbol{x}(t)$ の各成分を微分したものを成分

とするベクトル

$\displaystyle\int_a^b \boldsymbol{x}(t)dt$ とは，$\boldsymbol{x}(t)$ の各成分を積分したものを

成分とするベクトル

を表すことになることは直ちに知られる．すなわち，

$$\boldsymbol{x}(t) = \begin{bmatrix} x_1(t) \\ x_2(t) \\ \vdots \\ x_l(t) \end{bmatrix} \text{ に対して，} \quad \frac{d}{dt}\boldsymbol{x}(t) = \begin{bmatrix} \dot{x}_1(t) \\ \dot{x}_2(t) \\ \vdots \\ \dot{x}_l(t) \end{bmatrix},$$

$$\int_a^b \boldsymbol{x}(t)dt = \begin{bmatrix} \displaystyle\int_a^b x_1(t)dt \\ \displaystyle\int_a^b x_2(t)dt \\ \vdots \\ \displaystyle\int_a^b x_l(t)dt \end{bmatrix}$$

したがって，(3) は t のベクトル値関数 $\boldsymbol{x}(t)$ に関する微分方程式の形である．

以下，一般に微分方程式はベクトル形で扱われるものと考えれば，通常の単独の微分方程式 $\dot{x} = F(t, x)$ は，むしろ $l = 1$ の特別な場合として考えればよい．したがって，以下ベクトルを表すのに，わざわざ太文字を用いずに，単に x と書いてベクトルを表していると解釈することにする．

例 3-7 上記の積分の関係について説明しよう．

積分 $\displaystyle\int_a^b \boldsymbol{x}(t)dt$ は，通常のように区間 $[a, b]$ を細分して，

$$\Delta : a = t_0 < t_1 < t_2 < \cdots < t_n = b$$

とし，各小区間 $[t_{k-1}, t_k]$ から一点 τ_k をとる．$t_{k-1} \leqq \tau_k \leqq t_k$ $(k = 1, 2, \cdots, n)$ となる．

そして，和 $\displaystyle\sum_{k=1}^n \boldsymbol{x}(\tau_k)(t_k - t_{k-1})$ の，$|\Delta| = \max\{t_k - t_{k-1} : k = 1, 2, \cdots, n\} \to 0$ としたときの極限ということである．

この近似和を $\boldsymbol{x}(t)$ の成分について書けば，その第 j 成分は，$\displaystyle\sum_{k=1}^n \boldsymbol{x}_j(\tau_k)(t_k - t_{k-1})$ であり，これは，$|\Delta| \to 0$ とするとき，$\displaystyle\int_a^b \boldsymbol{x}_j(t)dt$ に収束する．成分ごとにこのように収束するので，(8) によって，

$$\sum_{k=1}^n \boldsymbol{x}(\tau_k)(t_k - t_{k-1}) \to \begin{bmatrix} \displaystyle\int_a^b x_1(t)dt \\ \vdots \\ \displaystyle\int_a^b x_l(t)dt \end{bmatrix}$$

したがって，これが $\displaystyle\int_a^b \boldsymbol{x}(t)dt$ である．

なお，$\left| \sum \boldsymbol{x}(\tau_k)(t_k - t_{k-1}) \right| \leqq \sum |\boldsymbol{x}(\tau_k)|(t_k - t_{k-1})$ であるから，これから極限をとって，

$$\left| \int_a^b \boldsymbol{x}(t)dt \right| \leqq \int_a^b |\boldsymbol{x}(t)|dt$$

が得られることを注意しておく.

[2] 線形常微分方程式系

l 変数 1 階の正規形線形常微分方程式系は,

$$\begin{cases} \dot{x}_1 = a_{11}(t)x_1 + a_{12}(t)x_2 + \cdots + a_{1l}(t)x_l + b_1(t) \\ \dot{x}_2 = a_{21}(t)x_1 + a_{22}(t)x_2 + \cdots + a_{2l}(t)x_l + b_2(t) \\ \qquad\qquad \cdots \\ \dot{x}_l = a_{l1}(t)x_1 + a_{l2}(t)x_2 + \cdots + a_{ll}(t)x_l + b_l(t) \end{cases} \tag{9}$$

の形である. これを, ベクトル形にまとめて書くことにしよう.

$$x = \begin{bmatrix} x_1 \\ x_2 \\ \vdots \\ x_l \end{bmatrix}, \quad A(t) = \begin{bmatrix} a_{11}(t) & a_{12}(t) & \cdots & a_{1l}(t) \\ a_{21}(t) & a_{22}(t) & \cdots & a_{2l}(t) \\ \vdots & \vdots & \cdots & \vdots \\ a_{l1}(t) & a_{l2}(t) & \cdots & a_{ll}(t) \end{bmatrix},$$

$$b(t) = \begin{bmatrix} b_1(t) \\ b_2(t) \\ \vdots \\ b_l(t) \end{bmatrix}$$

とすれば, (9)は,

$$\dot{x} = A(t)x + b(t) \tag{10}$$

と書かれる.

3-1 節の定理 1 と同様, 次の定理は以下の議論の基礎である.

定理 1　正規形 1 階線形常微分方程式系(9)において，
$$a_{jk}(t)\ (j, k = 1, 2, \cdots, l),\quad b_j(t)\ (j = 1, 2, \cdots, l)$$
は区間 I において連続であるとする．

いま，任意に $t_0 \in I$ をとり，また l 次元ベクトル a を任意に与えるとき，
$$\text{初期条件 } x(t_0) = a \tag{11}$$
を満足する(9)（または(10)）の解が存在する．

そのような解は，すべて I 全体で定義された解に拡張することが可能であり，しかも，I 全体で定義された初期条件(11)を満たす解はただ一つである．

線形常微分方程式系(10)において，$b(t) = 0$ のとき**斉次**，$b(t) \neq 0$ のとき**非斉次**という．

そして，線形常微分方程式系(10)において，$b(t)$ のところを 0 にした斉次線形常微分方程式系 $\dot{x} = A(t)x$ を，(10)に付随する**斉次方程式系**という．

定理 2　斉次線形常微分方程式系
$$\dot{x} = A(t)x \tag{12}$$
の解は，l 次元ベクトル空間をつくる．

[証明]　$x(t), y(t)$ が(12)の解ならば，$\dot{x} = A(t)x,\ \dot{y} = A(t)y$ より，
$$(x+y)^{\cdot} = A(t)(x+y),\quad (cx)^{\cdot} = A(t)(cx)\quad (c \text{ は定数})$$
すなわち，$x(t) + y(t), cx(t)$ も(12)の解であるから，斉次線形常微分方程式系(12)の解はベクトル空間をつ

くる.

いま, $t_0 \in I$ を一つ固定する. 定理1によって(12)は
t_0 において任意に与えた初期値（ベクトル）に対して
ただ一つの解をもっているから, いま, l 次元数ベクト
ル空間 $\boldsymbol{R}^l$ において, l 個の一次独立なベクトルの一組
$a_{(1)}, a_{(2)}, \cdots, a_{(l)}$ をとるとき, (12)の解 $x_{(1)}(t), x_{(2)}(t),$
$\cdots, x_{(l)}(t)$ を,

$\quad\quad x_{(j)}(t)$ は初期条件 $x_{(j)}(t_0) = a_{(j)}$ を満たす解

$$(j = 1, 2, \cdots, l)$$

としてとることができる. この l 個の解は一次独立で
ある. すなわち, どのように定数 $c_1, c_2, \cdots, c_l$ をとって
も, $c_1 = c_2 = \cdots = c_l = 0$ の場合を除けば, $c_1 x_{(1)}(t) +$
$c_2 x_{(2)}(t) + \cdots + c_l x_{(l)}(t)$ が恒等的に 0 である関数になる
ことは決してない. ($t = t_0$ における値を考えてみよ.)

そして, (12) の解 $x(t)$ を任意に一つとってくれば,
$a_{(1)}, a_{(2)}, \cdots, a_{(l)}$ が $\boldsymbol{R}^l$ の一次独立なベクトルであり, し
たがって $\boldsymbol{R}^l$ の基であることから,

$$x(t_0) = c_1 a_{(1)} + c_2 a_{(2)} + \cdots + c_l a_{(l)}$$

となるような定数 $c_1, c_2, \cdots, c_l$ が存在する. このとき,

$$y(t) = c_1 x_{(1)}(t) + c_2 x_{(2)}(t) + \cdots + c_l x_{(l)}(t)$$

は, $x(t)$ と $t = t_0$ において同じ初期値をもつ解となる
から, 定理1により, 線形常微分方程式系の解がその初
期値によって完全に決定されることより, $x(t) = y(t)$.
すなわち, $x(t)$ は $x_{(1)}(t), x_{(2)}(t), \cdots, x_{(l)}(t)$ の一次結合

として表される.

　以上によって, (12)の解が l 次元ベクトル空間をつくる
ことが知られた.　　　　　　　　　　　　（証明終り）

　いま, $\dot{x} = A(t)x$ の解の m 個の一組 $x_{(1)}(t)$, $x_{(2)}(t)$, $\cdots$,
$x_{(m)}(t)$ を考える. このとき,

$$X(t) = \begin{bmatrix} x_{11}(t) & x_{21}(t) & \cdots & x_{m1}(t) \\ x_{12}(t) & x_{22}(t) & \cdots & x_{m2}(t) \\ \vdots & \vdots & \cdots & \vdots \\ x_{1l}(t) & x_{2l}(t) & \cdots & x_{ml}(t) \end{bmatrix},$$

ただし

$$x_{(j)}(t) = \begin{bmatrix} x_{j1}(t) \\ x_{j2}(t) \\ \vdots \\ x_{jl}(t) \end{bmatrix} \quad (j = 1, 2, \cdots, m)$$

という行列ができる. これを, 次のように書く.

$$X(t) = [x_{(1)}(t) \ \ x_{(2)}(t) \ \ \cdots \ \ x_{(m)}(t)]$$

$X(t)$ は**行列微分方程式**

$$\dot{X} = A(t)X$$

を満足している.

　$m = l$ のときは行列 $X(t)$ に対して $\det X(t)$ がつくら
れる. $\det X(t)$ をこれら l 個の解からつくられる**ロンスキ
アン**（wronskian）, または**ロンスキー行列式**といい,

$$W[x_{(1)}, x_{(2)}, \cdots, x_{(l)}] \quad (= \det X(t))$$

で表す.

基本解, 基本解行列 定理2によって, 斉次線形常微分
方程式系(12)は l 個の一次独立な解をもち, 他の解はそれ
らの一次結合によって表される. (12)の一次独立な l 個の
解の一組を**基本解**といい, これからつくられた行列 $X(t)$
を**基本解行列**という.

定理3 斉次線形常微分方程式系(12)に対して, そ
の l 個の解の一組, $x_{(1)}(t), x_{(2)}(t), \cdots, x_{(l)}(t)$ が基本
解 と な る た め の 条 件 は, あ る $t_0 \in I$ に対して,
$W[x_{(1)}, x_{(2)}, \cdots, x_{(l)}](t_0) \neq 0$ であることである.
　　このとき, ロンスキアン $W[x_{(1)}, x_{(2)}, \cdots, x_{(l)}](t)$
は, 区間 I において決して0にならない.

[証明] もし, ある $t_1 \in I$ で $W[x_{(1)}, x_{(2)}, \cdots, x_{(l)}](t_1) =$
0 となったとすれば, l 次元数ベクトル $x_{(1)}(t_1), x_{(2)}(t_1),$
$\cdots, x_{(l)}(t_1)$ は一次従属. したがって,

$$c_1 x_{(1)}(t_1) + c_2 x_{(2)}(t_1) + \cdots + c_l x_{(l)}(t_1) = 0,$$

$c_1, c_2, \cdots, c_l$ のどれかは 0 でない

というような定数 $c_1, c_2, \cdots, c_l$ が存在することは, 線形代
数で教えるところである. そこで,

$$x(t) = c_1 x_{(1)}(t) + c_2 x_{(2)}(t) + \cdots + c_l x_{(l)}(t)$$

を考えると, これはやはり(12)の解であり, かつ $t = t_1$
において $x(t_1) = 0$ である. 一方, 恒等的に 0 (零ベク
トル) という関数 $y(t)$ は明らかに(12)の解で, しかも
$x(t_1) = y(t_1)$ であるから, 定理1の, 線形常微分方程式

系の解は一点における値によって完全に決定されるということより，$x(t) = y(t)$ でなければならない．すなわち，$x(t)$ は恒等的に 0 で，これはすなわち，$x_{(1)}(t), x_{(2)}(t),$ $\cdots, x_{(l)}(t)$ が一次従属であることを意味する．そして関数 $x_{(1)}(t), x_{(2)}(t), \cdots, x_{(l)}(t)$ が一次従属のときは，どの $t \in I$ に対しても l 次元数ベクトル $x_{(1)}(t), x_{(2)}(t), \cdots, x_{(l)}(t)$ は一次従属となるから，$W[x_{(1)}, x_{(2)}, \cdots, x_{(l)}](t) = 0$．すなわち，ロンスキアンは恒等的に 0 である．

　したがって，ロンスキアンが 0 でない点があれば，$x_{(1)}(t), x_{(2)}(t), \cdots, x_{(l)}(t)$ は一次従属でない．すなわち一次独立で，一組の基本解であることになる．そしてそのロンスキアンが I で決して 0 にならないことが，上述したことの対偶としてわかる．　　　　　　（証明終り）

　定理 3 によって，(12) の l 個の解の一組 $x_{(1)}(t), x_{(2)}(t),$ $\cdots, x_{(l)}(t)$ に対して，

　　　　$x_{(1)}(t), x_{(2)}(t), \cdots, x_{(l)}(t)$ が一次独立

　　　　$\Longleftrightarrow$ ロンスキアンは決して 0 にならない

　　　　$x_{(1)}(t), x_{(2)}(t), \cdots, x_{(l)}(t)$ が一次従属

　　　　$\Longleftrightarrow$ ロンスキアンは恒等的に 0

が得られる．

　このロンスキアン $W(t) = W[x_{(1)}, x_{(2)}, \cdots, x_{(l)}](t)$ に対しては，次の公式が成立する．（アーベルの公式）

$$W(t) = W(t_0) \exp \int_{t_0}^{t} \mathrm{tr}(A(s))ds \qquad (13)$$

ここに，tr は行列の跡（トレース）を示す．すなわち，
$$\mathrm{tr}(A(t)) = a_{11}(t) + a_{22}(t) + \cdots + a_{ll}(t)$$

この式からも，$W(t)$ は決して 0 にならないか，または
恒等的に 0 であるかのいずれかであることが知られる．

[(13)の証明]　行列式を微分するには，1 行ずつ微分した
ものを順に加える．

$$
\dot{W} = \begin{vmatrix} \dot{x}_{11} & \dot{x}_{21} & \cdots & \dot{x}_{l1} \\ x_{12} & x_{22} & \cdots & x_{l2} \\ \vdots & \vdots & \cdots & \vdots \\ x_{1l} & x_{2l} & \cdots & x_{ll} \end{vmatrix} + \begin{vmatrix} x_{11} & x_{21} & \cdots & x_{l1} \\ \dot{x}_{12} & \dot{x}_{22} & \cdots & \dot{x}_{l2} \\ \vdots & \vdots & \cdots & \vdots \\ x_{1l} & x_{2l} & \cdots & x_{ll} \end{vmatrix} + \cdots + \begin{vmatrix} x_{11} & x_{21} & \cdots & x_{l1} \\ x_{12} & x_{22} & \cdots & x_{l2} \\ \vdots & \vdots & \cdots & \vdots \\ \dot{x}_{1l} & \dot{x}_{2l} & \cdots & \dot{x}_{ll} \end{vmatrix}
$$

$$
= \begin{vmatrix} a_{11}x_{11} + \cdots + a_{1l}x_{1l} & a_{11}x_{21} + \cdots + a_{1l}x_{2l} & \cdots & a_{11}x_{l1} + \cdots + a_{1l}x_{ll} \\ x_{12} & x_{22} & \cdots & x_{l2} \\ \vdots & \vdots & \cdots & \vdots \\ x_{1l} & x_{2l} & \cdots & x_{ll} \end{vmatrix} + \cdots
$$

$$
= a_{11} \begin{vmatrix} x_{11} & x_{21} & \cdots & x_{l1} \\ x_{12} & x_{22} & \cdots & x_{l2} \\ \vdots & \vdots & \cdots & \vdots \\ x_{1l} & x_{2l} & \cdots & x_{ll} \end{vmatrix} + \cdots = (a_{11} + a_{22} + \cdots + a_{ll})W
$$

これを W に関する微分方程式と見れば，解が (13) のよう
になることは直ちに知られる．　　　　　　　　（証明終り）

基本解行列の間の関係　斉次線形常微分方程式
$$\dot{x} = A(t)x \tag{12}$$
の一組の基本解を $x_{(1)}(t), x_{(2)}(t), \cdots, x_{(l)}(t)$ とすれば，任
意の解はこれらの一次結合として表される．

いま，$y(t) = c_1 x_{(1)}(t) + c_2 x_{(2)}(t) + \cdots + c_l x_{(l)}(t)$ とす
れば，これは，

$$y(t) = [x_{(1)}(t) \ x_{(2)}(t) \ \cdots \ x_{(l)}(t)] \begin{bmatrix} c_1 \\ c_2 \\ \vdots \\ c_l \end{bmatrix}$$

$$= X(t)c$$

（$X(t)$ は基本解行列，c は l 次元縦ベクトル）

と書ける.

いま，(12) の解の m 個の一組 $y_{(1)}(t), y_{(2)}(t), \cdots, y_{(m)}(t)$ を考え，

$$y_{(j)}(t) = c_{j1}x_{(1)}(t) + c_{j2}x_{(2)}(t) + \cdots + c_{jl}x_{(l)}(t)$$
$$(j = 1, 2, \cdots, m) \quad (14)$$

とするとき，

$$Y(t) = [y_{(1)}(t) \ y_{(2)}(t) \ \cdots \ y_{(m)}(t)]$$

$$= [x_{(1)}(t) \ x_{(2)}(t) \ \cdots \ x_{(l)}(t)] \begin{bmatrix} c_{11} & c_{21} & \cdots & c_{m1} \\ c_{12} & c_{22} & \cdots & c_{m2} \\ \vdots & \vdots & \cdots & \vdots \\ c_{1l} & c_{2l} & \cdots & c_{ml} \end{bmatrix}$$

$$= X(t)C \qquad (15)$$

と書ける. ここで C は定数行列である. 行列微分方程式 $\dot{X} = A(t)X$ の解 $X = Y(t)$ はすべてこのような形で表示される.

特に $m = l$ のとき $\det Y(t) \neq 0$ ならば，$y_{(1)}(t), y_{(2)}(t),$

$\cdots$, $y_{(l)}(t)$ はまた一組の基本解である．そのときは $\det C \neq 0$.

逆に，一つの基本解行列 $X(t)$ から $Y(t) = X(t)C$（C は l 次正方行列）として $Y(t)$ をつくれば，$Y(t) = [y_{(1)}(t)\ y_{(2)}(t)\ \cdots\ y_{(l)}(t)]$ として $y_{(1)}(t), y_{(2)}(t), \cdots, y_{(l)}(t)$ はそれぞれ (12) の解であるが（(14) を (15) のようにまとめて書いた操作を逆に見ればよい），ここで $\det C \neq 0$ ならば $\det Y(t) \neq 0$ となり，定理3からこれは一組の基本解．したがって $Y(t)$ は基本解行列である．

以上をまとめて次の定理が得られる．

定理4　斉次線形常微分方程式系
$$\dot{x} = A(t)x \tag{12}$$
に対して，$X(t)$ を基本解行列とすれば，他の任意の基本解行列 $Y(t)$ は，

$$Y(t) = X(t)C$$

C は l 次の定数正方行列で，$\det C \neq 0$

と表される．

非斉次線形常微分方程式系

次に，一般の線形常微分方程式系
$$\dot{x} = A(t)x + b(t) \tag{10}$$
の議論に移ろう．

定理5（重ね合わせの原理）　$x_{(1)}(t), x_{(2)}(t)$ を，それぞれ

$$\dot{x} = A(t)x + b_{(1)}(t), \quad \dot{x} = A(t)x + b_{(2)}(t)$$

の解とすれば，$x(t) = x_{(1)}(t) + x_{(2)}(t)$ は

$$\dot{x} = A(t)x + (b_{(1)}(t) + b_{(2)}(t))$$

の解である．

証明は必要としないであろう．

これより直ちに，次の定理が得られる．

定理6　非斉次線形常微分方程式系（10）の解は，その一つの特解と，付随する斉次方程式系 $\dot{x} = A(t)x$ の一般解との和として表される．

例3-8　$\dot{x} = A(t)x$ の一つの基本解行列を $X(t)$ とするとき，（10）の任意の解（初期条件 $x(t_0) = a$）は次のように表される．

$$x(t) = X(t)X(t_0)^{-1}a + X(t) \int_{t_0}^{t} X(s)^{-1}b(s)ds$$

これは**定数変化法**（→2-3，および3-2[1]）の一般化である．

[解]　$\dot{x} = A(t)x$ の一般解は，$x = X(t)c$. ここで，c を t の関数と見て（定数変化法）微分すれば，

$$\dot{x} = \dot{X}c + X\dot{c} = AXc + X\dot{c} = Ax + X\dot{c}$$

ゆえに，$X\dot{c} = b$ であるように c がとれればよい．$\det X$

$\neq 0$ であるから，X^{-1} が存在し，$\dot{c}=X^{-1}b$. したがって，$c=\displaystyle\int_{t_0}^{t}X(s)^{-1}b(s)ds$ ととれば，これは満たされる．ゆえに，この c について $x=Xc$ とすれば，これは (10) の解である．

この解は $x(t_0)=0$ であるような解であるから，初期値が a になるように斉次方程式系の解 $X(t)X(t_0)^{-1}a$ を加えれば，求める解が得られる．

（問）**3-3-1**　$x(t)$ を 2 次元ベクトル値関数 $x(t)=\begin{bmatrix} x(t) \\ y(t) \end{bmatrix}$ とすれば，$x(t)$ を位置ベクトルと考えるとき，t が変化すれば，その端点は xy 平面上に一つの曲線をえがく．この曲線と関連して

（1）　$\dot{x}(t)$ はどのようなベクトルか．

（2）　t が t_0 から t_1 まで変化したときの曲線の部分の長さは，どのように表されるか．

（3）　パラメーター t として，特に曲線上の一点からはかった長さとするとき，$\dot{x}(t)$ はどういうベクトルになるか．また，$\ddot{x}(t)$ はどういうベクトルであるか．

（問）**3-3-2**　区間 I 上で定義された二つの 2 次元ベクトル値関数，$x_{(1)}(t), x_{(2)}(t)$ に対して，ロンスキアン $W[x_{(1)}, x_{(2)}](t)$ が I で決して 0 にならないならば，$x_{(1)}(t), x_{(2)}(t)$ を一組の基本解とする斉次線形常微分方程式系 $\dot{x}=A(t)x$ があることを示せ．

(問) **3-3-3**　l 階正規形線形常微分方程式

$$x^{(l)} + P_1(t)x^{(l-1)} + \cdots + P_{l-1}(t)\dot{x} + P_l(t)x = Q(t)$$

を 1 階線形常微分方程式系 $\dot{x} = A(t)x + b(t)$ の形に直せ.

3-4　定数係数線形常微分方程式系

[1]　$\dot{x} = Ax$ の解

ここでは $A(t)$ が定数行列の場合を考える.

いま, ベクトル x を正則行列 P によって変換して $y = Px$ とすれば,

$$\dot{y} = P\dot{x} = PAx = (PAP^{-1})y$$

であるから, P を適当にとり, PAP^{-1} を簡単な形にして解 y を得, その後 $x = P^{-1}y$ としてはじめの方程式系 $\dot{x} = Ax$ の解を求めればよい.

①　PAP^{-1} を対角線形にできる場合

たとえば, A の固有方程式の解がすべて異なれば対角線形にすることができる.

このとき,

$$\begin{bmatrix} \dot{y}_1 \\ \dot{y}_2 \\ \vdots \\ \dot{y}_l \end{bmatrix} = \begin{bmatrix} \lambda_1 & & & \\ & \lambda_2 & & 0 \\ & 0 & \ddots & \\ & & & \lambda_l \end{bmatrix} \begin{bmatrix} y_1 \\ y_2 \\ \vdots \\ y_l \end{bmatrix}$$

すなわち,

$$\begin{cases} \dot{y}_1 = \lambda_1 y_1 \\ \dot{y}_2 = \lambda_2 y_2 \\ \quad\cdots \\ \dot{y}_l = \lambda_l y_l \end{cases}$$

となるから，この解として，

$$y_1(t) = c_1 \exp \lambda_1 t, \quad y_2(t) = c_2 \exp \lambda_2 t,$$
$$\cdots, \quad y_l(t) = c_l \exp \lambda_l t$$

を得る．ここで，$\lambda_1, \lambda_2, \cdots, \lambda_l$ は PAP^{-1} の固有値，したがって A の固有値である．（行列の固有値は，行列の変形によって変わらない．）また，$\lambda_1, \lambda_2, \cdots, \lambda_l$ は複素数になることもある．なお，以上のことは，$\dot{y} = (PAP^{-1})y$ の一組の基本解が，

$$y_{(1)}(t) = \begin{bmatrix} \exp \lambda_1 t \\ 0 \\ \vdots \\ 0 \end{bmatrix}, \quad y_{(2)}(t) = \begin{bmatrix} 0 \\ \exp \lambda_2 t \\ \vdots \\ 0 \end{bmatrix}, \quad \cdots,$$

$$y_{(l)}(t) = \begin{bmatrix} 0 \\ 0 \\ \vdots \\ \exp \lambda_l t \end{bmatrix}$$

で与えられることであり，したがって，一つの基本解行列が，

$$Y(t) = \begin{bmatrix} \exp \lambda_1 t & & \\ & \exp \lambda_2 t & O \\ & & \ddots \\ O & & \exp \lambda_l t \end{bmatrix} \quad (1)$$

となることである.

　以上得られた解を, $x = P^{-1}y$ によってもとの方程式の解にもどす. したがって, 一般に, $\dot{x} = Ax$ の解は, $\exp \lambda_1 t, \exp \lambda_2 t, \cdots, \exp \lambda_l t$ の一次結合を成分とするベクトル(値関数)であることが分かる.

　また, 一つの基本解行列が, (1) の $Y(t)$ に対し, $P^{-1}Y(t)$ として求められる.

例 3-9　次のような常微分方程式系

$$\begin{cases} \dot{x}_1 = 13x_1 - 6x_2 - 12x_3 \\ \dot{x}_2 = 12x_1 - 5x_2 - 12x_3 \\ \dot{x}_3 = \ 8x_1 - 4x_2 - \ 7x_3 \end{cases}$$

[解]　$A = \begin{bmatrix} 13 & -6 & -12 \\ 12 & -5 & -12 \\ 8 & -4 & -\ 7 \end{bmatrix}$ の固有多項式は,

$$q(\lambda) = \det(A - \lambda E) = -(\lambda - 1)^2(\lambda + 1)$$

　$\lambda = 1$ は重複度 2 の固有値で, 対応する二つの一次独立なベクトルの一組として, たとえば

$$q_{(1)} = \begin{bmatrix} 1 \\ 0 \\ 1 \end{bmatrix}, \quad q_{(2)} = \begin{bmatrix} 0 \\ 2 \\ -1 \end{bmatrix} \quad をとることができる.$$

$\lambda = -1$ に対応する固有ベクトルとしては,

$$q_{(3)} = \begin{bmatrix} 3 \\ 3 \\ 2 \end{bmatrix}$$

$$A[q_{(1)} \ q_{(2)} \ q_{(3)}] = [Aq_{(1)} \ Aq_{(2)} \ Aq_{(3)}]$$

$$= [q_{(1)} \ q_{(2)} \ -q_{(3)}]$$

$$= [q_{(1)} \ q_{(2)} \ q_{(3)}] \begin{bmatrix} 1 & & O \\ & 1 & \\ O & & -1 \end{bmatrix}$$

であるから,

$$Q = [q_{(1)} \ q_{(2)} \ q_{(3)}]$$

ととって,

$$P = Q^{-1}$$

とすれば,

$$PAP^{-1} = \begin{bmatrix} 1 & & O \\ & 1 & \\ O & & -1 \end{bmatrix}$$

となる. そして, $\dot{y} = (PAP^{-1})y$ の基本解行列は,

$$Y(t) = \begin{bmatrix} e^t & & O \\ & e^t & \\ O & & e^{-t} \end{bmatrix}$$

したがって, $\dot{x} = Ax$ の基本解行列は,

$$X(t) = P^{-1}Y(t) = QY(t) = [q_{(1)} \ q_{(2)} \ q_{(3)}] \begin{bmatrix} e^t & & O \\ & e^t & \\ O & & e^{-t} \end{bmatrix}$$

$$= [e^t q_{(1)} \ e^t q_{(2)} \ e^{-t} q_{(3)}]$$

$$= \begin{bmatrix} e^t & 0 & 3e^{-t} \\ 0 & 2e^t & 3e^{-t} \\ e^t & -e^t & 2e^{-t} \end{bmatrix}$$

一般解は,

$$x = X(t) \begin{bmatrix} c_1 \\ c_2 \\ c_3 \end{bmatrix} = c_1 e^t q_{(1)} + c_2 e^t q_{(2)} + c_3 e^{-t} q_{(3)}$$

$$= \begin{bmatrix} c_1 e^t + 3c_3 e^{-t} \\ 2c_2 e^t + 3c_3 e^{-t} \\ (c_1 - c_2)e^t + 2c_3 e^{-t} \end{bmatrix}$$

となる.

②　PAP^{-1} として対角線形にできない場合

これは固有方程式が重複解をもつが, 解の重複度だけ一次独立な固有ベクトルを見いだし得ない場合である. 一般に論ずるのは困難であるので (→補注3), 以下, 例によって説明する.

例 3-10

$$\begin{cases} \dot{x}_1 = 16x_1 - 7x_2 - 15x_3 \\ \dot{x}_2 = 12x_1 - 5x_2 - 12x_3 \\ \dot{x}_3 = 11x_1 - 5x_2 - 10x_3 \end{cases}$$

[解] $A = \begin{bmatrix} 16 & -7 & -15 \\ 12 & -5 & -12 \\ 11 & -5 & -10 \end{bmatrix}$ の固有方程式は,

$$q(\lambda) = \det(A - \lambda E) = -(\lambda - 1)^2(\lambda + 1)$$

$\lambda = 1$ に対する固有ベクトルは,$Aq = q$ から,

$$\begin{cases} 15q_1 - 7q_2 - 15q_3 = 0 \cdots\cdots\cdots\cdots\cdots① \\ 12q_1 - 6q_2 - 12q_3 = 0 \cdots\cdots\cdots\cdots\cdots② \\ 11q_1 - 5q_2 - 11q_3 = 0 \cdots\cdots\cdots\cdots\cdots③ \end{cases}$$

①×3−②=3×③ であるから,①,②があれば③は自然に満たされる.

①,②からは,$q_1 = q_3$,$q_2 = 0$ が導かれる.したがってたとえば,

$$q_{(1)} = \begin{bmatrix} 1 \\ 0 \\ 1 \end{bmatrix}$$

が固有ベクトルとして得られ,他の固有ベクトルはこれの定数倍となり,$\lambda = 1$ は固有方程式の重複度2の解であるが,固有ベクトルは一つしか出てこない.

このようなときは,この固有ベクトル $q_{(1)}$ に対して,$Aq_{(2)} = q_{(2)} + q_{(1)}$(一般の形では,固有値を λ_0 として

$Aq_{(2)} = \lambda_0 q_{(2)} + q_{(1)}$）となるベクトル $q_{(2)}$ を見いだすことができる.

いまの場合,

$$\begin{cases} 15q_1 - 7q_2 - 15q_3 = 1 \cdots\cdots\cdots\cdots\cdots④ \\ 12q_1 - 6q_2 - 12q_3 = 0 \cdots\cdots\cdots\cdots\cdots⑤ \\ 11q_1 - 5q_2 - 11q_3 = 1 \cdots\cdots\cdots\cdots\cdots⑥ \end{cases}$$

を満たすベクトルを見いだすことになる. ④×3−⑤＝⑥×3 であるから, ④,⑤があれば⑥は自然に満たされる.（①,②,③と同じ関係である.）④,⑤,⑥は非斉次一次方程式で, 対応する斉次一次方程式は①,②,③であり, したがって, ④,⑤,⑥の解は, その一つの特解に①,②,③の解を加えたものになる.

したがって, ④,⑤,⑥の一つの解を見いだすためには, $q_{(1)}$ の形から, $q_1 = 0$ として求めればよい.

そのようにして, ④,⑤,⑥の一つの解は,

$$q_{(2)} = \begin{bmatrix} 0 \\ 2 \\ -1 \end{bmatrix}$$

と得られる.

$\lambda = -1$ は固有方程式の重複度 1 の解で, 固有値. 対応する固有ベクトルは,

$$q_{(3)} = \begin{bmatrix} 3 \\ 3 \\ 2 \end{bmatrix}$$

となる.

このとき，

$$A[q_{(1)}\ q_{(2)}\ q_{(3)}] = [Aq_{(1)}\ Aq_{(2)}\ Aq_{(3)}]$$

$$= [q_{(1)}\ q_{(2)}+q_{(1)}\ -q_{(3)}]$$

$$= [q_{(1)}\ q_{(2)}\ q_{(3)}]\begin{bmatrix} 1 & 1 & \\ 0 & 1 & O \\ & O & -1 \end{bmatrix}$$

であるから，$Q=[q_{(1)}\ q_{(2)}\ q_{(3)}]$ ととって，$P=Q^{-1}$ とすれば，

$$PAP^{-1} = \begin{bmatrix} 1 & 1 & \\ 0 & 1 & O \\ & O & -1 \end{bmatrix}$$

となる．

$\dot{y}=(PAP^{-1})y$ は，

$$\dot{y}_1 = y_1+y_2,\quad \dot{y}_2 = y_2,\quad \dot{y}_3 = -y_3$$

で，これから一般解として，

$$y_1 = c_1e^t+c_2te^t$$

$$y_2 = c_2e^t \quad (c_1, c_2, c_3 \text{ は任意定数})$$

$$y_3 = c_3e^{-t}$$

が得られる．すなわち，基本解行列として，

$$Y(t) = \begin{bmatrix} e^t & te^t & \\ 0 & e^t & O \\ & O & e^{-t} \end{bmatrix}$$

が得られ，これより $\dot{x}=Ax$ の基本解行列は，

$$X(t)=P^{-1}Y(t)=QY(t)=[q_{(1)} \ \ q_{(2)} \ \ q_{(3)}]\begin{bmatrix} e^t & te^t & \\ 0 & e^t & O \\ O & & e^{-t} \end{bmatrix}$$

$$=[e^t q_{(1)} \ \ e^t q_{(2)}+te^t q_{(1)} \ \ e^{-t} q_{(3)}]$$

$$=\begin{bmatrix} e^t & te^t & 3e^{-t} \\ 0 & 2e^t & 3e^{-t} \\ e^t & (t-1)e^t & 2e^{-t} \end{bmatrix}$$

となる.

また, $\dot{x}=Ax$ の一般解は,

$$x=X(t)\begin{bmatrix} c_1 \\ c_2 \\ c_3 \end{bmatrix}=c_1 e^t q_{(1)}+c_2(e^t q_{(2)}+te^t q_{(1)})+c_3 e^{-t} q_{(3)}$$

$$=\begin{bmatrix} (c_1+c_2 t)e^t+3c_3 e^{-t} \\ 2c_2 e^t+3c_3 e^{-t} \\ \{c_1+c_2(t-1)\}e^t+2c_3 e^{-t} \end{bmatrix}$$

となる.

[2] exp A

単独の方程式の場合, $\dot{x}=ax$ (a は定数) の解は, $x=c\exp at$ (c は定数) であった. これと同様に, 定数係数斉次線形常微分方程式系 $\dot{x}=Ax$ の解を

$$x=\exp tA\cdot c \quad (c \text{ は定数ベクトル})$$

の形で求める. すなわち, 基本解行列として

$$\exp tA$$

というものを定義しよう.

0 のまわりのテイラー展開（マクローリン展開）によっ
て，

$$\exp u = e^u = 1 + \frac{u}{1!} + \frac{u^2}{2!} + \cdots + \frac{u^n}{n!} + \cdots = \sum_{n=0}^{\infty} \frac{1}{n!} u^n$$

と表されたから，この形を用いて $\exp A$ を次の形で定義
する.（A は一般に複素数値の行列でよい.）

$$\exp A = E + \frac{1}{1!} A + \frac{1}{2!} A^2 + \cdots + \frac{1}{n!} A^n + \cdots$$

$$= \sum_{n=0}^{\infty} \frac{1}{n!} A^n \quad (E \text{ は単位行列,} \ A^0 = E \text{ とする}) \quad (2)$$

この意味は，

$$A = \begin{bmatrix} a_{11} & a_{12} & \cdots & a_{1l} \\ a_{21} & a_{22} & \cdots & a_{2l} \\ \vdots & \vdots & \cdots & \vdots \\ a_{l1} & a_{l2} & \cdots & a_{ll} \end{bmatrix} \quad \text{に対して,}$$

$$A^n = \begin{bmatrix} a_{11}^{(n)} & a_{12}^{(n)} & \cdots & a_{1l}^{(n)} \\ a_{21}^{(n)} & a_{22}^{(n)} & \cdots & a_{2l}^{(n)} \\ \vdots & \vdots & \cdots & \vdots \\ a_{l1}^{(n)} & a_{l2}^{(n)} & \cdots & a_{ll}^{(n)} \end{bmatrix} \quad (n = 1, 2, \cdots)$$

（A^n は行列 A の n 乗）とするとき，

$$\sum_{n=0}^{\infty} \frac{1}{n!} a_{jk}^{(n)} \quad (a_{jk}^{(0)} = \delta_{jk}, \ a_{jk}^{(1)} = a_{jk} \text{ とする}) \quad (3)$$

は収束し，それを要素とする行列が $\exp A$ であるということである．（行列においても，ベクトルと同様，極限演算は成分ごとに行う．→3-3[1]）

1. 級数(3)は絶対収束する．

実際，まず $\alpha = \max\{|a_{jk}| : j, k = 1, 2, \cdots, l\}$ とすれば，

$$\left| a_{jk}^{(n)} \right| \leq l^{n-1}\alpha^n \quad (n = 1, 2, \cdots)$$

である．何となれば，$n = 1$ のときにはこの不等式は明らかであるが，$n = p$ のときに成立したとすれば，$A^{p+1} = A^p A$ の jk 成分を計算すれば，

$$\left| a_{jk}^{(p+1)} \right| = \left| \sum_{h=1}^{l} a_{jh}^{(p)} a_{hk} \right| \leq \sum_{h=1}^{l} \left| a_{jh}^{(p)} \right| \left| a_{hk} \right|$$

$$\leq \alpha \sum_{h=1}^{l} \left| a_{jh}^{(p)} \right| \leq \alpha l l^{p-1}\alpha^p = l^p \alpha^{p+1}$$

となり，一般に成立することとなる．ゆえに，

$$\left| \frac{1}{n!} a_{jk}^{(n)} \right| \leq \frac{1}{n!} l^{n-1}\alpha^n$$

で，級数 $\sum_{n=1}^{\infty} \frac{1}{n!} l^{n-1}\alpha^n$ は収束．ゆえに，(3)は絶対収束する．

1′. $\exp tA$ に対しては，(3)の代わりに，級数

$$\sum_{n=1}^{\infty} \frac{t^n}{n!} a_{jk}^{(n)} \tag{4}$$

を考えることになるが，この級数は，任意の $T > 0$ に対して，$|t| \leq T$ で絶対かつ一様収束する．

$$\left| \frac{t^n}{n!} a_{jk}^{(n)} \right| \leqq \frac{1}{n!} l^{n-1} \alpha^n T^n \quad (n = 1, 2, \cdots),$$

$$\sum_{n=1}^{\infty} \frac{1}{n!} l^{n-1} \alpha^n T^n < \infty$$

であるから，ワイエルストラスの優級数定理によって，このことは成立する．

2. A, B が可換な行列ならば，

$$\exp(A+B) = \exp A \cdot \exp B \tag{5}$$

特に，

$$\exp(t+s)A = \exp tA \cdot \exp sA, \quad \exp(-A) = (\exp A)^{-1}$$

実際，(5)について見るならば（級数は絶対収束だから，以下の計算で和の順序変更等は任意に行うことができる），

$$\exp(A+B) = \sum_{n=0}^{\infty} \frac{1}{n!} (A+B)^n$$

$$= \sum_{n=0}^{\infty} \frac{1}{n!} \sum_{m=0}^{n} \frac{n!}{m!(n-m)!} A^m B^{n-m}$$

ここで $\sum$ の順序を変更し，$p = n-m$ とおけば，

$$= \sum_{m=0}^{\infty} \sum_{n=m}^{\infty} \frac{1}{m!(n-m)!} A^m B^{n-m}$$

$$= \sum_{m=0}^{\infty} \sum_{p=0}^{\infty} \frac{1}{m!p!} A^m B^p$$

$$= \left(\sum_{m=0}^{\infty} \frac{1}{m!} A^m \right) \left(\sum_{p=0}^{\infty} \frac{1}{p!} B^p \right)$$

$$= \exp A \cdot \exp B$$

3. $(\exp tA)^{\cdot}=\dfrac{d}{dt}(\exp tA)=A(\exp tA)=(\exp tA)A$

$$\tag{6}$$

　実際，**1'**. により，t の整級数(4)の収束半径は ∞ で，項別微分が許される．

　(2)の形で項別微分すれば，(6)を確かめるのは容易である．

4. A の固有方程式の解を $\lambda_1, \lambda_2, \cdots, \lambda_l$ とすれば，$\exp A$ の固有方程式の解は，$\exp \lambda_1, \exp \lambda_2, \cdots, \exp \lambda_l$ である．

　実際，適当な正則行列 P をとり PAP^{-1} を三角形型にできる．(対角線上に固有方程式の解が並ぶ.)

$$PAP^{-1}=\begin{bmatrix} \lambda_1 & & & \\ & \lambda_2 & & * \\ & & \ddots & \\ O & & & \lambda_l \end{bmatrix},$$

$$PA^2P^{-1}=\begin{bmatrix} \lambda_1{}^2 & & & \\ & \lambda_2{}^2 & & * \\ & & \ddots & \\ O & & & \lambda_l{}^2 \end{bmatrix},$$

……

したがって，

$$P(\exp A)P^{-1} = P\left(\sum_{n=0}^{\infty}\frac{1}{n!}A^n\right)P^{-1} = \sum_{n=0}^{\infty}\frac{1}{n!}PA^nP^{-1}$$

$$= \begin{bmatrix} \exp\lambda_1 & & & \\ & \exp\lambda_2 & & * \\ O & & \ddots & \\ & & & \exp\lambda_l \end{bmatrix}$$

この右辺の行列で対角線上に並んだのが，$P(\exp A)P^{-1}$，したがって $\exp A$ の固有方程式の解である．

5.　$\det(\exp A) = \exp(\operatorname{tr} A)$

特に，$\det(\exp A) \neq 0$．実際，

　　　$\det(\exp A) = \exp A$ の固有方程式の解の積

　　　　　　$= \exp\lambda_1 \cdot \exp\lambda_2 \cdots \exp\lambda_l$

　　　　　　$= \exp(\lambda_1 + \lambda_2 + \cdots + \lambda_l)$

　　　　　　$= \exp(A$ の固有方程式の解の和$)$

　　　　　　$= \exp(\operatorname{tr} A)$

6.　行列 B に対して $\det B \neq 0$ ならば，$B = \exp A$ となる行列 A が存在する．

B が実数値行列ならば，$B^2 = \exp 2A$ となる実数値行列 A が存在する．

適当な正則行列 P によって PBP^{-1} を対角線形にできるときは，

$$PBP^{-1} = \begin{bmatrix} \mu^1 & & & \\ & \mu^2 & & O \\ O & & \ddots & \\ & & & \mu_l \end{bmatrix} \text{とするとき,}$$

$$A = P^{-1} \begin{bmatrix} \log \mu_1 & & & \\ & \log \mu_2 & & O \\ O & & \ddots & \\ & & & \log \mu_l \end{bmatrix} P$$

とすればよい. $\det B \neq 0$ であるから $\mu_j \neq 0$ $(j = 1, 2, \cdots, l)$ で, $\mu_j, \log \mu_j$ は一般に複素数値をとる. (→C. 1-1)

また, B の固有方程式の解がすべて等しいときは, 正則行列 P によって,

$$PBP^{-1} = \begin{bmatrix} \mu & & & \\ & \mu & & * \\ O & & \ddots & \\ & & & \mu \end{bmatrix} = \mu(E+N),$$

$$N = \begin{bmatrix} 0 & & & \\ & 0 & & * \\ O & & \ddots & \\ & & & 0 \end{bmatrix} \tag{7}$$

という形になる. いま, $L = N - \dfrac{1}{2}N^2 + \dfrac{1}{3}N^3 - \cdots + (-1)^l \dfrac{1}{l-1}N^{l-1}$ とすれば, $\exp L = E + N$ ($N^l = O$ で

あることに注意して，通常の $\exp(\log(1+x)) = 1+x$ の関係を適用すればよい →C. 例 1-2.）よって，$A = P^{-1}(\log\mu \cdot E + L)P$ ととればよい.

　一般の場合は，(7)のような形の行列が対角線上に並んだ形にできるので，そのおのおのの部分について，上記の操作を行えばよい.

　B が実数値行列のとき，$B^2 = \exp 2A$ となる実数値行列があることは，やや複雑になるのでここでは省略する（→ 補注 4).

　7. 行列 A に対し，適当な正則行列 P を求めて PAP^{-1} を対角線形にできるときは，A の固有値を $\lambda_1, \lambda_2, \cdots, \lambda_l$ とするとき，$\exp tA$ は，$\exp\lambda_1 t, \exp\lambda_2 t, \cdots, \exp\lambda_l t$ の一次結合を成分とした行列である.

　一般の場合は，A の固有方程式の解を $\lambda_1, \lambda_2, \cdots, \lambda_l$ とするとき，$\exp tA$ は $t^h \exp\lambda_j t$ の形の関数の一次結合を成分とした行列になる.

　一般にこれを論ずるのは煩雑であるから，以下の例で示す.

　さて，3-3 節の定理 3 と上記 **3.**, **5.** により，次の定理が得られる.

定理 7 定数係数 1 階斉次線形常微分方程式 $\dot{x} = Ax$ に対して，$X(t) = \exp tA$ はその一つの基本解行列である.

例 3-11
$$A = \begin{bmatrix} 13 & -6 & -12 \\ 12 & -5 & -12 \\ 8 & -4 & -7 \end{bmatrix}$$

に対し, $\exp tA$ を求めよ.

[解]　例 3-9 から,

$$Q = \begin{bmatrix} 1 & 0 & 3 \\ 0 & 2 & 3 \\ 1 & -1 & 2 \end{bmatrix}, \quad P = Q^{-1} = \begin{bmatrix} 7 & -3 & -6 \\ 3 & -1 & -3 \\ -2 & 1 & 2 \end{bmatrix}$$

に対し,

$$PAP^{-1} = \begin{bmatrix} 1 & & \\ & 1 & O \\ O & & -1 \end{bmatrix}$$

となる. これより,

$$\exp tA = P^{-1} \begin{bmatrix} e^t & & O \\ & e^t & \\ O & & e^{-t} \end{bmatrix} P = Q \begin{bmatrix} e^t & & O \\ & e^t & \\ O & & e^{-t} \end{bmatrix} P$$

$$= \begin{bmatrix} e^t & 0 & 3e^{-t} \\ 0 & 2e^t & 3e^{-t} \\ e^t & -e^t & 2e^{-t} \end{bmatrix} \begin{bmatrix} 7 & -3 & -6 \\ 3 & -1 & -3 \\ -2 & 1 & 2 \end{bmatrix}$$

$$= \begin{bmatrix} 7e^t - 6e^{-t} & -3e^t + 3e^{-t} & -6e^t + 6e^{-t} \\ 6e^t - 6e^{-t} & -2e^t + 3e^{-t} & -6e^t + 6e^{-t} \\ 4e^t - 4e^{-t} & -2e^t + 2e^{-t} & -3e^t + 4e^{-t} \end{bmatrix}$$

　　上記計算の途中で示したように, これは例 3-9 で求め
た基本解行列に, さらに P を右側から掛けた形になって

　170　　　　　　　　　　　　A　常微分方程式の解法

いる.

　したがって，基本解行列を求めるという観点からは，例
3-9 よりも複雑な形の行列が得られることになり，あまり
メリットはない.

　exp は理論的な面において活用されるので，これを計算
することが必要になることはあまりないが，これを行列を
標準形に直すことを経由せず，直接求める方法を，次の例
の別解において示そう.

例 3-12

$$A = \begin{bmatrix} 16 & -7 & -15 \\ 12 & -5 & -12 \\ 11 & -5 & -10 \end{bmatrix}$$

に対し，$\exp tA$ を求めよ.

[解]　例 3-10 から，

$$Q = \begin{bmatrix} 1 & 0 & 3 \\ 0 & 2 & 3 \\ 1 & -1 & 2 \end{bmatrix}, \quad P = Q^{-1} = \begin{bmatrix} 7 & -3 & -6 \\ 3 & -1 & -3 \\ -2 & 1 & 2 \end{bmatrix}$$

に対し，

$$PAP^{-1} = \begin{bmatrix} 1 & 1 & \\ 0 & 1 & O \\ & O & -1 \end{bmatrix}$$

$$\exp tA = P^{-1} \exp t \begin{bmatrix} 1 & 1 & \\ 0 & 1 & O \\ O & & -1 \end{bmatrix} P$$

$$= Q \begin{bmatrix} e^t & te^t & O \\ 0 & e^t & \\ O & & e^{-t} \end{bmatrix} P = \begin{bmatrix} e^t & te^t & 3e^{-t} \\ 0 & 2e^t & 3e^{-t} \\ e^t & (t-1)e^t & 2e^{-t} \end{bmatrix} P$$

$$= \begin{bmatrix} (3t+7)e^t-6e^{-t} & (-t-3)e^t+3e^{-t} & (-3t-6)e^t+6e^{-t} \\ 6e^t-6e^{-t} & -2e^t+3e^{-t} & -6e^t+6e^{-t} \\ (3t+4)e^t-4e^{-t} & (-t-2)e^t+2e^{-t} & (-3t-3)e^t+4e^{-t} \end{bmatrix}$$

［別解］　$q(\lambda)$ を A の固有多項式（$= \det(A-\lambda E)$）とするとき，$q(A)=O$ が成り立つ（ハミルトン・ケイリーの定理）．このことを利用する．すなわち，

$$\exp t\lambda = a(t,\lambda)q(\lambda) + r(t,\lambda)$$

で，$r(t,\lambda)$ が t の関数を係数とする λ の多項式で，その次数は $q(\lambda)$ の次数よりも低いように変形したとする．（実際の方法は下記．）そうすれば，$q(A)=O$ より，$\exp tA = r(t,A)$ として $\exp tA$ が求まる．

A が所与の行列のとき，

$$q(\lambda) = \det(A-\lambda E) = -(\lambda-1)^2(\lambda+1)$$

であった．そこで

$$\exp t\lambda = a(t,\lambda)q(\lambda) + r_0 + r_1\lambda + r_2\lambda^2$$

として，r_0, r_1, r_2 を定めよう．$\lambda=1, \lambda=-1$ を代入する．（$\lambda=1$ は $q(\lambda)=0$ の二重の解だから，1 回微分したものにも代入する．）

$$\left.\begin{array}{l} e^t = r_0 + r_1 + r_2 \\ te^t = \quad r_1 + 2r_2 \\ e^{-t} = r_0 - r_1 + r_2 \end{array}\right\} \quad \therefore \quad \left\{\begin{array}{l} r_0 = \dfrac{3}{4}e^t - \dfrac{1}{2}te^t + \dfrac{1}{4}e^{-t} \\[2mm] r_1 = \dfrac{1}{2}e^t \qquad\qquad - \dfrac{1}{2}e^{-t} \\[2mm] r_2 = -\dfrac{1}{4}e^t + \dfrac{1}{2}te^t + \dfrac{1}{4}e^{-t} \end{array}\right.$$

これより, $\exp tA = r_0 E + r_1 A + r_2 A^2$ によって, 上記の解が得られる.

(問) **3-4-1** A を次の行列とするとき, 斉次線形常微分方程式 $\dot{x} = Ax$ の解を求めよ.

(1) $\begin{bmatrix} 2 & 0 \\ 1 & 1 \end{bmatrix}$
　　　　(2) $\begin{bmatrix} -1 & 2 \\ -2 & -1 \end{bmatrix}$

(3) $\begin{bmatrix} 1 & 1 \\ -1 & 3 \end{bmatrix}$
　　　　(4) $\begin{bmatrix} 4 & -9 & 5 \\ 1 & -10 & 7 \\ 1 & -17 & 12 \end{bmatrix}$

(5) $\begin{bmatrix} -9 & 19 & 4 \\ -3 & 7 & 1 \\ -7 & 17 & 2 \end{bmatrix}$
　　(6) $\begin{bmatrix} 14 & 66 & -42 \\ 4 & 24 & -14 \\ 10 & 55 & -33 \end{bmatrix}$

(7) $\begin{bmatrix} -8 & 47 & -8 \\ -4 & 18 & -2 \\ -8 & 39 & -5 \end{bmatrix}$

（問）**3-4-2**

$A = \begin{bmatrix} 0 & 1 \\ 0 & 0 \end{bmatrix}$, $B = \begin{bmatrix} 1 & 0 \\ 0 & 0 \end{bmatrix}$ に対して，次のものを計算せよ．

(1) AB　　(2) BA　　(3) $\exp A$　　(4) $\exp B$

(5) $\exp(A+B)$　　(6) $(\exp A)(\exp B)$

(7) $(\exp B)(\exp A)$

（問）**3-4-3**

$\exp \begin{bmatrix} 4 & 1 \\ 3 & 2 \end{bmatrix}$, $\exp \begin{bmatrix} 4 & -1 \\ 1 & 2 \end{bmatrix}$ を，次の二つの方法で求めよ．

(1)　変換 $A \to PAP^{-1}$ により標準形に直す．

(2)　$\exp tA = r_0 E + r_1 A$ とする．

3-5　周期係数の線形常微分方程式系

この節では，斉次線形常微分方程式系 $\dot{x} = A(t)x$ において，係数 $a_{jk}(t)$ が共通の周期 ω （>0）をもち，したがって，次のようである場合を考える．

$$A(t+\omega) = A(t) \quad (-\infty < t < \infty) \tag{1}$$

$X(t)$ を $\dot{x} = A(t)x$ の一つの基本解行列とすれば，(1)より，

$$\dot{X}(t+\omega) = A(t+\omega)X(t+\omega) = A(t)X(t+\omega)$$

で，かつ $\det X(t+\omega) \neq 0$ であるから，$Y(t) = X(t+\omega)$ も基本解行列である．

　したがって，3-3 定理 4 によって，

$$X(t+\omega)=X(t)C$$

　　　　（C は l 次の定数正方行列で，$\det C \neq 0$）　　　(2)

であるような行列 C が存在する．行列 C の固有値を，**特性乗数**，または**フロッケーの乗数**という．

　定理 1（フロッケーの定理）　(2)における行列 C を C $=\exp\omega B$ と表し，

$$Y(t) = X(t)\exp(-tB)　　　　　　(3)$$

とすれば，$Y(t+\omega)=Y(t)$.

　そして，$\dot{x}=A(t)x$ の解は，次のような形の関数を成分にもったベクトルになる．

$$x_j(t)=\sum_{h,k} p_{j,hk}(t)t^h \exp\mu_k t$$

（μ_k は B の固有値，$p_{j,hk}(t)$ は周期 ω の関数）　　　(4)

　もし，$A(t)$ が実数値行列で，$X(t)$ も実数値行列にとれるときは，$C^2 = \exp 2\omega B$ を満たす実数値行列 B が存在する．

　このとき (3) の $Y(t)$ は，周期 2ω の実数値行列である．

[証明]　$\det C \neq 0$ だから，3-4[2]**6.** によって，$C = \exp \omega B$ を満足する行列 B が存在する．（C が実数値行列ならば $C^2 = \exp 2\omega B$ を満足する実数値行列がとれる．）

$$Y(t+\omega) = X(t+\omega) \exp(-(t+\omega)B)$$

$$= X(t)C \exp(-\omega B) \exp(-tB)$$

$$= X(t) \exp(-tB) = Y(t)$$

ゆえに，$Y(t)$ は周期 ω の関数を成分とする行列であり，また，B の相異なる固有値を $\mu_1, \mu_2, \cdots, \mu_r$ とすれば，$\exp tB$ は，3-4[2]**7**. によって，$t^h \exp \mu_k t$ の一次結合を成分とする行列である．したがって，$X(t) = Y(t)\exp tB$ の成分，したがって，またそれらの一次結合である $\dot{x} = A(t)x$ の解のベクトルの成分は，(4)のような形の関数である．　　　　　（証明終り）

　$A(t)$ は周期関数だから，すべての t の値に対して定義され，したがってその解もすべての t について定義される．$t \to \infty$ としたときの，これらの解の挙動について考えよう．

定理2　周期係数の斉次線形常微分方程式系 $\dot{x} = A(t)x$ に対して，

①　特性乗数がすべて $|\lambda_j| < 1$ を満たせば，任意の解について，

$$\lim_{t \to \infty} x(t) = 0$$

②　特性乗数のうちに，$|\lambda_j| > 1$ であるものがあれば，有界でない解が存在する．

③　特性乗数がすべて $|\lambda_j| \leqq 1$ を満たし，$|\lambda_j| = 1$ であるようなものについては，その固有方程式における重複度と，固有ベクトルのつくる部分空間の次元とが一致するときは，すべての解は $[0, \infty[$ において有界である.

[証明]　まず定理 1 のように，$C = \exp \omega B$ と書けば，C の固有値と B の固有値は互いに $\lambda_j = \exp \omega \mu_j$ という関係で対応することを注意する.

$|\lambda_j| = \exp \mathfrak{R}\omega\mu_j = \exp \omega \mathfrak{R}\mu_j$ だから，（$\mathfrak{R}$ は実数部分を示す）

$$|\lambda_j| < 1 \rightleftharpoons \mathfrak{R}\mu_j < 0$$
$$|\lambda_j| = 1 \rightleftharpoons \mathfrak{R}\mu_j = 0$$
$$|\lambda_j| > 1 \rightleftharpoons \mathfrak{R}\mu_j > 0$$

①　すべての j について $\mathfrak{R}\mu_j < 0$ であるから，(4)において，$p_{j,hk}$ は有界，$|t^h \exp \mu_j t| = t^h \exp(\mathfrak{R}\mu_j)t \to 0$ $(t \to \infty)$ となる.

②　いま $|\lambda_j| > 1$ とする．固有値 λ_j に対応する固有ベクトルを $q_{(j)}$ とする．$Cq_{(j)} = \lambda_j q_{(j)}$. そして，$x_{(j)}(t) = X(t)q_{(j)}$ とすれば，$x_{(j)}(t)$ は $\dot{x} = A(t)x$ の解で，

$$x_{(j)}(t+n\omega) = X(t+n\omega)q_{(j)} = X(t)C^n q_{(j)}$$
$$= \lambda_j{}^n X(t)q_{(j)} = \lambda_j{}^n x_{(j)}(t)$$

したがって，この解 $x_{(j)}(t)$ は有界でない.

③　3-4[2]**6**.の中で述べたように，行列 B を適当な正則行列 P によって変形し，PBP^{-1} が

$$
\begin{bmatrix}
\mu & & & \\
& \mu & & * \\
O & & \ddots & \\
& & & \mu
\end{bmatrix}
\tag{5}
$$

の形の行列が対角線に並んだものであるようにできる．さらに，$|\lambda|=1$ のところ，すなわち $\Re\mu=0$ のところは仮定によって対角線形になっている．さて，定理1において，解の形が(4)で与えられることは，$X(t)=Y(t)\exp tB$ として得られたものである．ところで，$t^h\exp\mu_k t$ で $h>0$ のところは，B が(5)の形で*のところを0にできないところから生じ，B が対角線形にできるところでは，$h=0$ である．（→3-4[2]**7**.）

　ゆえに，いまの場合，解の形(4)で，$h\geqq 0$，$\Re\mu_k<0$，または $h=0$，$\Re\mu_k=0$ であることとなり，解は有界である．　　　　　　　　　　　　　　　　（証明終り）

例 3-13　ヒルの方程式

　次の形の2階線形常微分方程式を**ヒルの方程式**という．

$$
\ddot{x}+f(t)x=0 \quad (f(t) \text{ は周期 } \omega \text{ の関数}) \tag{6}
$$

いま，$x_1=x$，$x_2=\dot{x}$ として常微分方程式系に直せば，

$$
\dot{x}=A(t)x \quad A(t)=\begin{bmatrix} 0 & 1 \\ -f(t) & 0 \end{bmatrix} \tag{7}
$$

ここで，$A(t)$ は周期 ω の関数である．

　$X(t)$ は(7)の基本解行列で，$X(0) = E$ を満たすものとする．

　$X(t+\omega) = X(t)C$ から，ロンスキアンに関するアーベルの公式（3-3[2](13)）を用い，

$$\det C = \det X(0)C$$

$$= \det X(\omega) = W(\omega)$$

$$= W(0) \exp \int_0^\omega \mathrm{tr}\, A(t)dt = 1$$

ゆえに，C の固有方程式の解，すなわち特性乗数について $\lambda_1 \lambda_2 = 1$.

　いま，$\lambda_j = \exp \omega \mu_j$ $(j = 1, 2)$ とする．

　①　$\lambda_1 \neq \lambda_2$, λ_1, λ_2 が実数のとき．

　λ_1, λ_2 は C の固有値で，$|\lambda_1| > 1 > |\lambda_2|$ のとき，λ_1 に対応する解（→ 定理 2 ②）は有界でない．λ_2 に対応する解は $t \to \infty$ のとき 0 に収束する．（(6)の解についていえば，$x(t) \to 0$, $\dot{x}(t) \to 0$.）

　②　$\lambda_1 \neq \lambda_2$, λ_1, λ_2 が実数でないとき．

　$|\lambda_1| = |\lambda_2| = 1$ で，λ_1, λ_2 は固有値である．ゆえに定理 2 ③によって，すべての解は有界．（(6)の解についていえば，$x(t), \dot{x}(t)$ がともに有界）．

　③　$\lambda_1 = \lambda_2 = \pm 1$ のとき．

　$C = \pm E$ ならば②と同様になり，すべての解は有界になる．（ω を周期とする周期関数になる．）

　そうでないときは，周期関数の解もあるが，(4)から，解の成分の中に $p(t)t$，または $p(t)te^{(\pi i/\omega)t}$ （$p(t)$ は周期

ω の関数）の現れる解をもち，これは有界でない.

《注意》　ヒルの方程式は 19 世紀末，G. Hill が月の軌道の研究
のため考察した．$f(t)=a+b\cos 2t$ の形のときは，**マチウの方
程式**といわれる．また，$f(t)$ が楕円関数のとき，**ラメの方程式**
という.

（問）**3-5-1**

$$A(t)=\left[\begin{array}{cc} \cos t & 0 \\ 1 & \cos t \end{array}\right]$$ について，特性乗数を求めよ.

（問）**3-5-2**

$$A(t)=\left[\begin{array}{cc} 1 & 0 \\ \sin t & 1 \end{array}\right]$$ について，特性乗数を求めよ．ま

た，$b(t)=\left[\begin{array}{c} \sin t \\ \cos t \end{array}\right]$ として，$\dot{x}=A(t)x+b(t)$ の解を求

め，それが周期 2π の関数となるように初期条件を求め
よ.

[付] **ヘヴィサイド演算子法**

　A. 3-2[3]に線形常微分方程式の演算子解法について述
べたが，ヘヴィサイドは，これに初期条件を考慮して，次
の方法を用いた.

　$[0,\infty[$ で定義された関数 $x(t)$ に対して，

$$lx(t)=\int_0^t x(\tau)d\tau$$

とする．そして，この逆演算 p を考える．これは，$x(0)=$

0 なる C^1 級関数に対して，

$$px(t) = x'(t)$$

によって与えられる．（微分演算子としては，D と同じことだが，$x(0) = 0$ という関数にしか定義されないことに注意.）

必ずしも $x(0) = 0$ を満たさない C^1 級関数 $x(t)$ に対しては，形式的に

$$px(t) = x(0)p + p(x(t) - x(0)) = x(0)p + x'(t) \quad (1)$$

とする.

例 1 $\dfrac{1}{p+\alpha}x(t) = u(t)$

これは $x(t) = (p+\alpha)u(t)$ という意味である．そして右辺に p の項が残らないためには，$u(0) = 0$ でなければならない．そうすれば，

$$x(t) = u'(t) + \alpha u(t)$$

ゆえに，

$$u(t) = e^{-\alpha t} \int_0^t e^{\alpha \tau} x(\tau) d\tau$$

例 2   微分方程式 $x' + \alpha x = b(t)$ の解を求める.

(1)により，$x' = px - x(0)p$ であるから，

$$px - x(0)p + \alpha x = b(t) \quad \text{すなわち} \quad (p+\alpha)x(t) = x(0)p + b(t)$$

$$\therefore \quad x(t) = x(0)\frac{p}{p+\alpha} + \frac{1}{p+\alpha}b(t)$$

$$= x(0) + \frac{1}{p+\alpha}(-\alpha x(0) + b(t))$$

例 1 より,

$$x(t) = x(0)e^{-\alpha t} + e^{-\alpha t}\int_0^t e^{\alpha\tau}b(\tau)d\tau$$

$$= x(0) + e^{-\alpha t}\int_0^t e^{\alpha\tau}(-\alpha x(0) + b(\tau))d\tau$$

例 3　$x^{(5)} - x' = 0$ の解で $x(0) = 0$, $x'(0) = 1$, $x''(0) = 0$, $x^{(3)}(0) = -1$, $x^{(4)}(0) = 0$ を満たすものを求める.

(1) を繰り返し用いると,

$$x'(t) = px(t) - x(0)p = px(t)$$

$$x''(t) = px'(t) - x'(0)p = p^2x(t) - p$$

$$x^{(3)}(t) = px''(t) - x''(0)p = p^3x(t) - p^2$$

$$x^{(4)}(t) = px^{(3)}(t) - x^{(3)}(0)p = p^4x(t) - p^3 + p$$

$$x^{(5)}(t) = px^{(4)}(t) - x^{(4)}(0)p = p^5x(t) - p^4 + p^2$$

ゆえに,

$$x^{(5)}(t) - x'(t) = p^5x(t) - p^4 + p^2 - px(t) = 0$$

$$\therefore\quad (p^5 - p)x(t) = p^4 - p^2$$

$$\therefore\quad x(t) = \frac{p^4 - p^2}{p^5 - p} = \frac{p}{p^2 + 1} = \frac{1}{2}\left(\frac{1}{p+i} + \frac{1}{p-i}\right)$$

$$= \frac{1}{2}\left(e^{-it}\int_0^t e^{i\tau}d\tau + e^{it}\int_0^t e^{-i\tau}d\tau\right)$$

$$= \frac{1}{2}\left\{\frac{1}{i}(1 - e^{-it}) - \frac{1}{i}(1 - e^{it})\right\}$$

$$= \frac{1}{2i}(e^{it} - e^{-it}) = \sin t$$

　このようにして解が得られる.

　以上は，単に形式的な計算であるが，これに数学的根拠
を与え，さらに種々の演算法則を見いだして，この演算子
p を活用するためには，ラプラス変換を用いるので，ここ
では単に上記のような方法があることを述べるに留める.

　　　　　　　　　　　　　　　　　　（→『フーリエ展開』）

A　第 3 章の演習問題

1. この章では正規形の方程式を扱ったが，正規形でない
場合に起こり得る現象について，次の 1 階線形常微分
方程式について，$x = 0$ の近傍における解曲線の形状を
考慮せよ．

(1)　$xy' - y = 0$　　　　　　(2)　$xy' - 2y = 0$

(3)　$xy' - \dfrac{1}{2}y = 0$　　　　(4)　$xy' + y = 0$

2. 次の関数を基本解にもつ 2 階斉次線形常微分方程式を
つくれ．

(1)　$x,\ e^x$　　　　　　　　(2)　$e^x,\ e^{1/x}$

(3)　$x \sin \omega x,\ x \cos \omega x$

3. 斉次線形常微分方程式 $y'' + P(x)y' + Q(x)y = 0$ に対
して，その一組の基本解からつくられるロンスキアンが
定数であるための条件を求めよ．

　　また，任意の方程式は適当な関数 $u(x)$ を用いて $z = uy$ に対する方程式として，ロンスキアンが定数である
方程式に変換できることを示せ．

4. $\displaystyle \int_a^x dt_1 \int_a^{t_1} dt_2 \cdots \int_a^{t_{l-1}} f(t_l)dt_l$

$$= \frac{1}{(l-1)!} \int_a^x (x-t)^{l-1} f(t)dt$$

であることを示せ. また, これが $D^l y = f(x)$ の一つの
特解であることを示せ. これを用いて, $(D-\alpha)^l y = f(x)$ の一般解を定めよ.

5. $\Phi(\lambda)$ を λ の多項式とする. そして微分方程式

$$\Phi(D)y = e^{\alpha x}$$

を考える.

　α が $\Phi(\lambda) = 0$ の重複度 k の解 ($k = 0$, つまり α が解
でない場合も含める) とすれば, $\dfrac{x^k e^{\alpha x}}{\Phi^{(k)}(\alpha)}$ が一つの特
解であることを示せ.

6. $p_0 x^l y^{(l)} + p_1 x^{l-1} y^{(l-1)} + \cdots + p_{l-1} x y' + p_l y = r(x)$
($p_0, p_1, \cdots, p_{l-1}, p_l$ は定数) の形の線形常微分方程式
を, **オイラーの微分方程式**という.

　ここで, $x = e^\xi$ として y を ξ の関数として微分方程
式をつくれば, 定数係数の方程式に変換されることを示
せ.

　これによって, 次の微分方程式の解を求めよ.

(1)　$x^2 y'' - x y' + y = 1$

(2)　$2x^2 y'' + x y' - y = 3x - 5x^2$

(3)　$x^3 y''' + 2x y' - 2y = x^2 \log x + 3x$

(4)　$(x+2)^2 y'' - (x+2) y' + y = 3x + 4$

7. 次の微分方程式の解を求めよ.

(1)　$xy''' - 2y'' = 0$　　　(2)　$xy'' - y' = -\dfrac{2}{x} - \log x$

(3)　$(1+2x)y'' + 4xy' - (1-2x)y = e^{-x}$　$(y = e^{-x}u$

とおけ)

8. 次の常微分方程式系の解を求めよ.

(1) $\begin{cases} \ddot{x} - 2x - 3y = e^{2t} \\ \ddot{y} + x + 2y = 0 \end{cases}$ (2) $\begin{cases} \ddot{x} - 3\dot{y} + 4x = 0 \\ \ddot{y} + 3\dot{x} + 4y = 0 \end{cases}$

9. 線形常微分方程式系

$$\dot{x}_j = a_1(t)x_1 + a_2(t)x_2 + \cdots + a_l(t)x_l \quad (j = 1, 2, \cdots, l)$$

に対して一つの基本解行列を求め, かつそのロンスキアンを計算せよ.

10. 周期係数の斉次線形常微分方程式系 $\dot{x} = A(t)x$ において, 同じ周期をもつ周期関数を要素とする行列 $\Phi(t)$ を適当にとれば, 変換 $x = \Phi(t)y$ によって y に関する常微分方程式系に変換し, これを定数係数の線形常微分方程式系にできることを示せ.

11. 斉次線形常微分方程式 $y'' + P(x)y' + Q(x)y = 0$ の一組の基本解を $y_1(x), y_2(x)$ とするとき,

(1) $y_1(x), y_2(x)$ は同時には 0 とならないことを示せ.

(2) $y_1(x)$ の相隣る零点 a_1, a_2 (すなわち $y_1(a_1) = y_1(a_2) = 0$ で, a_1, a_2 の間には $y_1(x) = 0$ となる点はないとする) に対して, a_1, a_2 の間に $y_2(x)$ の零点が必ず存在することを示せ.

(3) $P(x), Q(x)$ は有限閉区間 $J = [a, b]$ で連続とするとき, 恒等的に 0 という関数以外の解は, J で有限個の零点しか有しないことを示せ.

12. p は正の定数とし, 微分方程式 $\dot{x} + px = f(t)$ を考える.

(1)　もし，ある $T > 0$ に対して $f(t) = 0$ $(t \geqq T)$ と
なるならば，この微分方程式の任意の解 $x(t)$ に対して，
$\lim_{t \to \infty} x(t) = 0$ である．

(2)　(1)の条件を弱めて，$\displaystyle\int_0^\infty |f(t)|\, dt < \infty$ としても，
同じことがいえる．

13.　$]-\infty, \infty[$ で連続な関数 $Q(t)$ に対し，$\displaystyle\lim_{|t| \to \infty} Q(t) = -1$ であるならば，微分方程式 $\ddot{x} + Q(t)x = 0$ の恒等的
に 0 という関数以外の解は，$]-\infty, \infty[$ において，有
限回しか 0 にならないことを示せ．

14.　$P(t)$ は周期 ω を有する周期関数とし，微分方程式
$\dot{x} + P(t)x = 0$ を考える．

(1)　特性乗数 λ を求めよ．

(2)　λ がいろいろな値をとる例をつくり，解の挙動を
考察せよ．

B　常微分方程式の基礎理論

第1章　解の存在と性質

　A編において，常微分方程式の解を，われわれの扱いうる関数形で求めることを考えた．しかし，これはごく限られた場合で，だいたい変数分離形に帰着できる場合に限られるといってさしつかえない．その他の場合にはこのような形で解を求めることが不可能なのである．

　常微分方程式の活用される場は多いが，しかし，上記のように，その解をあらわに示すことのできる場合がきわめて少ないとなると，われわれは，そのようなあらわな形で解を求めなくても，微分方程式そのものから解についてのいろいろの性質を知り，それを利用することを考えなければならない．この章では，微分方程式の解のもつ基本的な性質について調べよう．

1-1　常微分方程式の解と初期値問題

　変数 t とその関数 x に関する1階常微分方程式，
$$f(t, x, \dot{x}) = 0 \tag{1}$$
を考えよう．ここで，$f(t, x, u)$ は $\boldsymbol{R}^3$（txu 空間）のある領域 D_0 で連続な関数とする．

　いま，変数 t のある区間 I で定義された C^1 級関数（I が閉区間の場合には区間の端点における微分係数は，片側微分係数の意味とする）$x(t)$ があって，$x(t)$ の導関数を $\dot{x}(t)$ で表すとき，

　　$t \in I$　　ならば常に

　　　　$(t, x(t), \dot{x}(t)) \in D_0,$　かつ　$f(t, x(t), \dot{x}(t)) = 0$

が成立するとき，$x = x(t)$ を(1)の（区間 I における）**解**とよぶ．

　微分方程式を一般な意味で考えるときは，解をもたないものはいくらでも存在する．たとえば，$x^2 + \dot{x}^2 + 1 = 0$ などは解がない．そこで，以下の議論を有効にするためには，問題の性質を限定し，はっきりした意味をもつようにしなければならない．

　初期値問題　いま，(t_0, x_0, u_0) は D の点で，$f(t_0, x_0, u_0) = 0$ を満たすとする．このとき，t_0 を含むある区間 I における(1)の解で，

　　　　　　$x(t_0) = x_0,$　　$\dot{x}(t_0) = u_0$　　　　　　(2)

を満たすものを求める．これが**初期値問題**といわれるものであり，(2)を**初期条件**という．

《**注意**》　微分方程式の問題には，**境界値問題**とよばれるものもあるが，本書では扱わない．

　正規形常微分方程式　微分方程式が(1)のように一般的な形でなく，

　　　　　　　　$\dot{x} = F(t, x)$　　　　　　　　　(3)

と，$\dot{x}$ について解かれた形になっているものを**正規形**とい

う.

　(1)で, $f(t, x, u)$ が C^1 級関数で $f_u \neq 0$ であれば, 陰
関数の存在定理で局所的に(3)のように書けることが知ら
れるわけであるが, そうでないときは議論はこの段階で困
難になる. 以下では正規形のもののみを扱う.

　正規形の場合, t_0, x_0 を与えれば, $u_0 = F(t_0, x_0)$ とし
て u_0 は一意的に決まってしまうので, 初期条件(2)は,

$$x(t_0) = x_0 \tag{4}$$

だけで十分である. このとき, x_0 を**初期値**という.

　l 階常微分方程式では,

$$x^{(l)} = F(t, x, \dot{x}, \ddot{x}, \cdots, x^{(l-1)})$$

という形のものが正規形常微分方程式であり, 初期条件
は,

$$x(t_0) = x_0, \quad \dot{x}(t_0) = \dot{x}_0, \quad \cdots, \quad x^{(l-1)}(t_0) = x_0^{(l-1)}$$

の形で与えられる. この場合, また一般に未知関数が複数
のときは, A.3-3 のようにベクトル形にして(3)の形で扱
うことができる. これについては後に注意することとし
(→1-6 節), しばらく 1 個の未知関数, 1 階のものを扱う.

　方向場と積分曲線　微分方程式 $\dot{x} = F(t, x)$ において,
$F(t, x)$ は $\mathbf{R}^2$ (tx 平面) 内のある領域 D において定義
されていて連続であるとする.

　一方, 左辺の $\dot{x}$ は, $x = x(t)$ という関数のグラフの曲
線の接線の傾き (方向) であるから, $\dot{x} = F(t, x)$ という
微分方程式は, D の各点において方向を指定している,
つまり**方向場**を与えていることになる.

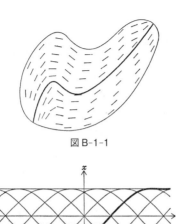

図 B-1-1

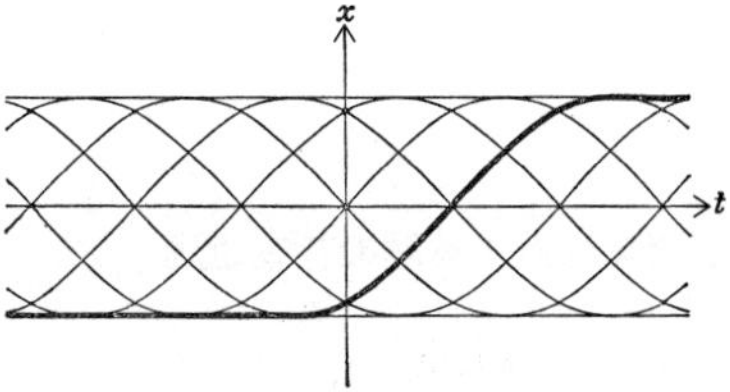

図 B-1-2

　そして，$x = x(t)$ が $\dot{x} = F(t, x)$ の解であるというの
は，曲線 $x = x(t)$ がその上の各点において，接線がこの
方向場によって定められた方向をもっていることである．
この曲線をこの方向場の（あるいは微分方程式の）**積分曲
線**，または**解曲線**という．

　積分曲線をえがくことについては，A. 2-8 において扱
った．

例 1-1　$f(t, x, u) = x^2 + u^2 - 1$ は $\boldsymbol{R}^3$ のすべての点で定
義された連続関数である．微分方程式 $f(t, x, \dot{x}) = 0$ を考

えよう.

$x = \sin(t - c)$ は $I =]-\infty, \infty[$ で微分方程式 $x^2 + \dot{x}^2 - 1 = 0$ の解である. $x = \pm 1$ も解であり, このほかに無数の解が生ずることは, A.2-5 で説明した.

この微分方程式を正規形に $\dot{x} = \sqrt{1 - x^2}$ と書くときは, $\dot{x} \geqq 0$ であるから $x(t)$ は増加関数で, したがって, 解は $\left[c - \dfrac{\pi}{2}, c + \dfrac{\pi}{2} \right]$ で定義された $\sin(x - c)$ を, $t \leqq c - \dfrac{\pi}{2}$ では $x(t) = -1$, $x \geqq c + \dfrac{\pi}{2}$ では $x(t) = 1$ として延長したものとなる.

1-2　初期値問題に対する解の存在定理

[1] 関数のノルムと一様収束

いま, 一般にある集合 D の上で定義された有界な関数があるとき,

$$\|\varphi\| = \sup\{|\varphi(u)| : u \in D\}$$

と書いて, これを関数の **sup ノルム**, または単にノルムという. これについて, 次の性質がある.

1.　$\|\varphi\| = 0 \iff \varphi(u) = 0$ (恒等的に)

2.　$\|\varphi + \psi\| \leqq \|\varphi\| + \|\psi\|$, $\|c\varphi\| = |c| \|\varphi\|$　(c は定数)

3.　関数列 $\varphi_1(u), \varphi_2(u), \cdots$ と関数 $\varphi(u)$ について,

$$\lim_{n \to \infty} \|\varphi_n - \varphi\| = 0$$

$\iff$　$\{\varphi_n(u)\}$ は D 上一様に $\varphi(u)$ に収束する.

実際,

$$\lim_{n \to \infty} \|\varphi_n - \varphi\| = 0$$

　　$\Longleftrightarrow$　任意の $\varepsilon > 0$ に対して適当に N をとれば,
　　　　　$n \geqq N \Rightarrow \|\varphi_n - \varphi\| < \varepsilon$

　　$\Longleftrightarrow$　任意の $\varepsilon > 0$ に対して適当に N をとれば,
　　　　　$n \geqq N$ のとき, すべての $u \in D$ に対して,
　　　　　$|\varphi_n(u) - \varphi(u)| < \varepsilon$

　　$\Longleftrightarrow$　$\{\varphi_n(u)\}$ は $\varphi(u)$ に D 上一様収束

4. 関数列 $\{\varphi_n(u)\}$ について, これが D 上一様にある関数 $\varphi(u)$ に収束するための必要十分条件は, $\{\varphi_n(u)\}$ がノルム $\| \ \|$ について基本列をなす. すなわち, $\lim_{n, m \to \infty} \|\varphi_n - \varphi_m\| = 0$ となることである.

　実際, まず $\lim_{n \to \infty} \|\varphi_n - \varphi\| = 0$ のとき, $\varepsilon > 0$ に対して適当に N をとれば, $n \geqq N$ のとき $\|\varphi_n - \varphi\| < \dfrac{\varepsilon}{2}$ とできる. よって, $n, m \geqq N$ のとき, $\|\varphi_n - \varphi\| < \dfrac{\varepsilon}{2}$, $\|\varphi_m - \varphi\| < \dfrac{\varepsilon}{2}$ から, $\|\varphi_n - \varphi_m\| \leqq \|\varphi_n - \varphi\| + \|\varphi_m - \varphi\| < \varepsilon$. これは, $\lim_{n, m \to \infty} \|\varphi_n - \varphi_m\| = 0$ を示している.

　逆に, $\lim_{n, m \to \infty} \|\varphi_n - \varphi_m\| = 0$ のとき, $u \in D$ を一つ固定すれば, $|\varphi_n(u) - \varphi_m(u)| \leqq \|\varphi_n - \varphi_m\|$ であるから, 数列 $\{\varphi_n(u)\}$ が基本列であることになり, したがってコーシーの収束判定条件によって $\lim_{n \to \infty} \varphi_n(u)$ が存

在する．ゆえに各 $u \in D$ にこの値を対応させて一つの
関数 $\varphi(u)$ を得る．$n, m \geqq N$ のとき $\|\varphi_n - \varphi_m\| < \varepsilon$ と
すれば，$|\varphi_n(u) - \varphi_m(u)| < \varepsilon$．ここで $m \to \infty$ として，
$|\varphi_n(u) - \varphi(u)| \leqq \varepsilon$．これが各 $u \in D$ についていえるか
ら，$\|\varphi_n - \varphi\| \leqq \varepsilon$．

すなわち，任意の $\varepsilon > 0$ に対して適当に N をとれば，
$n \geqq N$ のとき $\|\varphi_n - \varphi\| \leqq \varepsilon$ であることとなり，
$\lim_{n \to \infty} \|\varphi_n - \varphi\| = 0$．これは，**3**．により，$\{\varphi_n(u)\}$ が $\varphi(u)$
に一様収束することを示している．

5．　関数項の級数 $\varphi_1(u) + \varphi_2(u) + \cdots$ について，級数
$\sum_{n=1}^{\infty} \|\varphi_n\|$ が収束ならば，この級数は D 上一様収束す
る．（**ワイエルストラスの優級数定理**）

　　実際，部分和 $s_n(u) = \varphi_1(u) + \varphi_2(u) + \cdots + \varphi_n(u)$ に
ついて，**2**．から，$n > m$ のとき $\|s_n - s_m\| \leqq \|\varphi_{m+1}\|$
$+ \|\varphi_{m+2}\| + \cdots + \|\varphi_n\|$ で，級数 $\sum_{n=1}^{\infty} \|\varphi_n\|$ の収束から，
$n, m \to \infty$ のときこの右辺は 0 に収束する．

　　したがって，**4**．により関数列 $\{s_n(u)\}$ はある関数に一
様収束する．このことが，級数 $\varphi_1(u) + \varphi_2(u) + \cdots$ が一
様収束するということなのであった．

[2] コーシー–リプシッツの定理

　$\boldsymbol{R}^2$ $(tx$ 平面$)$ 内の領域 $D = \{(t, x) : |t - t_0| \leqq r, |x - x_0| \leqq \rho\}$ で定義された関数 $F(t, x)$ に対して，ある定数 L

が存在して,

　　$(t, x), (t, x') \in D$ のとき,　常に
$$|F(t, x) - F(t, x')| \leqq L\,|x - x'|$$
が満たされるとき,　$F(t, x)$ は D において,　x に関してリプシッツ条件を満たすといい,　L をリプシッツ定数という.

例 1-2　$F(t, x)$ が D において x に関して偏微分可能で,　かつ,　$F_x(t, x)$ が有界のとき,　$L = \|F_x\|$（D における sup ノルム）とすれば,　平均値の定理によって,

$$|F(t, x) - F(t, x')| = |F_x(t, x + \theta(x' - x))|\,|x - x'|$$
$$\leqq L\,|x - x'| \quad (0 < \theta < 1)$$

であるから,　$F(t, x)$ は L をリプシッツ定数とするリプシッツ条件を満たす.

　これより,　一般に $F(t, x)$ が C^m 級関数（$m \geqq 1$）ならば,　常にリプシッツ条件を満たすことがわかる.

定理 1（コーシー–リプシッツの定理）　正規形 1 階常微分方程式
$$\dot{x} = F(t, x) \qquad\qquad (1)$$
において,　$F(t, x)$ は tx 平面の閉領域,
$$D = \{(t, x) : |t - t_0| \leqq r,\ |x - x_0| \leqq \rho\}$$
で定義され,　連続で,　かつ D において x に関してリプシッツ条件を満たしているとする.

　いま,

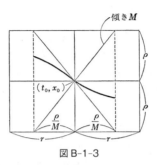

図 B-1-3

$$r'=\min\left\{r, \frac{\rho}{M}\right\}, \quad M=\|F\| \quad (D \text{ における sup ノルム})$$

とすれば，区間
$$I = \{t : |t-t_0| \leqq r'\}$$
で定義された C^1 級関数 $x(t)$ で，(1)の解であり，かつ，

初期条件　$x(t_0) = x_0$　　　　(2)

を満たすものが存在する.

　初期条件(2)を満たす(1)の I において定義された解はただ一つしか存在しない.

[証明]　証明にはいろいろの方法があるが，ここではピカールによる**逐次近似法**によって行なう.

　これは，まず，
$$x_0(t) = x_0 \text{ (恒等的に)}$$
とし，順次

$$x_1(t) = x_0 + \int_{t_0}^t F(s, x_0(s)) ds,$$

$$x_2(t) = x_0 + \int_{t_0}^t F(s, x_1(s)) ds,$$

$$\cdots\cdots,$$

一般に,

$$x_{n+1}(t) = x_0 + \int_{t_0}^t F(s, x_n(s)) ds \quad (n = 0, 1, 2, \cdots) \quad (3)$$

として関数列 $x_0(t), x_1(t), x_2(t), \cdots$ を定め, これが(1)の解 $x(t)$ に一様収束することを証明する方法である.

① 各 $x_n(t)$ は, 少なくとも区間 I 上においては定義され, 連続, かつそこで

$$|x_n(t) - x_0| \leqq \rho$$

を満たす. すなわち, $(t, x_n(t)) \in D$

これを数学的帰納法によって証明する.

$n = 0$ のときは正しい.

$n = k$ のとき正しいとすると, $t \in I$ のとき $(t, x_k(t)) \in D$ より, この点における F の値が定まる. F が連続, x_k が連続だから $F(t, x_k(t))$ は連続. そして,

$$|x_{k+1}(t) - x_0| = \left| \int_{t_0}^t F(s, x_k(s)) ds \right| \leqq \left| \int_{t_0}^t |F(s, x_k(s))| ds \right|$$

$$\leqq \|F\| \, |t - t_0| \leqq \|F\| \, r' \leqq M \cdot \frac{\rho}{M} = \rho$$

したがって, $n = k+1$ のときにも正しい.

ゆえに一般に成立する.

② $F(t, x)$ のリプシッツ定数を L とすれば,

$$|x_n(t) - x_{n-1}(t)| \leqq \frac{M}{L} \frac{1}{n!} (L|t - t_0|)^n \quad (n = 1, 2, \cdots)$$
(4)

数学的帰納法によって証明する.

$n = 1$ のときは,

$$|x_1(t) - x_0(t)| = \left| \int_{t_0}^t F(s, x_0) ds \right| \leqq \left| \int_{t_0}^t |F(s, x_0)| \, ds \right|$$

$$\leqq M|t - t_0|$$

となり,(4)が得られる.

次に,$n = 2$ のときを見よう.

$$|x_2(t) - x_1(t)| = \left| \left(x_0 + \int_{t_0}^t F(s, x_1(s)) ds \right) \right.$$

$$\left. - \left(x_0 + \int_{t_0}^t F(s, x_0(s)) ds \right) \right|$$

$$= \left| \int_{t_0}^t \left(F(s, x_1(s)) - F(s, x_0(s)) \right) ds \right|$$

$$\leqq \left| \int_{t_0}^t |F(s, x_1(s)) - F(s, x_0(s))| \, ds \right|$$
(*)

リプシッツ条件より,

$$|F(s, x_1(s)) - F(s, x_0(s))| \leqq L|x_1(s) - x_0(s)|$$

であるから

$$(*) \leqq L \left| \int_{t_0}^t |x_1(s) - x_0(s)| \, ds \right|$$

$$\leqq LM \left| \int_{t_0}^t |s - t_0| \, ds \right| \qquad (**)$$

ここで s は t_0 と t の間を動き，$s - t_0$ は一定符号だから，積分記号内の絶対値記号はとって計算してよい．ゆえに，

$$(**) = LM \left| \int_{t_0}^t (s - t_0) ds \right| = \frac{LM}{2}(t - t_0)^2$$

よって，$n = 2$ の場合の(4)が得られる．

このような計算を，さらに $n = 3$, $n = 4$, … の場合にもやってみると，(4)の一般式の見当がつくであろう．

そこで，$n = k$ のときまで(4)が成立するものとすれば，上と同様にリプシッツ条件と，(4)で $n = k$ とした式を用いれば，

$$|x_{k+1}(t) - x_k(t)| \leqq \left| \int_{t_0}^t |F(s, x_k(s)) - F(s, x_{k-1}(s))| \, ds \right|$$

$$\leqq L \left| \int_{t_0}^t |x_k(s) - x_{k-1}(s)| \, ds \right|$$

$$\leqq L \frac{M}{L} \frac{L^k}{k!} \left| \int_{t_0}^t |s - t_0|^k \, ds \right|$$

$$= M \frac{L^k}{k!} \frac{1}{k+1} |t - t_0|^{k+1}$$

$$= \frac{M}{L} \frac{1}{(k+1)!} (L |t - t_0|)^{k+1}$$

よって，(4)は $n = k+1$ のときにも成立する．

ゆえに，一般に成立する．

③　$\{x_n(t)\}$ は I において一様にある関数 $x(t)$ に収束する.

この証明のために, 級数

$$x_0(t)+(x_1(t)-x_0(t))+(x_2(t)-x_1(t))+\cdots$$
$$+(x_n(t)-x_{n-1}(t))+\cdots \qquad (5)$$

を考える. (4)より, この級数の第 $n+1$ 項目の関数 $x_n(t)-x_{n-1}(t)$ のノルム (I における sup ノルム) は, $|t-t_0| \leqq r'$ より,

$$\|x_n-x_{n-1}\| \leqq \frac{M}{L}\frac{1}{n!}(Lr')^n \qquad (n=1,2,\cdots)$$

そして,

$$\|x_0\|+\sum_{n=1}^{\infty}\|x_n-x_{n-1}\| \leqq |x_0|+\sum_{n=1}^{\infty}\frac{M}{L}\frac{1}{n!}(Lr')^n$$
$$=|x_0|+\frac{M}{L}(\exp Lr'-1)$$

となり, ノルムの和が収束するから[1]**5**. によって(5)は一様収束する. 級数(5)の第 $n+1$ 部分和が $x_n(t)$ であるから, 関数列 $\{x_n(t)\}$ は一様収束する.

④　$x(t)=x_0+\displaystyle\int_{t_0}^{t} F(s,x(s))ds \qquad (t \in I)$ \qquad (6)

各 $x_n(t)$ は連続で, $\{x_n(t)\}$ が $x(t)$ に一様収束するから, $x(t)$ は連続である.

また, リプシッツ条件より,

$$|F(s,x_n(s))-F(s,x(s))| \leqq L\,|x_n(s)-x(s)| \leqq L\,\|x_n-x\|$$

であるから，$\{F(s, x_n(s))\}$ も I 上，$F(s, x(s))$ に一様収束する．ゆえに，積分は積分に収束する．すなわち，

$$\int_{t_0}^{t} F(s, x_n(s))ds \to \int_{t_0}^{t} F(s, x(s))ds$$

ゆえに，(3)において $n \to \infty$ とすれば(6)が得られる．

⑤　$x(t)$ は C^1 級関数で，微分方程式(1)の初期条件(2)を満たす解である．

実際，$x(t)$ は連続だから $F(t, x(t))$ も連続．ゆえに，不定積分 $\displaystyle\int_{t_0}^{t} F(s, x(s))ds$ は t の C^1 級関数である．他は(6)式の形より明らかである．

⑥　**解の一意性**　いま，初期条件(2)を満たす解が t_0 を含む区間 J で $x = x(t)$，$x = x_{(1)}(t)$ と二つあったとする．そうすれば，

$$x(t) = x_0 + \int_{t_0}^{t} F(s, x(s))ds,$$

$$x_{(1)}(t) = x_0 + \int_{t_0}^{t} F(s, x_{(1)}(s))ds$$

ゆえに，

$$|x(t) - x_{(1)}(t)| \leqq \left| \int_{t_0}^{t} |F(s, x(s)) - F(s, x_{(1)}(s))| \, ds \right|$$

$$\leqq L \left| \int_{t_0}^{t} |x(s) - x_{(1)}(s)| \, ds \right| \tag{7}$$

そして，$\|x - x_{(1)}\|$ を J における sup ノルムとすれば，(7)より，

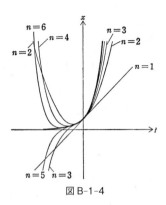

図 B-1-4

$$|x(t) - x_{(1)}(t)| \leqq L \, \|x - x_{(1)}\| \, |t - t_0| \qquad (8)$$

(8)から出発して(7)を用いて(4)の証明と同じ手続きを経ると，一般に，

$$|x(t) - x_{(1)}(t)| \leqq \|x - x_{(1)}\| \, \frac{1}{n!} (L \, |t - t_0|)^n \qquad (9)$$

が得られる．

$\dfrac{1}{n!} (L \, |t - t_0|)^n$ は，収束する級数 $\displaystyle\sum_{n=0}^{\infty} \dfrac{1}{n!} (L \, |t - t_0|)^n$ の第 $n+1$ 項だから，$n \to \infty$ のとき 0 に収束する．左辺は n に無関係だから，(9)で $n \to \infty$ とすれば，$x(t) = x_{(1)}(t)$ が恒等的に成立することが知られる．

ゆえに(1)の(2)を満たす解は一つしかない．（証明終り）

例 1-3　$\dot{x} = x$ について，$x(0) = 1$ であるような解を，逐

次近似法によってつくってみよう.

$$x_0(t) = 1, \quad x_1(t) = 1 + \int_0^t ds = 1 + t,$$

$$x_2(t) = 1 + \int_0^t (1+s)ds = 1 + t + \frac{1}{2}t^2, \cdots$$

これより, $x_n(t) = 1 + t + \frac{1}{2!}t^2 + \cdots + \frac{1}{n!}t^n$ が得られ, $n \to \infty$ として,

$$x(t) = 1 + t + \frac{1}{2!}t^2 + \cdots + \frac{1}{n!}t^n + \cdots = \sum_{n=0}^{\infty} \frac{1}{n!}t^n$$

が求める解となる.

[3] 一般の存在定理

解の存在のためには, リプシッツ条件は必要でない. A.2-8 において行った議論を精密にすすめると次の定理が得られる.

> **定理 2**（ペアノの定理）　正規形 1 階常微分方程式 $\dot{x} = F(t,x)$ において, $F(t,x)$ は tx 平面上 $\{(t,x) : t_0 \leqq t \leqq t_0 + r, |x - x_0| \leqq \rho\}$ において連続であるとする. ここで, $M = \|F\|$ として, $Mr \leqq \rho$ であるとする. このとき, 区間 $I = [t_0, t_0 + r]$ で定義された初期条件 $x(t_0) = x_0$ を満たす解が存在する.

このような解は, 一般にはただ一つであるとは限らないことは, 例 1-4 によって見られる. くわしくいうと, 次のようなことが成立する.

> **定理3**（ペロンの定理）　定理2で，区間 I において最
> 大の解 $\bar{x}(t)$ と最小の解 $\underline{x}(t)$ が存在し，他の解はすべ
> て $\underline{x}(t) \leqq x(t) \leqq \bar{x}(t)$ $(t \in I)$ を満たす.
> 　さらに，(t_1, x_1) を，$D = \{(t, x) : t \in I, \underline{x}(t) \leqq x \leqq$
> $\bar{x}(t)\}$ の任意の点とすれば $x(t_1) = x_1$ であるような解
> （初期条件 $x(t_0) = x_0$ を満たす）が存在する. すなわ
> ち，集合 D は $x(t_0) = x_0$ を満たす解によってうずめ
> られている.

　定理2, 3の証明は，相当の準備を要するので本書では
述べない[*].

　なお，定理2, 3は t_0 の右側について述べたが，左側で
も当然同様のことが成立する.

例1-4　$\dot{x} = 3x^{2/3}$

　これは，A. 2-5で見たものである. 図A-2-13から知
られるように，$x = 0$ の右側で，初期条件 $x(0) = 0$ を満た
す最大解は $x = t^3$，最小解は $x = 0$ である. そして，これ
ら二つの解の間は解曲線でうずまっている.

---

[*]　たとえば，サンソネ『微分方程式』（福原校閲，飯久保訳広
川書店，1959）第1章§6. 小松勇作『常微分方程式論』（広
川書店，1965）§9. 吉沢太郎『微分方程式入門』（朝倉書店，
1967, 2005）§1.4

[4] 解の一意性

上述のように，リプシッツ条件は解の存在を保証するためには必要ないが，これがあれば解がただ一つだということは保証できる．このことは実用上，たいへんたいせつなことであり，一意性があればどのような解き方をしても，ともかく解であることが示されればよいことになる．

このような解の一意性を保証する条件はいろいろ考察されたが，次の定理は解が一意的であるための必要十分条件を与えている．

定理 4（岡村の定理）　正規形 1 階常微分方程式 $\dot{x} = F(t, x)$ において，$F(t, x)$ は tx 平面上，$\{(t, x) : t_0 \leq t \leq t_0 + r, |x - x_0| \leq \rho\}$ において連続であるとする．ここで $M = \|F\|$ として，$Mr \leq \rho$ であるとする．

このとき，区間 $I = [t_0, t_0 + r]$ で定義された初期条件 $x(t_0) = x_0$ を満足する解がただ一つしか存在しないというためには，次のような関数 $\Phi(t; x, y)$ が存在することが必要かつ十分である．

① $\Phi(t; x, y)$ は $G = \{(t, x, y) : t_0 \leq t \leq t_0 + r, |x - x_0| \leq \rho, |y - x_0| \leq \rho\}$ で C^1 級関数

② $x \neq y$ ならば $\Phi(t; x, y) > 0$，$\Phi(t; x, x) = 0$

③ $\dfrac{\partial \Phi}{\partial t} + \dfrac{\partial \Phi}{\partial x} F(t, x) + \dfrac{\partial \Phi}{\partial y} F(t, y) \leq 0$ が G で常に満たされる．

たとえば，リプシッツ条件があるときは，

$$\Phi(t; x, y) = e^{-2Lt}(x-y)^2$$

としてみれば，③の条件は，

$$\frac{\partial \Phi}{\partial t} + \frac{\partial \Phi}{\partial x} F(t, x) + \frac{\partial \Phi}{\partial y} F(t, y)$$

$$= e^{-2Lt}\{-2L(x-y)^2 + 2(x-y)(F(t, x) - F(t, y))\}$$

$$\leqq e^{-2Lt}\{-2L(x-y)^2 + 2|x-y| L |x-y|\} = 0$$

となってたしかめられる[*].

例 1-5　変数分離形の方程式 $\dot{x} = f(t)g(x)$ について，(t_0, x_0) に対し，$g(x_0) \neq 0$ ならば，この点の近傍で解の一意性が成立する．

$g(x_0) = 0$ のとき，どのように $\varepsilon > 0$ をとっても，

$\displaystyle\int_{x_0-\varepsilon}^{x_0+\varepsilon} \frac{1}{|g(u)|} du = \infty$ ならば解の一意性が成立，そうでないときは一意性が成立しない．

　上述の定理と同じく証明には立ち入らない．ただ，ある $\varepsilon > 0$ に対して，$\displaystyle\int_{x_0-\varepsilon}^{x_0+\varepsilon} \frac{1}{|g(u)|} du < \infty$ となるときは，

$G(x) = \displaystyle\int_{x_0}^{x} \frac{1}{g(u)} du$ という関数が得られ，したがって，一般の変数分離形の解法から，$F(t)$ を $f(t)$ の不定積分とするとき，$G(x) = F(t) - F(t_0)$ という関係によって，

---

[*]　定理 4 の証明は，たとえば岡村博『微分方程式序説』（森北出版，1969，2003）第 6 章．小松勇作『常微分方程式論』（広川書店，1965）§ 10

$x = x_0$（恒等的に）という以外の解が得られることを述べ
ておこう.

（問）**1-2-1** 微分方程式 $\dot{x} = tx + 2t - t^3$ の初期条件「$t =$
0 のとき $x = 0$」を満たす解を逐次近似法によって求めよ.

（問）**1-2-2** $t \geqq 0$ において $\dot{x} = \sqrt{|tx|}$ の初期条件「$t = 0$
のとき $x = 0$」を満たす解は一意的か.

1-3 解の延長

前節定理 1，あるいは定理 2 で存在の保証された解は，
局所的にしかその存在を保証されていない. すなわち，あ
る限定された $I = [t_0 - r', t_0 + r']$ という範囲で存在を示
したのである. 微分方程式の解としてはなるべく広い定義
域を有するものが望ましい.

微分方程式 $\dot{x} = F(t, x)$ において，$F(t, x)$ は tx 平面上
の領域 D で定義されているとする. このとき，区間 I で
定義された解 $x = x(t)$ に対しては，常に $(t, x(t)) \in D$,
すなわち解曲線は D 内にあるわけであるが，このこと
を D 内を**走る解**と表現する. また，点 $\mathrm{P}(t_0, x_0) \in D$ のと
き，$x(t_0) = x_0$ を満たす解を点 P を**通る解**という.

いま，点 $\mathrm{P}(t_0, x_0) \in D$ をとり，P を通る D 内を走る
解をいろいろ考える. 解 $x = x_1(t)$ は t の区間 I_1 で定義
されており，解 $x = x_2(t)$ は区間 I_2 で定義されている
とする. このとき，もし $I_1 \subsetneqq I_2$ で，かつ $t \in I_1$ のとき，

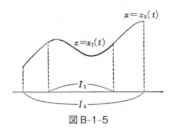

図 B-1-5

$x_1(t) = x_2(t)$ ならば，解 $x = x_1(t)$ は解 $x = x_2(t)$ に延長
されるという．（図 B-1-5）もし，ある区間 I^* で定義され
た解 $x = x^*(t)$ がこれ以上延長されないときは，これを延
長不能な解という．これは最大の定義域を有する解である．
定理 1 では，このような解の存在を保証するが，その前
に次のことばを定義する．

　D 内の任意の 1 点 (t_1, x_1) をとるとき，そこで適当に
$r_1 > 0, \rho_1 > 0$ をとれば，集合 $U = \{(t, x) : |t - t_1| \leqq r_1,$
$|x - x_1| \leqq \rho_1\} \subset D$ で，かつ U においては，$F(t, x)$ に対
してリプシッツ条件が満たされるとき，$F(t, x)$ は D 内で
局所的にリプシッツ条件を満たすという．また，このとき D
のどの点をとっても リプシッツ定数として同一の数がとれ
るならば，$F(t, x)$ は，D で，一様なリプシッツ条件を満た
すという．

　$F(t, x)$ が D で局所的にリプシッツ条件を満たすとき
は，D 内のどの点をとっても，局所的にはその点を通る
解がただ一つ存在するわけである．

定理 1　正規形 1 階常微分方程式
$$\dot{x} = F(t, x) \tag{1}$$
において, $F(t, x)$ は tx 平面内の領域 D で連続で, かつ局所的にリプシッツ条件を満たしているとする. このとき, 微分方程式(1)の任意の解は, すべて延長不能な解にまで延長される. この延長不能な解 $x = x^*(t)$ は, D 内を端から端まで走っている. すなわち, I^* をその定義されている区間とするとき, 次のいずれかの場合が成立する. (ここでは I^* の右端についての形だけ述べる. 左端についても同様のことが成立する.)

①　I^* の右端は ∞ である.

②　I^* の右端は有限な値である. それを b^* とするとき,

　a. $\displaystyle \lim_{t \to b^* - 0} x^*(t) = \infty$, または $-\infty$.

　b. 有限な $\displaystyle \lim_{t \to b^* - 0} x^*(t)$ が存在する. その値を d^* とすれば,

　　$(b^*, d^*) \in \partial D$. 　($\partial D$ は D の境界)

　c. $\displaystyle \lim_{t \to b^* - 0} x^*(t)$ が存在しない. ($t \to b^* - 0$ のとき $x^*(t)$ の値は振動する. このとき, 図 B-1-6, ②-c のようになる.)

点 (t_0, x_0) を通る(1)の延長不能な解は, ただ一つしか存在しない.

[証明] いま，点 (t_0, x_0) を通る解 $x = x(t)$ が与えられ
たとして，それをできるだけ延長していく．どこまでも延
長できれば①の場合となる．

もしある $b^* < \infty$ があって，そこまでは延長できるが，
それを超えては延長できなかったとしよう．これが②の
場合であるが，このとき a.c. の場合は問題ないであろう．
そこで，b. の場合を考える．（$x^*(t)$ は $]a^*, b^*[$ で定義さ
れているとする．）

いま，$(b^*, d^*) \in D$ であったとすれば，$t < b^*$ ならば，
$$\dot{x}^*(t) = F(t, x^*(t))$$
$$\therefore \quad x^*(t) = x_0 + \int_{t_0}^{t} F(s, x^*(s)) ds \qquad (2)$$
ゆえに，
$$d^* = x_0 + \int_{t_0}^{b^*} F(s, x^*(s)) ds \qquad (3)$$

$(b^*, d^*) \in D$ であるから，点 (b^*, d^*) を通る $\dot{x} = F(t, x)$
の解が局所的に存在する．それを $x = x_1(t)$ とし，この解
は $[b^* - r, b^* + r]$ で定義されているとする．

そこで，
$$x_1^*(t) = \begin{cases} x^*(t) & (a^* < t < b^*) \\ x_1(t) & (b^* \leqq t < b^* + r) \end{cases} \qquad (4)$$
とすれば，(2), (3)，および，$t > b^*$ では，
$$x_1^*(t) = d^* + \int_{b^*}^{t} F(s, x_1(s)) ds = x_0 + \int_{t_0}^{t} F(s, x_1^*(s)) ds$$
であることより，

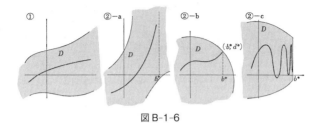

図 B-1-6

$$x_1{}^*(t) = x_0 + \int_{t_0}^{t} F(s, x_1{}^*(s))ds \qquad (5)$$

が, $]a^*, b^*+r[$ で成立することになる.

(5)は $x=x_1{}^*(t)$ が $x_0=x^*(t_0)$ を満たす(1)の解であることと同じであり, (4)から, $x=x^*(t)$ が b^* を超えてこの解にまで延長されることとなり矛盾である. ゆえに, $(b^*, d^*) \notin D$ でなければならない.

延長不能な解がただ一つしかないことは, もし二つあったとすれば, それらはともかく (t_0, x_0) では一致しているのだから, (t_0, x_0) の近くでも一致している. そして, それらが枝分かれする点がどこかにあるはずであるが, その点を (t_1, x_1) とすれば, (t_1, x_1) の近くでリプシッツ条件が満たされることから, (t_1, x_1) でも枝分かれはしていないはずであり, したがって, どこまで行っても枝分かれする点が存在しないことから知られる. （証明終り）*.

---

* この証明では, b^* の存在がやや不明確である. この点については →補注5. なお定理1は, 1-2 節[3] 定理 2 を用いれば,

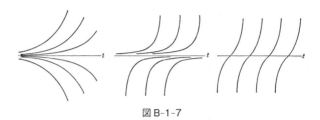

図 B-1-7

定理 2 1 階線形常微分方程式,
$$y' + P(x)y = Q(x) \qquad (6)$$
において, $P(x), Q(x)$ が区間 I において連続である
とする.

　このとき, (6) の任意の解はすべて I 全体で定義さ
れた解に延長される. すなわち, (6) の延長不能な解
はすべて I 全体で定義される.

　このことは, A. 2-3 の解を表す公式から明らかである
が, これが線形常微分方程式の最も重要な特性の一つであ
る. (→1-6 節の定理 1)

例 1-5 次の微分方程式の延長不能な解を考えよ.
　(1) $\dot{x} = x$　　(2) $\dot{x} = x^2$　　(3) $\dot{x} = 1 + x^2$
[解] (図 B-1-7) (1)　$x = ce^t$. 解は $]-\infty, \infty[$ で定義

　　　局所的にリプシッツ条件を満たすという仮定がなくても, 同様
　　に主張できる.

される．（①の場合）

（2）　$x = \dfrac{1}{c-t}$．解は $x > 0$ では $t < c$ で定義され，$\displaystyle\lim_{t \to c-0} x(t) = \infty$．（② a. の場合）$x < 0$ では，$c < t < \infty$ で定義される．

（3）　$x = \tan(t-c)$．解は $\left] c - \dfrac{\pi}{2}, c + \dfrac{\pi}{2} \right[$ で定義される．

　このように，延長不能な解について，どの場合がおこるかは方程式の形だけからでは判断できない．

（問）**1-3-1**　$F(t, x)$ が tx 平面全体で定義された，有界連続な関数ならば，$x = x^*(t)$ を微分方程式 $\dot{x} = F(t, x)$ の延長不能な解とすれば，これは $]-\infty, \infty[$ において定義される．

1-4　グロンウォールの不等式と近似定理

[1]　グロンウォールの不等式

　この節では以下の議論に有用な次の定理を証明する．

定理 1（グロンウォールの不等式）　$a(t)$，および $\varphi(t)$ は区間 $I = [t_0, t_1]$ で定義された連続関数で，$a(t) \geqq 0$ であるとする．

　もし，I で不等式

$$\varphi(t) \leqq b + \int_{t_0}^{t} a(s)\varphi(s)ds \qquad (1)$$

が成立していれば，

$$\varphi(t) \leqq b \exp\left(\int_{t_0}^{t} a(s)ds\right) \qquad (2)$$

［証明］　これよりも一般に，次の不等式を考える．$a(t)$，$\varphi(t)$ は上の定理と同様とし，(1)の代わりに，I で連続な関数 $b(t)$ に対して，

$$\varphi(t) \leqq b(t) + \int_{t_0}^{t} a(s)\varphi(s)ds \qquad (3)$$

が成立しているとする．

　いま，

$$\Phi(t) = \int_{t_0}^{t} a(s)\varphi(s)ds$$

とおくと，$a(t) \geqq 0$ と(3)より，

$$\dot{\Phi}(t) = a(t)\varphi(t) \leqq a(t)b(t) + a(t)\Phi(t)$$

したがって，

$$\dot{\Phi}(t) - a(t)\Phi(t) \leqq a(t)b(t) \qquad (4)$$

ここで，

$$A(t) = \exp\left(-\int_{t_0}^{t} a(s)ds\right)$$

とする．（この式の形については，→A. 2-3）

　これを(4)の両辺に乗ずれば，

$$\frac{d}{dt}(A(t)\Phi(t)) = A(t)\dot{\Phi}(t) - A(t)a(t)\Phi(t) \leqq A(t)a(t)b(t)$$

ゆえに，これを積分すれば，$\Phi(t_0) = 0$ であるから，

$$A(t)\Phi(t) \leqq \int_{t_0}^{t} A(s)a(s)b(s)ds$$

ゆえに，(3)に代入して，

$$\varphi(t) \leqq b(t) + \frac{1}{A(t)} \int_{t_0}^{t} A(s)a(s)b(s)ds \qquad (5)$$

が得られる.

(5)で $b(t)$ を定数 b とすれば，

$$\varphi(t) \leqq b + \frac{b}{A(t)} \int_{t_0}^{t} \left(-\frac{d}{ds}A(s) \right) ds = b\frac{A(t_0)}{A(t)}$$

$$= b\exp\left(\int_{t_0}^{t} a(s)ds \right)$$

すなわち，(2)となる.　　　　　　　　　　　　　　　（証明終り）

a が定数，$b(t)$ が一次式の場合もよく用いられる.

定理2　$a > 0$，b_0, b_1 が定数のとき，

$$\varphi(t) \leqq b_0 + b_1(t-t_0) + a \int_{t_0}^{t} \varphi(s)ds \qquad (6)$$

ならば，

$$\varphi(t) \leqq b_0 e^{a(t-t_0)} + \frac{b_1}{a}(e^{a(t-t_0)} - 1) \qquad (7)$$

[証明]　(5)で $b(t) = b_0 + b_1(t-t_0)$ とすれば，

$$\varphi(t) \leqq b_0 + b_1(t - t_0)$$

$$+ e^{a(t-t_0)} \int_{t_0}^t a e^{-a(s-t_0)}(b_0 + b_1(s - t_0))ds$$

$$= b_0 \left\{ 1 - \left[e^{a(t-s)} \right]_{t_0}^t \right\}$$

$$+ b_1 \left\{ (t - t_0) - \left[e^{a(t-s)}(s - t_0) + \frac{1}{a} e^{a(t-s)} \right]_{t_0}^t \right\}$$

$$= b_0 e^{a(t-t_0)} + \frac{b_1}{a}(e^{a(t-t_0)} - 1) \qquad \text{（証明終り）}$$

上述では，t_0 の右側だけで考えた．**両側で考えるとき，**
定理 1 で，$\varphi(t) \geqq 0$, $b \geqq 0$ として，

$$\varphi(t) \leqq b + \left| \int_{t_0}^t a(s)\varphi(s)ds \right| \tag{8}$$

とすれば，$t \geqq t_0$ では(2)が得られるが，$t < t_0$ では $u = t_0 + (t_0 - t) = 2t_0 - t$ と変換すれば $u > t_0$ となり，また(8)は，

$$\varphi(2t_0 - u) \leqq b + \int_{t_0}^u a(2t_0 - v)\varphi(2t_0 - v)dv$$

となるから，

$$\varphi(t) = \varphi(2t_0 - u) \leqq b \exp\left(\int_{t_0}^u a(2t_0 - v)dv \right)$$

$$= b \exp\left(\left| \int_{t_0}^t a(s)ds \right| \right)$$

すなわち，t_0 の両側で，

$$\varphi(t) \leqq b \exp\left(\left|\int_{t_0}^{t} a(s)ds\right|\right) \qquad (9)$$

となる. また,

定理 2 で, $\varphi(t) \geqq 0$, $b_0 \geqq 0$, $b_1 \geqq 0$ とし,

$$\varphi(t) \leqq b_0 + b_1 |t-t_0| + a \left|\int_{t_0}^{t} \varphi(s)ds\right| \qquad (10)$$

とすれば,

$$\varphi(t) \leqq b_0 e^{a|t-t_0|} + \frac{b_1}{a}(e^{a|t-t_0|}-1) \qquad (11)$$

となる.

例 1-6　1-2[2] 定理 1 の, 解の一意性を, グロンウォールの不等式を用いて示してみよう.

1-2(7)で,

$$|x(t)-x_{(1)}(t)| \leqq L \left|\int_{t_0}^{t} |x(s)-x_{(1)}(s)| \, ds\right|$$

であるから, (8)で

$\varphi(t) = |x(t)-x_{(1)}(t)|$, $b=0$, $a(t)=L$ (恒等的に)

の場合であり, (9)式によって,

$$|x(t)-x_{(1)}(t)| \leqq 0$$

となって,

$$x(t) = x_{(1)}(t)$$

が示される.

[2] 近似定理

定理3　二つの正規形1階常微分方程式

$$\dot{x} = F(t, x) \tag{12}$$

$$\dot{x} = G(t, x) \tag{13}$$

において，$F(t, x)$, $G(t, x)$ は，ともに tx 平面のある領域 D で定義されていて，有界かつ連続であるとする．

　さらに，$F(t, x)$ は D においてリプシッツ条件を満たしているとし，リプシッツ定数を L とする．

　$x(t), y(t)$ は，区間 $I = [\alpha, \beta]$ $(a < \beta)$ で定義された連続関数で，$x = x(t)$, $x = y(t)$ は，ともに D の中を走る(12), (13)の解であるとする．

　いま，$t_0 \in [\alpha, \beta]$ とすれば，I で次の不等式が成立する．

$$|x(t) - y(t)| \leqq |x(t_0) - y(t_0)| e^{L|t - t_0|}$$
$$+ \frac{\|F - G\|}{L} (e^{L|t - t_0|} - 1) \tag{14}$$

［証明］　$\varphi(t) = |x(t) - y(t)|$ とすれば，

$$\varphi(t) - \varphi(t_0) = |x(t) - y(t)| - |x(t_0) - y(t_0)|$$

$$\leqq |(x(t) - x(t_0)) - (y(t) - y(t_0))|$$

$$= \left| \int_{t_0}^{t} F(s, x(s)) ds - \int_{t_0}^{t} G(s, y(s)) ds \right|$$

$$\leqq \left| \int_{t_0}^{t} |F(s, x(s)) - G(s, y(s))| \, ds \right|$$

$$\leqq \left| \int_{t_0}^{t} |F(s, x(s)) - F(s, y(s))| \, ds \right|$$

$$+ \left| \int_{t_0}^{t} |F(s, y(s)) - G(s, y(s))| \, ds \right|$$

$$\leqq L \left| \int_{t_0}^{t} |x(s) - y(s)| \, ds \right| + \|F - G\| \, |t - t_0|$$

$$= L \left| \int_{t_0}^{t} \varphi(s) ds \right| + \|F - G\| \, |t - t_0|$$

すなわち,

$$\varphi(t) \leqq \varphi(t_0) + \|F - G\| \, |t - t_0| + L \left| \int_{t_0}^{t} \varphi(s) ds \right|$$

したがって, 定理 2 (あるいは(10), (11)) を用いて (14)が得られる. （証明終り）

(問) **1-4-1** (10)から(11)を導け.

1-5　パラメーターを含んだ微分方程式

[1] パラメーターに関する連続性

A. 1-2 に述べた諸例についても見られるように，実用上現れる微分方程式は，変数，関数以外にパラメーターを含んでいることが多い．

そこで，以下，

$$\dot{x} = F(t, x, \lambda) \tag{1}$$

のようにパラメーター λ を含んだ正規形1階の常微分方程式を考える．また，パラメーターは1個の場合を考えるが，いくつあっても同様のことが成立する．

定理 1　$D = \{(t, x) : |t - t_0| \leqq r, |x - x_0| \leqq \rho\}$ とし，$F(t, x, \lambda)$ は $(t, x) \in D$，$\lambda_1 \leqq \lambda \leqq \lambda_2$ において定義された t, x, λ の連続関数とする．$|F(t, x, \lambda)| \leqq M$，$Mr \leqq \rho$ とし，また $F(t, x, \lambda)$ は x に関してリプシッツ条件（λ に無関係なリプシッツ定数 L をもった）を満たしているとする．

いま，(t_0, x_0) を通る (1) の解（$I = [t_0 - r, t_0 + r]$ で定義された）を $x = x(t, \lambda)$ とすれば，$x(t, \lambda)$ は2変数 t, λ の連続関数である．

[証明]　$Mr \leqq \rho$ より $x(t, \lambda)$ は $|t - t_0| \leqq r$，$\lambda_1 \leqq \lambda \leqq \lambda_2$ で定義されている．

$x(t, \lambda)$ が2変数 t, λ について連続であることをいうには，任意に与えた $\varepsilon > 0$ に対し，適当に $\delta > 0$ をとって，

$|t-t'|<\delta,\ |\lambda-\lambda'|<\delta$ ならば，$|x(t,\lambda)-x(t',\lambda')|<\varepsilon$ が成り立つようにできることをいえばよい．

$\gamma_{\lambda,\lambda'}=\sup\{|F(t,x,\lambda)-F(t,x,\lambda')|:(t,x)\in D\}$ とおくと，1-4[2] 定理3から，

$$|x(t,\lambda)-x(t,\lambda')|\leqq\frac{\gamma_{\lambda,\lambda'}}{L}(e^{L|t-t_0|}-1)\leqq\gamma_{\lambda,\lambda'}\frac{e^{Lr}-1}{L}\tag{2}$$

$F(t,x,\lambda)$ は $tx\lambda$ 空間の有界閉集合 $D\times[\lambda_1,\lambda_2]$ で定義された連続関数だから一様連続である．したがって，$\delta_2>0$ を適当にとれば，$\varepsilon_2=\dfrac{L}{2(e^{Lr}-1)}\varepsilon$ に対して，

$|t-t'|<\delta_2,\ |x-x'|<\delta_2,\ |\lambda-\lambda'|<\delta_2$ ならば，

$$|F(t,x,\lambda)-F(t',x',\lambda')|<\varepsilon_2$$

が成り立つようにできる．これから，

$$|\lambda-\lambda'|<\delta_2\text{ ならば，}\gamma_{\lambda,\lambda'}\leqq\varepsilon_2\tag{3}$$

一方，$\delta_1=\dfrac{\varepsilon}{2M}$ とすれば，λ をどのようにとっても，

$|t-t'|<\delta_1$ ならば，

$$|x(t,\lambda)-x(t',\lambda')|=\left|\int_{t'}^{t}F(s,x(s,\lambda),\lambda)ds\right|$$
$$\leqq\left|\int_{t'}^{t}|F(s,x(s,\lambda),\lambda)|ds\right|$$
$$\leqq M|t-t'|<M\delta_1=\frac{\varepsilon}{2}\tag{4}$$

$\delta=\min\{\delta_1,\delta_2\}$ とすれば，$|t-t'|<\delta,|\lambda-\lambda'|<\delta$ のとき，(3)，(4)の評価は両方とも成立することになるから，

(2)を用いて,

$$|x(t,\lambda)-x(t',\lambda')|$$
$$\leqq |x(t,\lambda)-x(t',\lambda)|+|x(t',\lambda)-x(t',\lambda')|$$
$$< \frac{\varepsilon}{2}+\gamma_{\lambda,\lambda'}\frac{e^{Lr}-1}{L}$$
$$\leqq \frac{\varepsilon}{2}+\varepsilon_2\frac{e^{Lr}-1}{L}$$
$$=\varepsilon$$

となり,証明された.　　　　　　　　　　　　（証明終り）

[2] パラメターに関する微分可能性

次に,微分方程式

$$\dot{x}=F(t,x,\lambda) \tag{1}$$

で,$F(t,x,\lambda)$ が t,x,λ の C¹ 級関数のとき,解 $x(t,\lambda)$ がやはり t,λ の C¹ 級関数となることを見よう.t に関する偏導関数が存在して連続なことは,微分方程式(1)の意味から当然だから,λ に関する偏導関数 $x_\lambda(t,\lambda)$ について考える.

ここで,$x(t,\lambda)$ はすべて同じ初期条件 $x(t_0,\lambda)=x_0$ を満たす解とする.

かりに,$x_\lambda(t,\lambda)$ が存在したとして,また以下の計算が許されるものとすれば,$\dot{x}(t,\lambda)=F(t,x(t,\lambda),\lambda)$ を λ について偏微分して,次の式が得られる.

$$\dot{x}_\lambda(t,\lambda)=F_x(t,x(t,\lambda),\lambda)x_\lambda(t,\lambda)+F_\lambda(t,x(t,\lambda),\lambda)$$

すなわち,$y=x_\lambda(t,\lambda)$ は,1 階線形常微分方程式

$$\dot{y} = F_x(t, x(t, \lambda), \lambda)y + F_\lambda(t, x(t, \lambda), \lambda) \qquad (5)$$

の解になっていることになる.（$x(t, \lambda)$ はすでに知られた
もので，定理1により t, λ の連続関数である.）(5)を(1)
の変化方程式という.

さて，ここで次の定理が成立する.

定理2　定理1と同じ仮定のもとに，さらに $F(t, x, \lambda)$
は t, x, λ の C^1 級関数とする.

このとき，$x(t, \lambda)$ は t, λ の C^1 級関数であり，$x(t, \lambda)$
の λ に関する偏導関数 $x_\lambda(t, \lambda)$ は，変化方程式(5)の
$y(t_0) = 0$ を満たす解である.

［証明］　(5)の右辺は t, y, λ について連続であるから，そ
の $y(t_0) = 0$ を満たす解 $y(t, \lambda)$ は，定理1によって t, λ
について連続である.

証明すべきことは，

$$\lim_{\sigma \to 0} \left| \frac{x(t, \lambda+\sigma) - x(t, \lambda)}{\sigma} - y(t, \lambda) \right|$$
$$= \lim_{\sigma \to 0} \frac{1}{|\sigma|} |x(t, \lambda+\sigma) - (x(t, \lambda) + \sigma y(t, \lambda))| = 0 \qquad (6)$$

ということである.

$x = x(t, \lambda+\sigma)$ は $\dot{x} = F(t, x, \lambda+\sigma)$ の解であるが，こ
の代わりに $x(t, \lambda) + \sigma y(t, \lambda)$ をとったときに，そのくい
ちがいがどの程度になるか評価しよう.

$$\Delta_t = F(t, x(t, \lambda) + \sigma y(t, \lambda), \lambda + \sigma)$$

$$- \frac{d}{dt}(x(t, \lambda) + \sigma y(t, \lambda))$$

$$= F(t, x(t, \lambda) + \sigma y(t, \lambda), \lambda + \sigma) - F(t, x(t, \lambda), \lambda)$$

$$- \sigma\{F_x(t, x(t, \lambda), \lambda)y(t, \lambda) + F_\lambda(t, x(t, \lambda), \lambda)\}$$

$$= F_x(t, x(t, \lambda) + \theta\sigma y(t, \lambda), \lambda + \theta\sigma)\sigma y(t, \lambda)$$

$$+ F_\lambda(t, x(t, \lambda) + \theta\sigma y(t, \lambda), \lambda + \theta\sigma)\sigma$$

$$- \sigma\{F_x(t, x(t, \lambda), \lambda)y(t, \lambda) + F_\lambda(t, x(t, \lambda), \lambda)\}$$

$$= \sigma[\{F_x(t, x(t, \lambda) + \theta\sigma y(t, \lambda), \lambda + \theta\sigma)$$

$$- F_x(t, x(t, \lambda), \lambda)\}y(t, \lambda)$$

$$+ \{F_\lambda(t, x(t, \lambda) + \theta\sigma y(t, \lambda), \lambda + \theta\sigma)$$

$$- F_\lambda(t, x(t, \lambda), \lambda)\}] \qquad (0 < \theta < 1)$$

$\sigma \to 0$ のとき，右辺 [ ] 内の $y(t, \lambda)$ の係数，および
そのあとの { } 内は，$F_x(t, x, \lambda)$, $F_\lambda(t, x, \lambda)$ が $tx\lambda$ 空間
内の有界閉集合 $D \times [\lambda_1, \lambda_2]$ で連続，したがって一様連
続であることより，t について一様に 0 に収束することに
なる．ゆえに，

> 任意の $\varepsilon > 0$ に対して，適当に $\delta > 0$ をとれば，
> すべての t ($|t - t_0| < r$) について，$|\sigma| \leqq \delta$ なら
> ば，$|\Delta_t| \leqq \varepsilon|\sigma|$

$x(t_0, \lambda + \sigma) = x(t_0, \lambda) = x_0$, $y(t_0, \lambda) = 0$ であるから，

$$|x(t, \lambda + \sigma) - (x(t, \lambda) + \sigma y(t, \lambda))|$$

$$= \left| \int_{t_0}^{t} \left\{ \frac{d}{ds} x(s, \lambda + \sigma) - \frac{d}{ds} (x(s, \lambda) + \sigma y(s, \lambda)) \right\} ds \right|$$

$$= \left| \int_{t_0}^{t} \left\{ F(s, x(s, \lambda + \sigma), \lambda + \sigma) \right. \right.$$
$$\left. \left. - \frac{d}{ds} (x(s, \lambda) + \sigma y(s, \lambda)) \right\} ds \right|$$

$$\leq \left| \int_{t_0}^{t} \{ F(s, x(s, \lambda + \sigma), \lambda + \sigma) \right.$$
$$\left. - F(s, x(s, \lambda) + \sigma y(s, \lambda), \lambda + \sigma) \} ds \right| + \left| \int_{t_0}^{t} \Delta_s ds \right|$$

$$\leq L \left| \int_{t_0}^{t} |x(s, \lambda + \sigma) - (x(s, \lambda) + \sigma y(s, \lambda))| ds \right|$$
$$+ \varepsilon |\sigma| |t - t_0|$$

ゆえに, 1-4[1] 定理 2 (あるいは(10), (11)) により,

$$|x(t, \lambda + \sigma) - (x(t, \lambda) + \sigma y(t, \lambda))| \leq \frac{\varepsilon |\sigma|}{L} (e^{L|t - t_0|} - 1)$$
$$\leq \varepsilon |\sigma| \frac{e^{Lr} - 1}{L}$$

すなわち, $|\sigma| < \delta$ ならば,

$$\frac{1}{|\sigma|} |x(t, \lambda + \sigma) - (x(t, \lambda) + \sigma y(t, \lambda))| \leq \frac{e^{Lr} - 1}{L} \varepsilon$$

ということになり, (6)が示された.　　　　　　　(証明終り)

定理 3　定理 1 と同じ仮定のもとに, さらに $F(t, x, \lambda)$

が t, x, λ の C^m 級関数 $(1 \leqq m \leqq \infty)$ ならば, 解 $x(t, \lambda)$ も t, λ の C^m 級関数である.

[証明]　m に関する数学的帰納法による. 詳細は読者においてされたい.

[3] 初期値に関する連続性, 微分可能性

上記では初期条件を固定して考えたが, 次に初期値を動かして考える.

定理4　正規形 1 階常微分方程式
$$\dot{x} = F(t, x) \tag{7}$$
において, $F(t, x)$ は tx 平面上の領域 D で連続で, かつ局所的にリプシッツ条件を満たしているとする.

$(\tau, \xi) \in D$ とし, 初期条件 $x(\tau) = \xi$ を満たす(7)の延長不能な解を $x(t; \tau, \xi)$ とすれば, $x(t; \tau, \xi)$ はそれが定義される範囲において, t, τ, ξ 3 変数に関する連続関数である.

また, $F(t, x)$ が C^m 級関数 $(1 \leqq m \leqq \infty)$ ならば, $x(t; \tau, \xi)$ も C^m 級関数である.

[証明]　いま, $(t_0, x_0) \in D$ を一つ固定し, τ, ξ をパラメーターとして微分方程式
$$\dot{x} = F(t + \tau - t_0, x + \xi - x_0)$$
を考える.

この微分方程式の $x(t_0) = x_0$ を満たす解は,

$$x = x_0 - \xi + x(t + \tau - t_0; \tau, \xi)$$

である. したがって, この右辺の関数は定理 1 によって t, τ, ξ に関する連続関数となる. したがって, $x(t; \tau, \xi)$ は t, τ, ξ 3 変数に関する連続関数になる.

また, $F(t, x)$ が C^m 級関数のときは, 同様に定理 3 を適用すればよい. (証明終り)

(問) **1-5-1** 定理 3 を証明せよ.

1-6 高階常微分方程式, ならびに常微分方程式系に関する注意

変数 t の関数 $x_1, x_2, \cdots, x_l$ に対して,

$$\begin{cases} \dot{x}_1 = F_1(t, x_1, x_2, \cdots, x_l) \\ \dot{x}_2 = F_2(t, x_1, x_2, \cdots, x_l) \\ \qquad\qquad \cdots \\ \dot{x}_l = F_l(t, x_1, x_2, \cdots, x_l) \end{cases} \quad (1)$$

なる連立の常微分方程式, あるいは常微分方程式系を**正規形**という. ここで, 右辺は $t, x_1, x_2, \cdots, x_l$ の連続関数とする.

一つの未知関数に関する l 階の常微分方程式は,

$$x^{(l)} = F(t, x, x', \cdots, x^{(l-1)}) \quad (F \text{ は連続関数}) \quad (2)$$

と, $x^{(l)}$ について解かれた形になっているとき, **正規形**という. これは,

$$x_1 = x, \ x_2 = x', \ \cdots, \ x_l = x^{(l-1)}$$

とすることにより, 正規形の常微分方程式系

$$
\begin{cases}
\dot{x}_1 = \quad x_2 \\
\dot{x}_2 = \qquad x_3 \\
\quad \cdots \\
\dot{x}_l = F(t, x_1, x_2, \cdots, x_l)
\end{cases}
\tag{3}
$$

の形となる.

(1)は, これをベクトル形に書いて,

$$
\dot{x} = F(t, x) \tag{4}
$$

$$
x = \begin{bmatrix} x_1 \\ x_2 \\ \vdots \\ x_l \end{bmatrix}, \quad
F(t, x) = \begin{bmatrix} F_1(t, x_1, x_2, \cdots, x_l) \\ F_2(t, x_1, x_2, \cdots, x_l) \\ \cdots \\ F_l(t, x_1, x_2, \cdots, x_l) \end{bmatrix}
$$

と, 単独の1階常微分方程式と, 形式上同じ形で扱うことができることは, A.3-3 で述べたところである.

いま, t の一つの値 t_0 と, l 次元空間の一点 $x_0 = (x_{01}, x_{02}, \cdots, x_{0l})$ を与えたとき, (1)の解 $x_1 = x_1(t), x_2 = x_2(t), \cdots, x_l = x_l(t)$, あるいはベクトル形で(4)の解 $x = x(t)$ で,

初期条件 $x_1(t_0) = x_{01}, \quad x_2(t_0) = x_{02}, \quad \cdots, \quad x_l(t_0) = x_{0l}$

$$\tag{5}$$

を満たすものを求める問題を初期値問題という. もちろん, ここで, $(t_0, x_{01}, x_{02}, \cdots, x_{0l})$ の近傍で, $F_k(t, x_1, x_2, \cdots, x_l)$ $(k = 1, 2, \cdots, l)$ は連続であるものとする.

高階の方程式(2)に対しては, 初期条件として,

初期条件　$x(t_0)=x_{01},\ x'(t_0)=x_{02},\ \cdots,\ x^{(l-1)}(t_0)=x_{0l}$
を与えることになるが，これは(3)のように常微分方程式
系に変形して，初期条件(5)を与えることと全く同じこと
になる．したがって，高階の微分方程式に対する考察は，
これを(3)のように常微分方程式系に変形してこれを考察
するのと全く同値になるから，以下は常微分方程式系につ
いてのみ論ずる．

　常微分方程式系(1)をベクトル形で扱うための準備は，
A.3-3[1]で与えられている．そこにあることを用いれば，
この章で述べた定理は，すべてそのまま常微分方程式系に
対してあてはまる．

　ここでは，線形常微分方程式系に対する基本定理
(A.3-1 定理 1, A.3-3[2]　定理 1) の証明を特に与えよう．

定理 1　正規形 1 階線形常微分方程式系

$$\dot{x} = A(t)x + b(t) \tag{6}$$

$$A(t) = \left[\begin{array}{cccc}
a_{11}(t) & a_{12}(t) & \cdots & a_{1l}(t) \\
a_{21}(t) & a_{22}(t) & \cdots & a_{2l}(t) \\
\cdots & \cdots & \cdots & \cdots \\
a_{l1}(t) & a_{l2}(t) & \cdots & a_{ll}(t)
\end{array}\right],$$

$$b(t) = \left[\begin{array}{c}
b_1(t) \\
b_2(t) \\
\vdots \\
b_l(t)
\end{array}\right]$$

において，$a_{jk}(t)$ $(j, k = 1, 2, \cdots, l)$，$b_j(t)$ $(j = 1, 2, \cdots, l)$ は区間 I において連続であるとする．

　いま，任意に $t_0 \in I$ をとり，また，l 次元ベクトル a を任意に与えるとき，

$$初期条件　x(t_0) = a \qquad (7)$$

を満足する(6)の解が存在する．

　そのような解は，すべて I 全体で定義された解に延長され，しかも I 全体で定義された初期条件(7)を満たす解はただ一つである．

[証明]　いま，I は有界閉区間であるとしておいてよい．I が開区間の場合には，その中の任意の有界閉区間について定理が成立すれば，結局，区間全体で定理が成立することとなるからである．

　いま，

$$L = \left(\sum_{j, k=1}^{l} \|a_{jk}\|^2 \right)^{1/2}$$

（$\|a_{jk}\|$ は I における sup ノルム）

とする．

　このとき，(6)の右辺の関数 $F(t, x) = A(t)x + b(t)$ について，

$$|F(t, x) - F(t, x')| = |A(t)(x - x')|$$

$$= \left\{ \sum_{j=1}^{l} \left(\sum_{k=1}^{l} a_{jk}(t)(x_k - x_k') \right)^2 \right\}^{1/2}$$

$$\leqq \left\{ \sum_{j=1}^{l} \left(\sum_{k=1}^{l} |a_{jk}(t)|^2 \right) \left(\sum_{k=1}^{l} (x_k - x_k{}')^2 \right) \right\}^{1/2}$$

$$\leqq \left(\sum_{j,\,k=1}^{l} \|a_{jk}\|^2 \right)^{1/2} \left(\sum_{k=1}^{l} (x_k - x_k{}')^2 \right)^{1/2}$$

$$= L\,|x - x'|$$

したがって，リプシッツ条件が成立し，初期条件(7)に対してただ一つの解が存在する．

そこで，延長不能の解が常に I 全体で定義されることをいえばよい．いま，(6), (7)より，$x(t) = a + \displaystyle\int_{t_0}^{t} (A(s) \times x(s) + b(s))ds$ であるので，

$$|x(t)| \leqq |a| + \left| \int_{t_0}^{t} (A(s)x(s) + b(s))ds \right|$$

$$\leqq |a| + \left| \int_{t_0}^{t} (|A(s)x(s)| + |b(s)|)ds \right|$$

$$\leqq |a| + \|b\|\,|t - t_0| + L \left| \int_{t_0}^{t} |x(s)|\,ds \right|$$

よって 1-4[1] 定理 2，あるいは(11)を用いて，

$$|x(t)| \leqq |a|\,e^{L|t-t_0|} + \frac{\|b\|}{L}(e^{L|t-t_0|} - 1)$$

となる．右辺は区間 I で有界である．$\leqq M$ とすれば，$t_1, t_2 \in I$ のとき，

$$|x(t_2) - x(t_1)| = \left| \int_{t_1}^{t_2} (A(s)x(s) + b(s))ds \right|$$

$$\leqq \left| \int_{t_1}^{t_2} (L\,|x(s)| + \|b\|)ds \right|$$

$$\leqq (LM + \|b\|)\,|t_2 - t_1|$$

となり，もし，延長不能の解 $x(t)$ が $]a^*, b^*[$ で定義され
ていれば，$\displaystyle\lim_{t \to a^*+0} x(t)$，$\displaystyle\lim_{t \to b^*-0} x(t)$ がともに有限で存在
することとなるから，1-3. 定理 1 によって，a^*, b^* は I
の端点でなければならないことが知られる．　　（証明終り）

B 第 1 章の演習問題

1. 次の範囲で, $F(t,x) = t^\alpha x^\beta$ が x についてリプシッツ
条件を満たすように α, β の値の範囲を定めよ.

(1) $0 < t, x < 1$

(2) $0 < t, x < \infty$

(3) (2) の領域内で, (1) の外側にある部分.

2. 2 階常微分方程式 $\ddot{x} + \omega^2 x = G(t,x)$ の解を $x = x(t)$
とするとき, $x(t)$ は積分方程式

$$x(t) = x(t_0)\cos\omega(t-t_0) + \frac{\dot{x}(t_0)}{\omega}\sin\omega(t-t_0)$$

$$+ \int_{t_0}^{t} \frac{\sin\omega(t-s)}{\omega} G(s, x(s))ds$$

を満たすことを示せ.

《注意》 この式から, 逐次近似法で解の存在を示すことがで
きる.

3. 二つの微分方程式 $\dot{x} = F(t,x)$, $\dot{y} = G(t,y)$ の, $t = t_0$
における初期値を同じくする解 $x = x(t), y = y(t)$ につ
いて, $\dfrac{x(t) - y(t)}{t - t_0}$ は有界であることを示せ.

4. 1-2[2] 定理 1 において,
$$M_0 = \max\{|F(t, x_0)| : |t - t_0| \leqq r\}$$
とすれば, 解は r' のかわりに

$$r'' = \min\left\{ r, \frac{1}{L}\log\left(1 + \frac{L\rho}{M_0}\right) \right\}$$

として，$|t - t_0| \leqq r''$ で存在が保証されることを示せ．

5. 微分方程式 $\dot{x} = F(t, x)$ が同一の初期条件を満たす二つの解 $x = u(t)$, $x = v(t)$ をもったとする．このとき，$\max\{u(t), v(t)\}, \min\{u(t), v(t)\}$ もまた，この微分方程式の解であることを示せ．

6. （南雲の一意性条件） $F(t, x)$ は $t_0 \leqq t \leqq t_0 + r$，$|x - x_0| \leqq \rho$ で連続で，

$$(t - t_0)\,|F(t, x) - F(t, x')| \leqq |x - x'|$$

を満たしているとする．このとき，初期条件 $x(t_0) = x_0$ を満たす解は，$t_0 \leqq t \leqq t_0 + r'$ $\left(r' = \min\left\{r, \dfrac{\rho}{M}\right\}\right)$ において，ただ一つであることを示せ．

〈ヒント〉 1-4[1] 定理 1 の変形にならう．

7. （ペアノの一意性条件） $F(t, x)$ は，$t_0 \leqq t \leqq t_0 + r$，$|x - x_0| \leqq \rho$ で連続で，t を固定すれば x について減少関数であるものとする．このとき，初期条件 $x(t_0) = x_0$ を満たす解は，$t_0 \leqq t \leqq t_0 + r'$ $\left(r' = \min\left\{r, \dfrac{\rho}{M}\right\}\right)$ において，ただ一つであることを示せ．

例． $\dot{x} = x^{-1/3}$

〈ヒント〉 $x = u(t), x = v(t)$ を，同じ初期条件を満たす二つの解で $u(t) \geqq v(t)$ とすれば，$u(t) - v(t)$ は減少関数．

8. 常微分方程式 $\dfrac{dy}{dx} = \dfrac{cx + dy}{ax + by}$ （a, b, c, d は実の定数，$ad - bc \neq 0$）において，この方程式の解 $y = y(x)$ （$x \neq$

0）で，$\lim_{x \to 0} y(x) = 0$，かつ，

$$\varphi(x) = y(x) \quad (x \neq 0),$$
$$= 0 \quad (x = 0)$$

とするとき，$\varphi(x)$ が C^1 級関数となるものが存在したとする.

そのとき，$\varphi'(0)$ は $b\lambda^2 - (d-a)\lambda - c = 0$ の一つの解であることを示し，したがって，このような解 $y(x)$ が存在するための一つの必要十分条件は，行列 $\begin{bmatrix} a & b \\ c & d \end{bmatrix}$ が実の固有値を有することであることを示せ.

9. 常微分方程式 $\dot{x} = F(t, x)$ において，$F(t, x)$ は tx 平面上の領域 $\{(t, x) : t \geqq 0\}$ で連続で，局所的にリプシッツの条件を満たしているとする.

いま，この方程式の任意の解 $x = x(t)$ は，それがある区間 $[0, T[$ で定義されていれば，必ず有界であるものとする. そうすれば，任意の解 $x = x(t)$ は $[0, \infty[$ で定義された解に延長できることを示せ.

特に $F(t, x)$ が有界ならば，条件が満たされることを示せ.

10. 常微分方程式系 $\begin{cases} \dot{x}_1 = F_1(x_1, x_2) \\ \dot{x}_2 = F_2(x_1, x_2) \end{cases}$ に対して，F_1, F_2 は $\boldsymbol{R}^2$ 全体で定義された C^1 級関数とする.

もし，$x_1 F_1(x_1, x_2) + x_2{}^3 F_2(x_1, x_2) = 0$（恒等的に）
が成立すれば，すべての延長不能な解は $]-\infty, \infty[$ で
定義されることを示せ．

第 2 章　解の漸近的挙動

　微分方程式の解の性質を調べるには，その解の具体的表示が求まればよいが，これは，A. 第 2 章で述べたような特別な場合を除いてはほとんど不可能である．この章ではそのような方法によらずに，解の定性的な性質を調べる方法を考えよう．

　解の具体的表示が求められないならば，現代の大型高速のコンピュータを用いて，数値解として求めればよいという考えもあるかもしれない．しかし，これによって得られるものは個々の解である．A. 第 2 章で示した多くの図によって知られるように，解の全体の様子を眺めると微妙である．解の全体に対しておこり得る現象について概観し，詳細に検討すべき点を考察する．こうすることによって微分方程式を真に有効に活用することができる．

　このような考察は今世紀のものである．19 世紀末から20 世紀初頭にかけて，ポアンカレ，リャプーノフによって始められたこの展開は，微分方程式の魅力ある理論として今日も活発に研究されている．この章は，その入門ともいうべきものである．

2-1　相空間解析

l 次元の常微分方程式系

$$\dot{x} = F(t, x) \tag{1}$$

を考える．この解

$$x = x(t) \tag{2}$$

は，t をパラメターとして $\boldsymbol{R}^l$ 内の一つの曲線を表すと考えられる．このような見方をするとき，曲線の載る空間 $\boldsymbol{R}^l$ を相空間，解のえがく曲線を解軌道という．そして解軌道の全体について，その性質を概観することを考える問題を，相空間解析という．

以下では，もっぱら $l = 2$ の場合を考える．このとき相空間は，また相平面とよばれる．

自励系の常微分方程式系　常微分方程式系(1)において，右辺の $F(t, x)$ が t に依存しない関数であるとき，すなわち，

$$\dot{x} = F(x) \tag{3}$$

の形であるとき自励系の常微分方程式系，そうでない一般のものを非自励系の常微分方程式系という．線形の場合には，自励系の常微分方程式系は定数係数の線形常微分方程式系であるわけである．

(3)において，以下，$F(x)$ は常に $\boldsymbol{R}^l$ のある領域 D において連続で，局所的にリプシッツ条件を満たしているとする．したがって，任意の t_0 と，任意の $x_0 \in D$ に対して，

初期条件　$t = t_0$ のとき $x = x_0$

を満たす解がただ一つ存在する．この条件を満たす延長不能な解を，

$$x = x(t; t_0, x_0) \qquad (4)$$

と表す．(4)が t の区間 I で定義されているとき，集合 $\{x(t; t_0, x_0) : t \in I\}$ が解軌道である．なお，以後 t は時刻を表すパラメターとして記述する．

定理 1　自励系の常微分方程式系(3)に対して，

①　（集合として）相異なる二つの解軌道は，決して交わらない．

②　1 点 x_0 を通る二つの解 $x = x(t; t_0, x_0)$, $x = x(t; t_0', x_0)$ は，t の値がずれただけである．すなわち，

$$x(t; t_0', x_0) = x(t - (t_0' - t_0); t_0, x_0) \qquad (5)$$

③　$F(x_0) = 0$ ならば，

$$x(t; t_0, x_0) = x_0 \quad (t \in \boldsymbol{R})$$

［証明］　②　$x = x(t - (t_0' - t_0); t_0, x_0)$ は，たしかに $t = t_0'$ のとき $x = x_0$ となる(3)の解であるから，解の一意性によって，これは $x = x(t; t_0', x_0)$ と一致しなければならない．

①　いま，二つの解 $x = x(t; t_1, x_1), x = x(t; t_2, x_2)$ が軌道上の 1 点を共有したとしよう．

$$x(t_1'; t_1, x_1) = x(t_2'; t_2, x_2) = x_0 \qquad (6)$$

とすれば，$x = x(t; t_1, x_1)$ は，$t = t_1'$ のとき x_0 となる(3)

図 B-2-1

の解であるから，解の一意性によって，$x(t;t_1,x_1) = x(t;t_1',x_0)$. 同様に $x(t;t_2,x_2) = x(t;t_2',x_0)$. したがって，②によって，この二つの解がえがく軌道は完全に一致する.

③　明らか.　　　　　　　　　　　　　　　（証明終り）

流れ　D 内の 1 点 x_0 を通る二つの解 $x = x(t;t_0,x_0)$，$x = x(t;t_0',x_0)$ に対し，時間 τ だけ後における点は(5)から，

$$x(t_0'+\tau;t_0',x_0) = x(t_0'+\tau-(t_0'-t_0);t_0,x_0)$$
$$= x(t_0+\tau;t_0,x_0)$$

となり同じである．すなわち，D 内の各点 P に対し，軌道上で時間 τ だけ後の動点の位置は，動点が P を通過する時刻には無関係に定まる．D の各点に対し，τ 時間後の位置を対応させることによって，D 内の点の変換 T_τ が定まる．変換の集合

$$\{T_\tau : \tau \geqq 0\}$$

を**流れ**という.

流れは半群の性質を有する. すなわち,

$$T_{\sigma+\tau} = T_\sigma T_\tau$$

危点　$F(x_0) = 0$ を満たす点 x_0 をこの系の**危点**という. 定理 1-③で示されているように, 集合 $\{x_0\}$ は一つの解軌道である. これを**点軌道**とよぶ. (危点は critical point を訳した. ほかに, 特異点 singular point, 平衡点 equilibrium point などともよばれる.)

(問) **2-1-1**　(3)の解について, $x(t)$ が周期解 $\iff$ 軌道が閉曲線 (閉軌道) を示せ.

2-2　解軌道の形

以下, 2 次元の自励系を扱う.

[1] 線形系の場合

2 次元の線形自励系

$$\dot{x} = Ax, \quad A = \begin{bmatrix} a & b \\ c & d \end{bmatrix} \tag{1}$$

について, 危点 $x = 0$ のまわりの軌道の形を調べ, かつ $t \to \infty$ のとき, 点が軌道上をどのように動くか考えよう.

(1)は, 適当な正則行列 P により $y = Px$ として,

$$\dot{y} = PAP^{-1}y$$

の形とし, PAP^{-1} を標準形にして考える.

A の固有方程式　$q(\lambda)=\det(A-\lambda E)=\lambda^2-p\lambda+q$　　(2)

$$p=\operatorname{tr}A=a+d$$　　(3)

$$q=\det A=ad-bc$$　　(4)

$q(\lambda)$ の判別式　$\Delta=p^2-4q=(a-d)^2+4bc$　　(5)

$q(\lambda)=0$ の二つの解　λ_1,λ_2　　(6)

とする.

① 　$\Delta>0,\ q>0$

λ_1,λ_2 は実数で同符号.

標準形 $\begin{bmatrix} \lambda_1 & 0 \\ 0 & \lambda_2 \end{bmatrix}$, 　解 $\begin{cases} y_1(t)=c_1 e^{\lambda_1 t} \\ y_2(t)=c_2 e^{\lambda_2 t} \end{cases}$,

軌道 $y_2=c\,|y_1|^\rho$ 　$\left(\rho=\dfrac{\lambda_2}{\lambda_1}\right)$

このとき, この危点を結節点とよぶ.

$p>0$ ならば $\lambda_1>0,\ \lambda_2>0$ で $t\to\infty$ のとき動点は無限に遠ざかる. このとき**不安定結節点**という.

$p<0$ ならば $\lambda_1<0,\ \lambda_2<0$ で $t\to\infty$ のとき動点はこの結節点に近づく. このとき**安定結節点**という.

② 　$\Delta>0,\ q<0$

λ_1,λ_2 は実数で異符号.

標準形 $\begin{bmatrix} \lambda_1 & 0 \\ 0 & \lambda_2 \end{bmatrix}$, 　解 $\begin{cases} y_1(t)=c_1 e^{\lambda_1 t} \\ y_2(t)=c_2 e^{\lambda_2 t} \end{cases}$,

軌道 $y_2=c\,|y_1|^\rho$ 　$\left(\rho=\dfrac{\lambda_2}{\lambda_1}\right)$

このとき，この危点を**鞍点**とよぶ．

これはすべて不安定である．（$t \to \infty$ のとき，動点は軌道上を無限に遠ざかる.）

③　$\Delta = 0,\ q \neq 0$

$\lambda_1 = \lambda_2 =$ 実数（$= \lambda$ とする．$\lambda \neq 0$）

二つの場合がある．

標準形 $\begin{bmatrix} \lambda & 0 \\ 0 & \lambda \end{bmatrix}$，　解 $\begin{cases} y_1(t) = c_1 e^{\lambda t} \\ y_2(t) = c_2 e^{\lambda t} \end{cases}$，

$\qquad\qquad\qquad$ 軌道　$y_2 = c\,|y_1|$

標準形 $\begin{bmatrix} \lambda & 1 \\ 0 & \lambda \end{bmatrix}$，　解 $\begin{cases} y_1(t) = (c_1 + c_2 t) e^{\lambda t} \\ y_2(t) = c_2 e^{\lambda t} \end{cases}$

これは①と同様に**結節点**であり，$\lambda > 0$ ならば**不安定**，$\lambda < 0$ ならば**安定**である．

④　$\Delta < 0$

λ_1, λ_2 は共役複素数．$\lambda_1 = \dfrac{p}{2} + i\omega$, $\lambda_2 = \dfrac{p}{2} - i\omega$ （$\omega \neq 0$）.

$$\text{標準形} \begin{bmatrix} \dfrac{p}{2} & \omega \\ -\omega & \dfrac{p}{2} \end{bmatrix}$$

解 $\begin{cases} y_1(t) = e^{(p/2)t}(c_1 \cos \omega t + c_2 \sin \omega t) \\ y_2(t) = e^{(p/2)t}(-c_1 \sin \omega t + c_2 \cos \omega t) \end{cases}$

このとき，この危点を**渦心点**とよぶ．

$p > 0$ ならば**不安定渦心点**．$p < 0$ ならば**安定渦心点**．

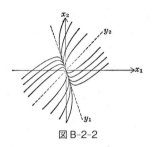

図 B-2-2

$p = 0$ ならば，危点は閉軌道の集まるところとなり，中心とよばれる．

⑤　$q = 0$

退化した場合．

標準形 $\begin{bmatrix} \lambda & 0 \\ 0 & 0 \end{bmatrix}$，　解 $\begin{cases} y_1 = c_1 e^{\lambda t} \\ y_2 = c_2 \end{cases}$，

軌道 $y_2 = c_2$

このとき　$y_1 = 0$ 上のすべての点が点軌道である．

例 2-1

①　$A = \begin{bmatrix} 4 & 1 \\ 3 & 2 \end{bmatrix}$

$p = 6, \quad q = 5, \quad \Delta = 16$

標準形 $\begin{bmatrix} 1 & 0 \\ 0 & 5 \end{bmatrix}$，不安定結節点

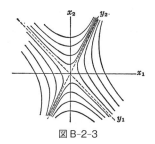

図 B-2-3

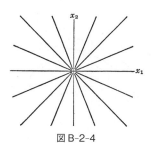

図 B-2-4

$$P^{-1} = \begin{bmatrix} 1 & 1 \\ -3 & 1 \end{bmatrix}, \quad y_2 = c\,|y_1|^5 \ (\text{図 B-2-2})$$

② $A = \begin{bmatrix} 1 & -1 \\ -2 & 0 \end{bmatrix}$

$p = 1, \quad q = -2, \quad \Delta = 9$

標準形 $\begin{bmatrix} 2 & 0 \\ 0 & -1 \end{bmatrix}$, 鞍点,

$P^{-1} = \begin{bmatrix} 1 & 1 \\ -1 & 2 \end{bmatrix}, \quad y_2 = \dfrac{1}{y_1{}^2} \ (\text{図 B-2-3})$

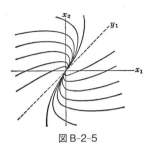

図 B-2-5

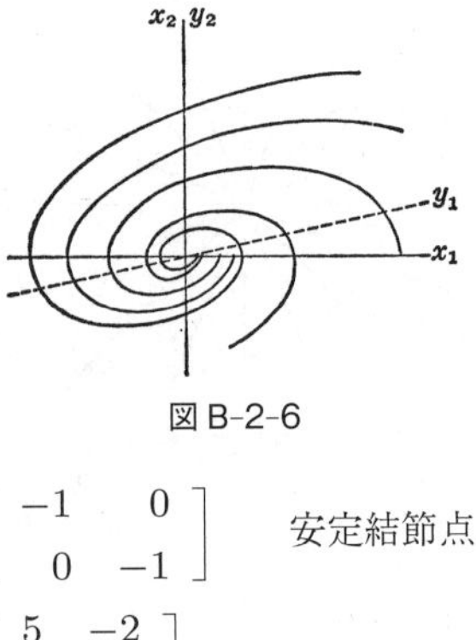

図 B-2-6

③-a　$A = \begin{bmatrix} -1 & 0 \\ 0 & -1 \end{bmatrix}$　　　安定結節点（図 B-2-4）

③-b　$A = \begin{bmatrix} 5 & -2 \\ 2 & 1 \end{bmatrix}$

$p = 6,\quad q = 9,\quad \Delta = 0$

標準形 $\begin{bmatrix} 3 & 1 \\ 0 & 3 \end{bmatrix}$，不安定結節点，

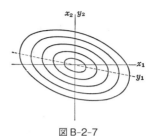

図 B-2-7

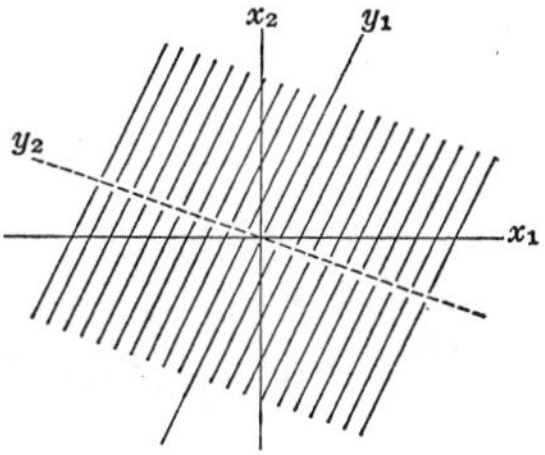

図 B-2-8

$$P^{-1} = \begin{bmatrix} 1 & 1 \\ 1 & -\dfrac{1}{2} \end{bmatrix} \quad (\text{図 B-2-5})$$

④-a $\quad A = \begin{bmatrix} 0 & 5 \\ -2 & 2 \end{bmatrix}$

$p = 2, \quad q = 10, \quad \varDelta = -36$

標準形 $\begin{bmatrix} 1 & 3 \\ -3 & 1 \end{bmatrix}$, 不安定渦心点,

$$P^{-1} = \begin{bmatrix} 5 & 0 \\ 1 & 3 \end{bmatrix} \quad (\text{図 B-2-6})$$

④-b　$A = \begin{bmatrix} 1 & 5 \\ -2 & -1 \end{bmatrix}$

$p = 0, \quad q = 9, \quad \Delta = -36$

標準形 $\begin{bmatrix} 0 & 1 \\ -1 & 0 \end{bmatrix}$, 中心

$$P^{-1} = \begin{bmatrix} 5 & 0 \\ -1 & 3 \end{bmatrix}, {y_1}^2 + {y_2}^2 = c \quad (\text{図 B-2-7})$$

⑤　$A = \begin{bmatrix} 1 & 3 \\ 2 & 6 \end{bmatrix}$

$q = 0$

標準形 $\begin{bmatrix} 7 & 0 \\ 0 & 0 \end{bmatrix}$, 退化した場合

$$P^{-1} = \begin{bmatrix} 1 & -3 \\ 2 & 1 \end{bmatrix}, y_2 = c \,(\text{図 B-2-8})$$

(問) **2-2-1**　A を次の行列とするとき, 2 次元線形常微分方程式系 $\dot{x} = Ax$ に関して, 相平面解析をせよ. (図をえがくこと)

(1) $\begin{bmatrix} 2 & 0 \\ 1 & 1 \end{bmatrix}$　(2) $\begin{bmatrix} -1 & 2 \\ -2 & -1 \end{bmatrix}$　(3) $\begin{bmatrix} 1 & 1 \\ -1 & 3 \end{bmatrix}$

一般の $\dot{x} = F(x)$ について, $x = 0$ が危点であるときは, x_1, x_2 の一次の項を分離して,

$$\begin{cases} F_1(x_1, x_2) = ax_1 + bx_2 + G_1(x_1, x_2) \\ F_2(x_1, x_2) = cx_1 + dx_2 + G_2(x_1, x_2) \end{cases}$$

まとめて，$F(x) = Ax + G(x)$ とするとき，$x = 0$ の近くの軌道の状態は $\dot{x} = Ax$ のときとだいたい同じことになるが，A について④-b，⑤のとき，および $A = O$ のときはどのようになるかは分からない．

[2] 単振子の運動

これについては A. 1-1 でも述べた．方程式は，

$$\ddot{\theta} = -h^2 \sin \theta \tag{7}$$

という形であった．$x = \theta$，$v = \dot{x} = \dot{\theta}$ と書けば，この系の方程式は，

$$\begin{cases} \dot{x} = v \\ \dot{v} = -h^2 \sin x \end{cases} \tag{8}$$

危点は $x = n\pi$（$n = 0, \pm 1, \pm 2, \cdots$），$v = 0$ であり，この近くでは，

$n = $ 偶数（$= 2m$）のとき，

$$\begin{cases} \dot{x} = v \\ \dot{v} = -h^2(x - 2m\pi) + G(x, v) \end{cases} \qquad \begin{array}{l} \text{したがって，} \\ \Delta < 0, \ p = 0 \end{array}$$

$n = $ 奇数（$= 2m + 1$）のとき

$$\begin{cases} \dot{x} = v \\ \ddot{v} = h^2(x - (2m+1)\pi) + G(x, v) \end{cases} \qquad \begin{array}{l} \text{したがって，} \\ \Delta > 0, q < 0 \end{array}$$

ゆえに, $\begin{bmatrix} (2m+1)\pi \\ 0 \end{bmatrix}$ は鞍点. $\begin{bmatrix} 2m\pi \\ 0 \end{bmatrix}$ については,
上記だけではわからないが, 次の解析から, このまわりに
は周期解があることが知られる.

$\dot{v} + h^2 \sin x = 0$ ゆえに, $v\dot{v} + h^2 \sin x \cdot \dot{x} = 0$. ゆえに,

$$\frac{1}{2}v^2 - h^2 \cos x = c \qquad (9)$$

これが軌道の曲線である. (9)の左辺は, この運動系の
総エネルギーであり, 曲線(9)は等エネルギー曲線であ
る. (図 B-2-9)

　小さい速さで振り出した振子は (点 A) だんだん速さ
を失い, 最高点にいたって速度 0 となる (点 B). そして
反対向きに速さを増しながら支点直下の位置を通過し (点
C), また最高点に達する (点 D). そしてまた反対向きに
振れる.

　この方程式(8)の場合, x, t の符号を同時にかえても方
程式は変わらない. ということは, v 軸上の点から $t=0$
で出発した軌道は, それを反対の方向にたどると (t の符
号を変える), v の値はそのままで x の符号が反対の点,
すなわち v 軸に関して対称な点に移ることを示す. すな
わち, 軌道は v 軸に関して対称である.

　したがって, この軌道は閉軌道で, 周期解の存在が知ら
れた.

　初めの速さが大きいときは (点 E), 最高点 (支点の直
上) にいたっても速さが 0 にならず (点 F), 同じ方向に

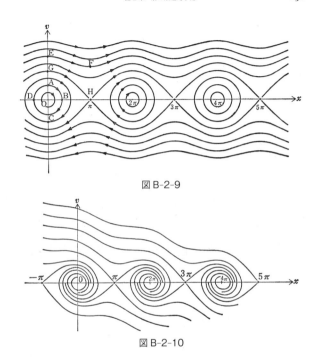

図 B-2-9

図 B-2-10

回転を続けることになる.

　なお，点 G を出発する軌道は点 H に向かっているが，H は点軌道であるから，決して H に到達することはない．（H に到達するには無限の時間がかかる．（→2-1 定理 1-①)

例 2-2 減衰項のある場合.

速度に比例する抵抗を受ける場合,
$$\ddot{\theta} = -h^2\sin\theta - r\dot{\theta} \quad (r > 0, \ r \text{ は小とする})$$
となり,(8)と同様に系に直せば,
$$\begin{cases} \dot{x} = v \\ \dot{v} = -h^2\sin x - rv \end{cases}$$

この場合,上記と同様に論ぜられるが,ただ,x, t の符号を同時に変えたとき方程式は変わってしまうから,軌道は v 軸に関して対称でなくなり,閉軌道にはならない.
$\begin{bmatrix} 2m\pi \\ 0 \end{bmatrix}$ は安定渦心点である.

(問) **2-2-2** 次の常微分方程式系において,x_2 軸上 $x_2 > 0$ の点を通る軌道は閉軌道であることを示せ.(図 B-2-11 は解軌道の全体のようすを示す.)
$$\begin{cases} \dot{x}_1 = x_2 - x_1{}^2 \\ \dot{x}_2 = -x_1 \end{cases}$$

[3] ファンデルポルの方程式
$$\ddot{x} + \mu(x^2 - 1)\dot{x} + x = 0 \quad (\mu > 0) \tag{10}$$
を**ファンデルポルの方程式**という.

真空管を含む回路における電流の状態を記述するのに,A.3-1 で導いた線形の方程式 $L\ddot{Q} + R\dot{Q} + \dfrac{Q}{C} = 0$ を用いたのでは,実験上で周期解が現れる条件のもとでも,この

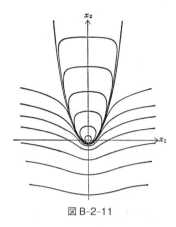

図 B-2-11

方程式には周期解が存在せず，この系の解析には具合がよくない．

そこで，ファンデルポル（van der Pol）は，これに$Q^2\dot{Q}$に比例する抵抗の部分をつけ加えて上記の方程式を考えた．線形部分だけでは$\ddot{x}-\mu\dot{x}+x=0$となり，$t\to\infty$のとき解は無限に大きな値になるが，（10）では$\mu x^2\cdot\dot{x}$という抵抗のおかげで，解が大きくなれば値がおさえられて，周期解が存在するようになる．

同種の現象は多く，この方程式は重要である．

（10）はこれを，［2］におけるように，次のような系に直して相平面解析を行う．

$$\begin{cases} \dot{x} = v \\ \dot{v} = -x + \mu(1-x^2)v \end{cases} \tag{11}$$

0 は(11)の危点であるが，いまその線形部分

$$\begin{cases} \dot{x} = v \\ \dot{v} = -x + \mu v \end{cases}$$

に対しては，$p = \mu$, $q = 1$, $\Delta = \mu^2 - 4$ で，$\mu \geqq 2$ ならば不安定結節点，$\mu < 2$ ならば不安定渦心点となり，すべての解は 0 から無限に遠ざかっていく．

(11)に対しては，十分遠方を通る解軌道は，0 の方にだんだん近づいてくる．さらに閉軌道がただ一つ存在して，その閉軌道より内側の軌道，外側の軌道はそれに巻きつくようになっていることが知られる．以下，このことを示そう．

解の挙動をくわしく調べるためには，

$$F(x) = \mu\left(\frac{1}{3}x^3 - x\right), \quad y = v + F(x)$$

とおいて，x, y の関係として扱うほうが便利である．
$\dot{y} = \dot{v} + F'(x)\dot{x} = -x + \mu(1-x^2)v + \mu(x^2-1)v = -x$
であるから，(11)は次のようになる．

$$\begin{cases} \dot{x} = -F(x) + y \\ \dot{y} = -x \end{cases} \tag{12}$$

この系に対し，曲線

$$-F(x) + y = 0 \tag{13}$$

を**特性曲線**という．特性曲線上では，解軌道の接線は x 軸に垂直で，動点は $x > 0$ ならば $\dot{y} < 0$ より，この曲線の上

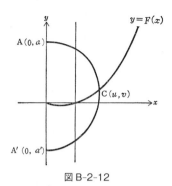

図 B-2-12

側から下側に向かっている.

　いま, y 軸上の点 $A(0, a)$ $(a > 0)$ を通る解軌道を考える. A では $\dot{x} = a > 0$, $\dot{y} = 0$ であるから, 動点は y 軸に垂直に右側に向かう. そして $x > 0$ の範囲にはいれば, $\dot{y} = -x < 0$ より y は減少し, 一方, $-F(x) + y > 0$ である間は $\dot{x} > 0$ で x は増加し, 動点は右下に向かうこととなる. いま $t = t_0$ で A を通過したとすれば, $\delta > 0$ を小にとれば, $t = t_0 + \delta$ で点はこの範囲にある. $x(t_0 + \delta) > 0$ で,

$$y(t) = y(t_0 + \delta) + \int_{t_0 + \delta}^{t} \Big(-x(s) \Big) ds$$

$$\leqq y(t_0 + \delta) - x(t_0 + \delta) \Big(t - (t_0 + \delta) \Big)$$

であるから, 動点は有限時間後, 必ず特性曲線上に達する. $t = t_1$ のとき, 動点は特性曲線上にあるとし, それを

C(u, v) とする.

　特性曲線より下側では $-F(x)+y<0$ であるから, $\dot{x}<0$ で, x は減少する. また $x>0$ の範囲では $\dot{y}=-x<0$ で y も減少するから, 曲線は左下に向かう. $x>0$ の範囲で軌道が特性曲線と交わるところでは必ず上から下に向かっているから, 軌道が再び特性曲線と交わることはない.

　さて, t が増加するとき, もし $x \geqq x_0 > 0$ であるような x_0 が存在したとすれば,

$$y(t) = y(t_1) + \int_{t_1}^t \left(-x(s) \right) ds \leqq y(t_1) - x_0(t-t_1)$$

で, $y(t) \to -\infty$ ということになる. しかし, $F(x)$ は区間 $[0, u]$ で有界だから, いま $|F(x)| \leqq m$, そして, $t \geqq t_1'$ のとき $y(t) \leqq -2m$ とすれば,

$$x(t) = x(t_1') + \int_{t_1'}^t \left(-F(x(s))+y(s) \right) ds$$
$$\leqq x(t_1') - m(t-t_1')$$

となり, 常に $x \geqq x_0$ ということにはならない. したがって, 軌道は y 軸上の点に到達するが, 曲線 $-F(x)+y=0$ の下側を通り, y の値が減少しながらであるから, この到達する点を A$'(0, a')$ とすれば, $a'<0$. そして, A$'(0, a')$ では $-F(x)+y=a'$ であるから, この軌道上 $t>t_1''$ のとき $-F(x)+y<\dfrac{a'}{2}$.

　したがって,

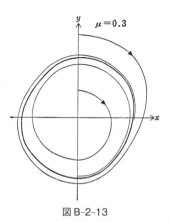

図 B-2-13

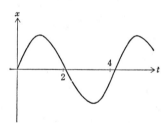

図 B-2-13′

$$x(t) = x(t_1'') + \int_{t_1''}^{t} \Big(-F(x(s)) + y(s) \Big) ds$$

$$< x(t_1'') + \frac{a'}{2}(t - t_1'').$$

ゆえに，有限時間後に動点は A′ に到達する．A′ に到

達する時刻を t_2 とする.

　さて(12)において，$F(x)$ は奇関数であるから，x, y を同時に $-x, -y$ に変えても同じ方程式が得られる．したがって，軌道（あるいはその一部）を原点に関して対称に写しても，やはり軌道（あるいはその一部）になる．

　したがって，いま $x > 0$ の範囲で行なった上記の考察は，y 軸上の点 A$'(0, a')$ $(a' < 0)$ から出発して $x < 0$ の範囲で同様に進められ，軌道は再び y 軸上の $y > 0$ の部分に到達する．そして，もし $a' = -a$ ならば，この到達した点は A となり，閉軌道，すなわち周期解が得られることになる．$a' = -a$ となるような点 A$(0, a)$ が存在することをいうために，次の関数を考えよう．

$$V(x, y) = \frac{1}{2}(x^2 + y^2) \tag{14}$$

これは(11)に対する**エネルギー関数**とよばれる．(12)からどのようにしてこのような関数を構成するかは後の問題として，これを用いると閉軌道の存在が示されることを見よう．

　いま，$x = x(t)$，$y = y(t)$ を(12)の解とし，これを(14)に代入して t について微分すれば，

$$\frac{d}{dt}V(x(t), y(t)) = V_x \dot{x} + V_y \dot{y}$$

$$= x(-F(x) + y) + y(-x) = -xF(x)$$

　そこで，上記の軌道の部分 A-C-A$'$ に沿って次の線積分を考える．

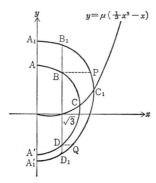

図 B-2-14

$$\Phi(u) = \int_{\text{A-C-A}'} F(x)dy = \int_{t_0}^{t_2} F(x(t))\dot{y}(t)dt$$

$$= \int_{t_0}^{t_2} F(x(t))(-x(t))dt$$

$$= \int_{t_0}^{t_2} \frac{d}{dt} V(x(t), y(t))dt$$

$$= V(A') - V(A) = \frac{1}{2}(a'^2 - a^2)$$

ここで，この値は軌道が特性曲線と交わる点 $C(u, v)$ によって決まるから，これを u の関数として書いた．

$\Phi(u)$ は u の関数として連続であり，$0 < u < \sqrt{3}$ ならば $0 < x < u$ で $F(x) < 0$ であるから $\Phi(u) > 0$. $u > \sqrt{3}$ のとき，図 B-2-14 のように二つの軌道 A-B-C-D-A',A$_1$-B$_1$-C$_1$-D$_1$-A$_1'$ をとる．（軌道上，$dy < 0$ であることに注意．）

$$\int_A^B F(x)dy = \int_0^{\sqrt{3}} F(x)\frac{dy}{dx}dx$$

$$= -\int_0^{\sqrt{3}} \frac{xF(x)}{y-F(x)}dx > \int_{A_1}^{B_1} F(x)dy$$

（$F(x) < 0$, $y-F(x) > 0$ で, $y-F(x)$ の値は A_1B_1 上の方が大きい.）

$$\int_B^D F(x)dy > \int_P^Q F(x)dy$$

（y の同じ値のところでは $F(x)$ の値は PQ 上の方が大きい.）

$$> \int_{B_1}^{D_1} F(x)dy$$

（つけ加わった部分では, $F(x) > 0$.）

$$\int_D^{A'} F(x)dy = -\int_{\sqrt{3}}^0 \frac{xF(x)}{y-F(x)}dx > \int_{D_1}^{A_1'} F(x)dy$$

（$F(x) < 0$, $y-F(x) < 0$ で $y-F(x)$ の絶対値は D_1A_1' 上の方が大きい.）

これによって, $\Phi(u) > \Phi(u')$, すなわち $\Phi(u)$ は減少関数である. なお, $\Phi(u)$ の積分の一部分である $\int_P^Q F(x)dy$ は, 軌道が右に行くにつれてその絶対値はいくらでも大きくなるから, $\lim_{u\to\infty} \Phi(u) = -\infty$

以上によって, $\Phi(u_0) = 0$ であるような u_0 がただ一つ存在することが知られる. この点では, $a' = -a$ で, した

がって軌道は閉軌道である.

　　リエナールの方程式　ファンデルポルの方程式は,
$$\ddot{x} + f(x)\dot{x} + g(x) = 0 \tag{15}$$
という形の方程式の一つの場合である.(15)を**リエナール
の方程式**という.このとき,(10)から(12)の形に変形して
考えたのと同様に,
$$F(x) = \int_0^x f(u)du, \quad y = v + F(x)$$
とおいて変換して,次の形で考えるのが便利である.
$$\begin{cases} \dot{x} = y - F(x) \\ \dot{y} = -g(x) \end{cases}$$

　　この解軌道の状態を調べるには,
$$V(x, y) = \frac{1}{2}y^2 + \int_0^x g(u)du \tag{16}$$
という関数が重要である.これを**エネルギー関数**という.
これは,(8),(9)を参照すれば,ちょうど運動する系のエ
ネルギーを表す関数と見られる.

[4] ポアンカレ-ベンディクソンの定理
　　閉軌道の存在に関し,次の定理はきわめて著名であるの
でこれを述べておく.
　　この定理は,2次元自励系のみにあてはまることを,特
に注意しておく.

定理1（ポアンカレ-ベンディクソンの定理）　2次元自励
系

$$\dot{x} = F(x)$$

に対し，$[t_0, \infty[$ で定義された解軌道が平面内のある
有界な閉集合の中にあり，かつこの集合がこの系の危
点を含んでいなければ，それは，それ自身一つの閉軌
道であるか，または一つの閉軌道があって，それに巻
きつく形になる．（図 B-2-15）

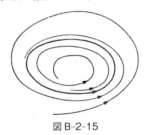

図 B-2-15

2-3　安定性

[1]　解の安定性

一般の常微分方程式系

$$\dot{x} = F(t, x) \tag{1}$$

を考える．ここで，$F(t, x)$ は x に関して局所的にリプシッツの条件を満たす連続関数とし，(1)の解は $t \to \infty$ までのびる，すなわち，$[t_0, \infty[$ で定義されるものとする．

(1)の解で $x(t_0) = x_0$ を満たすものを $x(t; t_0, x_0)$ で示す.

いま, 一つの解 $x = x_0(t)$ が $[t_0, \infty[$ で定義されており, かつ, 任意の $\varepsilon > 0$ と $\tau \geqq t_0$ に対して, ある正の数 $\delta = \delta(\tau, \varepsilon)$ が存在して,

$|u - x_0(\tau)| < \delta$ ならば, すべての $t \geqq \tau$ に対して,

$$|x(t; \tau, u) - x_0(t)| < \varepsilon \tag{2}$$

が満たされるとき, この解 $x = x_0(t)$ は**安定である**という.

また, $x = x_0(t)$ が(1)の安定な解であり, さらに任意の $\tau \geqq t_0$ に対してある正の数 $\delta_0 = \delta_0(\tau)$ が存在して,

$$|u - x_0(\tau)| < \delta_0 \text{ ならば, } \lim_{t \to \infty} |x(t; \tau, u) - x_0(t)| = 0 \tag{3}$$

が満たされるとき, 解 $x = x_0(t)$ は**漸近安定である**という.

$x_0(t) = 0$ (恒等的に) が(1)の解であるとき, これを**ゼロ解 (零解)** という.

$x_0(t)$ を(1)の一つの解とするとき,

$$F_1(t, x) = -\dot{x}_0(t) + F(t, x + x_0(t))$$

とすれば, 常微分方程式系

$$\dot{x} = F_1(t, x) \tag{4}$$

にゼロ解が存在し, (1)の解 $x = x(t)$ と(3)の解 $x = x_1(t)$ は,

$$x(t) = x_0(t) + x_1(t)$$

という関係で結ばれるので, (1)の解 $x = x_0(t)$ の安定性を調べることは, (4)のゼロ解の安定性を調べることと全く同じことである.

例 2-3

$$\begin{cases} \dot{x}_1 = -x_2 - {x_1}^3 \\ \dot{x}_2 = x_1 - {x_2}^3 \end{cases} \tag{5}$$

0 はこの 2 次元自励系のただ一つの危点である.

したがって (5) はゼロ解をもっている.

(5) の方程式の線形部分については, $p=0$, $q=1$, $\Delta = -4 < 0$ であるから中心の場合となり, この解析では $t \to \infty$ のときの軌道の状態はわからない.

$$(\to 2\text{-}2[1] \text{の終り})$$

ゼロ解の安定性を調べるために, 2-2(14), (16) と類似の次の関数を考えよう.

$$V(x) = {x_1}^2 + {x_2}^2 \tag{6}$$

$x = x(t)$ を (5) の解とすれば,

$$\frac{d}{dt} V(x(t)) = 2x_1 \dot{x}_1 + 2x_2 \dot{x}_2 = -2({x_1}^4 + {x_2}^4) < 0$$

したがって, 動点は 0 から遠ざかることはなく, ゼロ解は安定である.

次に漸近安定性を調べよう. いま任意に $\varepsilon > 0$ を与える. ${x_1}^2 + {x_2}^2 \geqq \varepsilon^2$ ならば

$${x_1}^4 + {x_2}^4 \geqq \frac{1}{2} ({x_1}^4 + {x_2}^4 + 2{x_1}^2{x_2}^2) \geqq \frac{1}{2} \varepsilon^4$$

であるから, 任意の τ に対して $|u| < 1$ とし, $x(t) = x(t; \tau, u)$ とすれば, $\tau \leqq s \leqq t$ で $|x(s)| > \varepsilon$ である限り,

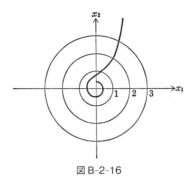

図 B-2-16

$$V(x(t))$$

$$= V(x(\tau)) + \int_\tau^t \left\{ -2\Big((x_1(s))^4 + (x_2(s))^4 \Big) \right\} ds$$

$$\leq V(x(\tau)) - \varepsilon^4(t - \tau)$$

であるから，遂には $|x(t)| = \varepsilon$ となる．このこと，および $V(x(t))$ が減少であることと，$|x| \leq (2V(x))^{1/4}$ より，

$$\lim_{t \to \infty} |x(t)| = 0$$

ゆえにゼロ解は漸近安定である．

[2] リャプーノフの第二の方法

例 2-3 で示したように，常微分方程式系

$$\dot{x} = F(t, x) \tag{1}$$

のゼロ解の安定性を調べるにあたっては，これに付随させて $V(t, x)$ というような関数を考え，この関数を補助に用いて(1)の解の性質を考えるのが非常に有効である．このような方法をリャプーノフの第二の方法といい，この際用いられる $V(t, x)$ という関数をリャプーノフ関数という．

　本書では，自励系

$$\dot{x} = F(x) \tag{7}$$

の場合に，ややせまい意味でリャプーノフ関数を定義し，これを利用する方法について述べる．

　自励系の方程式(7)について，次の性質をもった関数 $V(x)$ が存在すれば，これを(7)に対するリャプーノフ関数という．

①　$V(x)$ は $x = 0$ の近傍で定義された C^1 級関数である．

②　$V(x)$ は正定値．すなわち，

$$V(0) = 0, \quad V(x) > 0 \quad (x \neq 0)$$

③　$\dot{V}(x) = \operatorname{grad} V \cdot F = \displaystyle\sum_{k=1}^{l} V_{x_k}(x) F_k(x) \tag{8}$

　とおくとき，常に $\dot{V}(x) \leqq 0$

　この最後の条件の意味は，$x = x(t)$ を(7)の一つの解とすると，

$$\frac{d}{dt} V(x(t)) = V_{x_1} \dot{x}_1 + V_{x_2} \dot{x}_2 + \cdots + V_{x_l} \dot{x}_l$$

$$= \operatorname{grad} V \cdot \dot{x} = \operatorname{grad} V \cdot F \leqq 0$$

すなわち，$V(x(t))$ を解軌道の進む方向に沿って微分す

ると，$\leqq 0$, すなわち，$V(x(t))$ が減少（非増加）ということであり，ただそれが解の形を具体的に求めずに，方程式(7)から直接たしかめられるというところにある.

　例 2-3 で述べたことをそのまま一般化すれば，次の二つの定理が得られることになる.

定理1　自励系常微分方程式系(7)に対して，リャプーノフ関数が存在すれば，0 は危点であり，ゼロ解は安定である.

定理2　自励系常微分方程式系(7)に対してリャプーノフ関数 $V(x)$ が存在し，さらに，任意の $\varepsilon > 0$ に対して $\delta > 0$ が存在して，

$$|x| \geqq \delta \text{ ならば } \dot{V}(x) \leqq -\varepsilon$$

が成り立つならば，ゼロ解は漸近安定である.

例 2-4　リャプーノフの定理は，ゼロ解の安定性についてであるが，ファンデルポルの方程式の場合はゼロ解は不安

　　＊　リャプーノフの第二の方法については，次のような書物がある.
　　　吉沢太郎『微分方程式入門』基礎数学シリーズ（朝倉書店，1967, 2004）
　　　斎藤利称『常微分方程式 I』岩波講座基礎数学（岩波書店，1976）
　　　ラサール-レフシェッツ，山本稔訳『リャプノフの方法による安定性理論』数理解析とその周辺（産業図書，1975）
　　　山本稔『常微分方程式の安定性』（実教出版，1979）

定である．このこともリャプーノフ関数を使ってたしかめられる．

　すなわち，$V(x), \dot{V}(x)$ がともに正定値ならばゼロ解は不安定になる．

　ファンデルポル方程式の際に用いた $V(x, y) = \dfrac{1}{2}(x^2 + y^2)$ は正定値であり，さらに $\dot{V}(x, y) = -xF(x)$ は $x \neq 0$ では（$x = 0$ の近傍で）正定値である．このことから，ゼロ解が不安定（0の近くを通るすべての解は，0から遠ざかっていく）であることが知られる．

（問）**2-3-1**

$$\begin{cases} \dot{x}_1 = -x_1 x_2{}^4 \\ \dot{x}_2 = x_2 x_1{}^4 \end{cases}$$

について，$V(x) = x_1{}^4 + x_2{}^4$ がリャプーノフ関数であることを示せ．

（問）**2-3-2**

$$\begin{cases} \dot{x}_1 = -4x_2 - x_1{}^3 \\ \dot{x}_2 = 3x_1 - x_2{}^3 \end{cases}$$

に対して解の安定性，漸近安定性を論ぜよ．

B　第 2 章の演習問題

1. 1 次元自励系 $\dot{x} = -x + x^2$ の危点における解の安定性について考察せよ.

2. 次の 2 次元自励系に対し, 解軌道の様子を調べよ. また概形をえがけ.

(1) $\begin{cases} \dot{x} = -3x + 6y \\ \dot{y} = -2x \end{cases}$ (2) $\begin{cases} \dot{x} = x - y \\ \dot{y} = 2x - y \end{cases}$

(3) $\begin{cases} \dot{x} = -2x - y \\ \dot{y} = 2x + y \end{cases}$

3. 2 次元自励系

$$\begin{cases} \dot{x} = x(x-1) + 2y \\ \dot{y} = x(x-1) + y \end{cases}$$

について, 解軌道の様子を調べ, 概形をえがけ.

4. 単振子の運動を近似的に記述する式として, $\ddot{x} + h^2 \left(x - \dfrac{1}{6} x^3 \right) = 0$ をとることが考えられる. この方程式について, 相空間解析をせよ.

5. 単振子の運動において, 振子が速さ $v = \dot{\theta}$ の 2 乗に比例する抵抗を受けるときは, 運動を記述する式は,
$$\ddot{\theta} = -h^2 \sin\theta - r\dot{\theta}|\dot{\theta}| \quad (r > 0)$$
となる. これについて相空間解析を考える.

(1)　2-2. (8) のようにして系に直し, 危点を求め, 危点の近傍における解の様子を考察せよ.

(2) v を x の式で表せ.

(3) 振子が支点のまわりを m 回転してから安定状態にはいるための初速 v_0 の範囲を求めよ.

6. $\ddot{x} = f(x)$ について $v = \dot{x}$, $F(x) = \displaystyle\int_0^x f(u)du$ とおく.

(1) 軌道はすべて x 軸に関して対称である. 危点はどのような点か.

(2) $x_1 < x_2$, $F(x_1) = F(x_2) = c$, $F(x) > c(x_1 < x < x_2)$, $f(x_1) \neq 0$, $f(x_2) \neq 0$ ならば, xv 平面上 $(x_1, 0)$, $(x_2, 0)$ を通る閉軌道が存在する.

(3) $0 < |x - x_0| < a$ で $f(x) \neq 0$ とするとき, $F(x)$ が x_0 で極大ならば, $(x_0, 0)$ は中心, また $F(x)$ が x_0 で極小ならば, $(x_0, 0)$ は鞍点である.

7. $a\ddot{x} + b(x^2 - 1)\dot{x} + cx = 0 (a > 0, b > 0, c > 0)$ をファンデルポルの方程式に変換せよ.

8. $\ddot{x} + (\dot{x}^2 - \dot{x}) + x = 0$ について相空間解析をせよ.

9. l 次元自励系 $\dot{x} = F(x)$ に対して, リャプーノフ関数が存在すれば, 0 の近くを通る任意の解は $[t_0, \infty[$ で定義された解に延長できることを示せ.

10. 2 次元自励系 $\begin{cases} \dot{x}_1 = Ax_1 - x_1 x_2{}^2 \\ \dot{x}_2 = Ax_2 - x_1{}^2 x_2 \end{cases}$ に対して, $V(x) = x_1{}^2 + x_2{}^2$ がリャプーノフ関数であるためには, A はどのような値でなければならないか. また, この系に関しゼロ解の安定性について考察せよ.

C　複素領域における常微分方程式

第1章　解の整級数による表示

　われわれが扱う多くの関数は，変数を複素数値として扱うほうが自然であるようなものが多い．多項式で定義される有理整関数，分数式で定義される有理関数，これらに根号を付した無理関数，そのほか指数関数，対数関数，三角関数など，いずれもそうである．これらの関数の性質の議論は，「複素関数論」という分野において扱われるが，これらの関数は，局所的に（すなわち1点のある近傍において）整級数展開できる，という性質をもっている．

　整級数によって表される関数は，1-1で述べるように，非常に性質がよく，その整級数の収束域内では，だいたいどんな計算でも行うことができるので，A. 2-7においても述べたように，級数展開を利用して解を求めることができる．

1-1　複素変数の関数

[1] 指数関数

　複素数 $x = r + si$ に対して，

$$e^x = \exp x = e^r(\cos s + i \sin s) \tag{1}$$

と定義する．これから，次のことが確かめられる．

① 実数 x について，

$$e^{ix}=\cos x+i\sin x, \quad \cos x=\frac{e^{ix}+e^{-ix}}{2}, \quad \sin x=\frac{e^{ix}-e^{-ix}}{2i}$$

② 任意の複素数 x_1, x_2 に対して

$$\exp(x_1+x_2)=\exp x_1\cdot\exp x_2$$

実際，$x_1=r_1+is_1,$ $x_2=r_2+is_2$ とすれば，

$$\begin{aligned}
\exp x_1\cdot\exp x_2&=\exp r_1(\cos s_1+i\sin s_1)\cdot\exp r_2(\cos s_2\\
&\qquad\qquad\qquad\qquad\qquad\qquad +i\sin s_2)\\
&=\exp(r_1+r_2)\{(\cos s_1\cos s_2-\sin s_1\sin s_2)\\
&\qquad\qquad\qquad +i(\sin s_1\cos s_2+\cos s_1\sin s_2)\}\\
&=\exp(r_1+r_2)\{\cos(s_1+s_2)+i\sin(s_1+s_2)\}\\
&=\exp\{(r_1+r_2)+i(s_1+s_2)\}=\exp(x_1+x_2)
\end{aligned}$$

③ α, x, h は一般に複素数とするとき，（$h\to0$ とは $|h|\to0$ のこととする）

$$\lim_{h\to0}\frac{e^{\alpha(x+h)}-e^{\alpha x}}{h}=\alpha e^{\alpha x}$$

これから，x を一般に複素変数として，微分演算が，実数の範囲での計算と全く同じ形式で行えることとなる．

まず $x=0$ の場合を考える．$h=p+iq$ とすれば，

$$\begin{aligned}
e^h-1-h &= e^p(\cos q+i\sin q)-1-p-iq\\
&= e^p(\cos q-1)+(e^p-1-p)+ie^p(\sin q-q)\\
&\quad +iq(e^p-1)
\end{aligned}$$

ここで，$|\cos q - 1| \leqq \dfrac{q^2}{2}$, $|\sin q - q| \leqq \dfrac{|q|^3}{6}$, また，

$|p| < 1$ ならば $|e^p - 1 - p| \leqq \dfrac{p^2}{2} \dfrac{1}{1-|p|}$, $|e^p - 1| \leqq$

$\dfrac{|p|}{1-|p|}$ であるから，

$$\left| \frac{e^h - 1 - h}{h} \right| \leqq \frac{e^p}{2} \frac{|q|}{|h|}|q| + \frac{1}{2} \frac{|p|}{|h|} \frac{|p|}{1-|p|} + \frac{e^p}{6} \frac{|q|}{|h|}|q|^2$$
$$+ \frac{|p|}{|h|} \frac{|q|}{1-|p|}$$

となり，$h \to 0$, したがって，$p \to 0$, $q \to 0$ のとき，これは 0 となる．

ゆえに，$\displaystyle\lim_{h\to 0} \frac{e^h - 1}{h} = 1$

一般の場合は，

$$\lim_{h\to 0} \frac{e^{\alpha(x+h)} - e^{\alpha x}}{h} = \alpha e^{\alpha x} \lim_{h\to 0} \frac{e^{\alpha h} - 1}{\alpha h} = \alpha e^{\alpha x}$$

[2] 対数関数

指数関数が定義されたので，対数は，
$$x = e^r(\cos s + i \sin s)$$
のとき，
$$\log x = r + si$$
と定義されることになる．

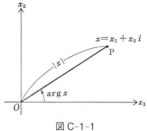

図 C-1-1

　ここで，e^r は x の絶対値である．また，s は $x = x_1 + x_2 i$ として，平面上に (x_1, x_2) を座標とする点 P をとるとき，ベクトル $\overrightarrow{\mathrm{OP}}$ が x_1 軸の正の方向となす角であり，偏角とよばれる．x の偏角は $\arg x$ と表される．したがって，

$$\log x = \log |x| + i \arg x \qquad (2)$$

　ところで，$\overrightarrow{\mathrm{OP}}$ が x_1 軸となす角は 2π の整数倍の差でいろいろな値をとり得る．したがって，(2)のように定義された $\log x$ は**無限多価**の関数で，その一つの値を $(\log x)_0$ とするとき，

$$\log x = (\log x)_0 + 2n\pi i \quad (n = 0, \pm 1, \pm 2, \cdots)$$

である．

　$\log x$ の一つの値としては，通常 $-\pi < \arg x \leqq \pi$ であるものをとる．

　例　$\log(-1) = \pi i, \ \log i = \dfrac{\pi}{2}i, \ \log 2i = \log 2 + \dfrac{\pi}{2}i,$

$\log 0$ は定義されない.

[3] 整級数で表された関数

整級数展開　x を実数とするとき，$x=0$ のまわりのテイラー展開（マクローリン展開）によって，

$$e^x = \exp x = 1 + \frac{1}{1!}x + \frac{1}{2!}x^2 + \cdots$$

$$= \sum_{n=0}^{\infty} \frac{1}{n!}x^n \quad (\text{すべての } x) \qquad (3)$$

$$\sin x = x - \frac{1}{3!}x^3 + \frac{1}{5!}x^5 + \cdots$$

$$= \sum_{k=1}^{\infty} \frac{(-1)^{k-1}}{(2k-1)!}x^{2k-1} \quad (\text{すべての } x) \qquad (4)$$

$$\cos x = 1 - \frac{1}{2!}x^2 + \frac{1}{4!}x^4 - \cdots$$

$$= \sum_{k=0}^{\infty} \frac{(-1)^k}{(2k)!}x^{2k} \quad (\text{すべての } x) \qquad (5)$$

$$\log(1+x) = x - \frac{x^2}{2} + \frac{x^3}{3} - \cdots$$

$$= \sum_{n=1}^{\infty} \frac{(-1)^{n-1}}{n}x^n \quad (|x| < 1) \qquad (6)$$

$$(1+x)^\alpha = 1 + \alpha x + \frac{\alpha(\alpha-1)}{2!}x^2 + \cdots$$

$$= \sum_{n=0}^{\infty} \left(\begin{array}{c} \alpha \\ n \end{array} \right) x^n \quad (|x| < 1) \qquad (7)$$

$$\begin{pmatrix} \alpha \\ n \end{pmatrix} = \frac{\alpha(\alpha-1)(\alpha-2)\cdots(\alpha-n+1)}{n!}$$

であることは，微分積分法で教えるところである．

x を複素数値とするとき，右辺の級数は，やはり同じに表される範囲で収束して，x の関数を定める．そこで，複素数値 x に対しては，左辺はこのようにして定義された関数であると定める．

　　例　(3)において，x に ix を代入すれば，

$$e^{ix}=1+\frac{1}{1!}ix-\frac{1}{2!}x^2-\frac{1}{3!}ix^3+\frac{1}{4!}x^4+\frac{1}{5!}ix^5-\cdots$$
$$=\left(1-\frac{1}{2!}x^2+\frac{1}{4!}x^4-\cdots\right)+i\left(x-\frac{1}{3!}x^3+\frac{1}{5!}x^5-\cdots\right)$$

となり，これを(4)，(5)の式と比較すれば，$e^{ix} = \cos x + i\sin x$.

　　すなわち，(1)の関係は，複素数の関数としての e^x，$\cos x, \sin x$ を上記のようにこれらの展開式から定義された関数と見れば，きわめて自然なものである．

　　整級数の一般的性質　次の定理は，実変数の場合と全く同様であるので証明は省略し，以下自由にこれを活用する．

　　定理 1　整級数 $\sum_{n=0}^{\infty} c_n x^n$ に対して，次のような $R \geqq 0$（∞ も許す）がある．

　　この整級数は

$|x| < R$ であるようなすべての x について絶対収束,
$|x| > R$ であるようなすべての x について収束しない.

R を整級数の収束半径, 集合 $\{x : |x| < R\}$ を収束域, または収束円という.

$R > 0$ とし, $0 < r < R$ とすれば, 整級数は $|x| \leqq r$ で一様収束する.

整級数が, その収束域内で表す関数を $f(x)$ とすれば, $f(x)$ は C^∞ 級関数で, 収束域内で, 導関数 $f'(x)$ は, 整級数 $\displaystyle\sum_{n=1}^{\infty} nc_n x^{n-1}$ で表される. (すなわち項別微分ができる.)

整級数は, その収束域内では絶対収束だから, 項の順序の変更などは自由に許される.

なお, $\displaystyle\sum_{n=0}^{\infty} c_n(x - x_0)^n$ の形の整級数を, **x_0 を中心とした整級数**という.

次の定理は, 1-2. 定理1の証明のため必要とされるもので, 既知とするものであるが, 後の必要上述べておく.

定理2 整級数 $\displaystyle\sum_{n=0}^{\infty} c_n x^n$ が, ある $x_0 \neq 0$ において収束すれば, $|x_0| = r$ として,

$$|c_n| \leqq \frac{M}{r^n} \quad (n = 0, 1, 2, \cdots) \tag{8}$$

であるような M がある.

[証明] $\displaystyle\sum_{n=0}^{\infty} c_n x_0{}^n$ は収束するから，$\displaystyle\lim_{n\to\infty} c_n x_0{}^n = 0$. し

たがって，数列 $\{c_n x_0{}^n\}$ は有界である．$|c_n x_0{}^n| \le M$（n

$= 0, 1, 2, \cdots$）とすれば，(8)が成立する．　　　（証明終り）

　実は，この M は，この整級数が $|x| \le r$ で収束すると

するとき，その表す関数を $f(x)$ として，

$$M = \sup\{|f(x)| : |x| \le r\}$$

ととれるのであるが，この証明には複素関数論を用いねば

ならない．

　収束半径を与える公式として，次のものがある．

$$R = \left(\varlimsup_{n\to\infty} |c_n|^{1/n}\right)^{-1} \quad （コーシー–アダマールの公式）$$

定理 3　二つの整級数 $\displaystyle\sum_{n=0}^{\infty} c_n x^n$, $\displaystyle\sum_{n=0}^{\infty} C_n x^n$ に対して，

$$|c_n| \le |C_n| \quad (n = 0, 1, 2, \cdots)$$

であれば，$\displaystyle\sum_{n=0}^{\infty} c_n x^n$ は，少なくとも $\displaystyle\sum_{n=0}^{\infty} C_n x^n$ の収

束円内では収束する．

[証明] $\displaystyle\sum_{n=0}^{\infty} C_n x^n$ の収束半径を R_1 とすれば，$0 < r <$

R_1 ならば，定理 2 により，$|C_n| \le M_1 r^{-n}$ であるような

M_1 がある．$|x| < r$ ならば，

$$|c_n x^n| \le |C_n||x|^n \le M_1 \left(\frac{|x|}{r}\right)^n \quad (n = 0, 1, 2, \cdots)$$

であるから, $\sum_{n=0}^{\infty} c_n x^n$ は絶対収束する. したがって, $\sum_{n=0}^{\infty} c_n x^n$ の収束半径 R は $R \geqq r$. r は $0 < r < R_1$ を満たす任意の数だから, これより $R \geqq R_1$.   (証明終り)

例 1-1 任意の複素数 x, y に対し, (3)で定義された指数関数について,

$$e^{x+y} = e^x e^y$$

[解] $e^x = \sum_{n=0}^{\infty} \frac{1}{n!} x^n$, $e^y = \sum_{n=0}^{\infty} \frac{1}{n!} y^n$ であるが, ここで右辺の級数は絶対収束であるから, ばらばらに乗じ, 任意にくくりなおしてよい. ゆえに,

$$e^x \cdot e^y = \left(\sum_{h=0}^{\infty} \frac{1}{h!} x^h \right) \left(\sum_{k=0}^{\infty} \frac{1}{k!} y^k \right) = \sum_{h=0}^{\infty} \sum_{k=0}^{\infty} \frac{1}{h!} \frac{1}{k!} x^h y^k$$

$$= \sum_{n=0}^{\infty} \frac{1}{n!} \sum_{k=0}^{n} \frac{n!}{(n-k)! k!} x^{n-k} y^k = \sum_{n=0}^{\infty} \frac{1}{n!} (x+y)^n$$

$$= e^{x+y}$$

これによって, (1)がさらに自然なものとなる.

例 1-2 $|x| < 1$ ならば,

$$\exp(\log(1+x)) = 1+x$$

である.

[解] この関係は, x が実数のときには知られていることであるが, x が複素数で, したがって整級数によって(3), (6)のようにして定義された関数のときにも成立

するだろうか，ということである．

　定理 1 によって，整級数は収束円内では多項式と同じ
ようなつもりで展開など自由にできるから，$\exp(\log(1+x))$ を，次のように計算することができる．

$$\exp(\log(1+x)) = \sum_{n=0}^{\infty} \frac{1}{n!} \left(\sum_{p=1}^{\infty} \frac{(-1)^{p-1}}{p} x^p \right)^n$$

$$= 1 + x + \left(\frac{-1}{2} + \frac{1}{2!} \right) x^2$$

$$+ \left(\frac{1}{3} + \frac{1}{2!} 2 \cdot 1 \cdot \left(-\frac{1}{2} \right) + \frac{1}{3!} \right) x^3 + \cdots \quad (9)$$

　このようにしてやったのでは，一般項がどうなるかはわ
からないが，ともかく，$\sum_{n=0}^{\infty} c_n x^n$ のように整級数の形で
書ける．そして，これは x が実数ならば $1+x$ に等しい．
ところで，この整級数によって表される関数を $f(x)$ とす
れば，$f(x)$ を定理 1 によって次々に微分して $x=0$ とお
くと，$n!c_n = f^{(n)}(0)$ である．

　微分は複素数の範囲でできれば，それを実数の範囲に制
限してやっても同じことで，$f^{(n)}(0)$ は関数 $1+x$ に対し
てつくったものに同じである．したがって，

　　$f(0) = 1,\quad f'(0) = 1,\quad f^{(n)}(0) = 0\quad (n \geqq 2)$
　ゆえに，

　　　　$c_0 = 1,\quad c_1 = 1,\quad c_n = 0\quad (n \geqq 2)$
となり，(9) の整級数は結局 $1+x$ であることが知られた．

1-2 級数解

次に述べる定理は，高階の方程式，あるいは常微分方程式系に対しても，B.1-6 で行なった方法によってベクトル形で議論することにより，少し手直しをすれば全く同様に成り立つので，ここでは簡単のため x, y 2 変数の場合について示すことにする．

定理 1 正規形 1 階常微分方程式
$$y' = F(x, y) \tag{1}$$
において，右辺の関数 $F(x, y)$ は，$x = x_0$，$y = y_0$ の近傍において，

$$F(x, y) = \sum_{p, q=0}^{\infty} a_{pq}(x - x_0)^p (y - y_0)^q \tag{2}$$

の形に表される関数とする．

このとき，x_0 を中心とした収束半径が 0 でない整級数

$$\sum_{n=0}^{\infty} c_n (x - x_0)^n \tag{3}$$

で表される関数 $y(x)$ で，(1) の解であり，かつ，

初期条件 $y(x_0) = y_0$，すなわち $c_0 = y_0$ (4)

を満たすものが存在する．

初期条件 (4) を満たす (1) の解で，整級数で表されるものはただ一つしかない．

[証明] ここで 2 変数の整級数が出てきたけれども，だ

いたいは 1 変数の場合と同じなので，証明の途中で必要なことを補なうこととする．

$x - x_0, y - y_0$ をあらためて x, y と考えれば，$x_0 = 0$, $y_0 = 0$ としてさしつかえない．このとき，(2), (3) は，

$$F(x, y) = \sum_{p, q=0}^{\infty} a_{pq} x^p y^q \tag{5}$$

$$y(x) = \sum_{n=1}^{\infty} c_n x^n \tag{6}$$

となる．これらを (1) に代入すれば，

$$\sum_{n=0}^{\infty} (n+1) c_{n+1} x^n$$

$$= \sum_{p, q=0}^{\infty} a_{pq} x^p \left(\sum_{m=1}^{\infty} c_m x^m \right)^q \tag{7}$$

となる．右辺を多項式と同じようなつもりでばらばらに計算し，x^n の係数を比較すれば，(7) の右辺で x^n が出てくるのは $p \leqq n$, $q \leqq n$, $m \leqq n$ のときしかあり得ないから，

$$(n+1) c_{n+1} = P_n(a_{pq}, c_1, c_2, \cdots, c_n) \quad (n = 0, 1, 2, \cdots) \tag{8}$$

となる．

ここで，P_n は a_{pq} $(0 \leqq p \leqq n, 0 \leqq q \leqq n)$，$c_1, c_2, \cdots$, c_n をいくつか掛け合わせたものに適当な 0 または正の整数を掛けて加えたものである．

たとえば，

$$c_1 = a_{00} \qquad\qquad (9)$$

$$2c_2 = a_{10} + a_{01}c_1$$

$$3c_3 = a_{20} + a_{11}c_1 + a_{02}c_1{}^2 + a_{01}c_2$$

$$4c_4 = a_{30} + a_{21}c_1 + a_{12}c_1{}^2 + a_{03}c_1{}^3 + a_{11}c_2 + 2a_{02}c_1c_2 + a_{01}c_3$$

$$\cdots$$

　さて，a_{pq} はすべて与えられたものであり，(9)から $c_1 = a_{00}$ であるから，(8)を帰納的に用いて，$c_2, c_3, \cdots$ を定めることができ，(6)の展開式の係数が定められる.

　これは全く形式的な計算であるが，このようにして実際に解が求まることを次に示そう．ただし，ここで，もし(1)が収束半径 $\neq 0$ の整級数で表される解(6)をもつならば，1-1. 定理 1 により，c_n は上記のように決められることを注意しておこう．したがって，定理の最後の一意性も，これで主張されることとなる.

　いま，(5)の整級数は $|x| \leqq r$，$|y| \leqq \rho$ で収束するとすれば，1-1[3] 定理 2 におけると同様に，適当な M をとれば，

$$|a_{pq}| \leqq \frac{M}{r^p \rho^q} \quad (p, q = 0, 1, 2, \cdots) \qquad (10)$$

である.

$$A_{pq} = \frac{M}{r^p \rho^q} \quad (p, q = 0, 1, 2, \cdots) \qquad (11)$$

とおいて，関数

$$F_1(x, y) = \sum_{p,\,q=0}^{\infty} A_{pq} x^p y^q = M \sum_{p,\,q=0}^{\infty} \left(\frac{x}{r}\right)^p \left(\frac{y}{\rho}\right)^q$$

$$= M\left(1 - \frac{x}{r}\right)^{-1} \left(1 - \frac{y}{\rho}\right)^{-1} \tag{12}$$

を用いて，微分方程式

$$y' = F_1(x, y) \tag{13}$$

を考える．

（1）に対して（6）の形の解を考えたと同様に，（13）に対して，

$$Y(x) = \sum_{n=1}^{\infty} C_n x^n \tag{14}$$

の形の解を考えるならば，（8）におけると同じ多項式 P_n を用いて，

$$(n+1)C_{n+1} = P_n(A_{pq}, C_1, C_2, \cdots, C_n) \tag{15}$$

が成立する．

　いっぽう，（13）は $F_1(x, y)$ の（12）の形から変数分離形であり，その解は容易に求まり（$Y(0) = 0$ に注意），

$$Y(x) = \rho\left\{1 - \left(1 + \frac{2Mr}{\rho}\log\left(1 - \frac{x}{r}\right)\right)^{1/2}\right\} \tag{16}$$

　この関数は，

$$\left|\frac{2Mr}{\rho}\log\left(1 - \frac{x}{r}\right)\right| < 1, \quad \left|\frac{x}{r}\right| < 1$$

がともに満たされる範囲 $|x| < R$（$R = r\left(1 - \exp\left(-\frac{\rho}{2Mr}\right)\right)$ となる）では，1-1[3] 定理 1 により，たしかに（14）のよ

うに整級数に展開される.

　(14)において，$C_1 = A_{00} = M > 0$. そして P_n が 0 ま
たは正の整数を係数にもつ多項式であったことから，

$$C_n > 0 \quad (n = 1, 2, \cdots)$$

が知られる.

　また，同じく P_n が 0 または正の整数を係数にもつ多項
式であったことと，

$$|c_1| = |a_{00}| = |f(0, 0)| \leqq M = A_{00} = C_1$$

および，

$$|a_{pq}| \leqq A_{pq}$$

から（→(10), (11)），順次，

$$(n+1)|c_{n+1}| = |P_n(a_{pq}, c_1, c_2, \cdots, c_n)|$$

$$\leqq P_n(|a_{pq}|, |c_1|, |c_2|, \cdots, |c_n|)$$

$$\leqq P_n(A_{pq}, C_1, C_2, \cdots, C_n) = (n+1)C_{n+1}$$

として，

$$|c_n| \leqq C_n \quad (n = 1, 2, \cdots) \tag{17}$$

が知られる.

　以上により，形式的に係数を計算してつくった整級
数 $\sum_{n=1}^{\infty} c_n x^n$ と，実際に収束することが知られている整級
数 $\sum_{n=1}^{\infty} C_n x^n$ の間に，(13)の関係があることが知られた
から，1-1[3]定理3により $\sum_{n=1}^{\infty} c_n x^n$ の収束半径は0でな
い. したがって，その収束円内では，1-1[3]定理1によ

り，上記の計算はすべて正当で，したがって，このように
して求める解が得られることになる．　　　　（証明終り）

《注意》　B.1-2[2] 定理1の証明における逐次近似法は，今の
場合にも全くそのままあてはまる．（もっとも，それを正当
なものと理解するためには，関数論の知識が必要である．）そ
して，それによって，同様に，$F(x, y)$ が $|x-x_0| \le r$，$|y-y_0| \le \rho$ で $|F(x, y)| \le M$ であれば，$r' = \min\left\{r, \dfrac{\rho}{M}\right\}$ として，
$|x-x_0| \le r'$ で解が存在する，あるいは，解の整級数は少なく
とも $|x-x_0| \le r'$ において収束する，と主張できる．

定理2　パラメーター λ を含んだ正規形1階常微分方程
式
$$y' = F(x, y, \lambda) \tag{18}$$
において，$F(x, y, \lambda)$ は，$x=x_0, y=y_0, \lambda=\lambda_0$ の近
傍において，
$$F(x, y, \lambda) = \sum_{p, q, s=0}^{\infty} a_{pqs}(x-x_0)^p (y-y_0)^q (\lambda-\lambda_0)^s$$
の形に表される関数とする．このとき，
初期条件　$x=x_0$ のとき $y=y_0$
を満たす(14)の解を $y=y(x, \lambda)$ とすれば，$y(x, \lambda)$
は $x=x_0, \lambda=\lambda_0$ の近傍において，
$$y(x, \lambda) = \sum_{n, m=0}^{\infty} c_{nm}(x-x_0)^n (\lambda-\lambda_0)^m \tag{19}$$
の形に表すことができる．

[証明]　定理1の証明中，(6)を

$$\sum_{n,\,m=0}^{\infty} c_{nm} x^n \lambda^m = \sum_{n=1}^{\infty} \left(\sum_{m=0}^{\infty} c_{nm} \lambda^m \right) x^n$$

として，$c_n = \displaystyle\sum_{m=0}^{\infty} c_{nm} \lambda^m$ と考え，以下の証明を同様に行

えばよい．詳細は省略する．   （証明終り）

例 1-3 x_0, y_0 が実数で，$F(x, y)$ の展開 (2) の係数がすべ
て実数ならば，$F(x, y)$ は x, y の実数値に対して実数値の
関数となり，B. 1-2[2] 定理 1 によって解の存在が知られ
る．このとき，そのように考えても，解は上記定理の方法
によって得られたものしかない．すなわち，定理 1 では
解で整級数で表されるものがただ一つしかないことを主張
しているが，実関数として解は C^1 級の関数と考えても，
やはり解の一意性が成立することを示せ．
[解] 整級数で表される関数は微分可能で，導関数はやは
り整級数で表される（→1-1[3] 定理 1）．そしてそれは
連続関数だから，$F(x, y)$ に対して y に関してリプシッツ
条件が満たされることとなるからである．
(問) **1-2-1** A. 問 2-7-1，および 2-7-2 をせよ．

1-3 ルジャンドルの微分方程式

　1-2 の定理 1 は，そこでも述べたように，そのまま正規
形の高階常微分方程式の場合に適用できる．この節では，
その二，三の例を示す．

[1] ルジャンドルの微分方程式

$$(1-x^2)y'' - 2xy' + n(n+1)y = 0 \qquad (1)$$

あるいは,

$$((1-x^2)y')' + n(n+1)y = 0 \qquad (2)$$

ここで,n はパラメーターとして一般に任意の複素数でよいが,ルジャンドル多項式と関連して重要なのは,n が 0 または正整数の場合であるので,以下ではそのように限定して扱う.

$1-x^2$ は $x=0$ では 0 でないから,$x=0$ の近傍で考えれば,(1)は正規形であり,1-2 の定理 1 が適用できる.

$y = \sum_{m=0}^{\infty} c_m x^m$ として,(1)の左辺に代入し,x^m の係数を求めて 0 とおくと,

$(m+2)(m+1)c_{m+2} - m(m-1)c_m - 2mc_m + n(n+1)c_m = 0$

すなわち,

$$c_{m+2} = \frac{(m-n)(m+n+1)}{(m+2)(m+1)} c_m \qquad (3)$$

を得る.

(1)は線形常微分方程式であるから,任意の解は一組の基本解の一次結合として表される.いま,その一組の基本解として,

$y(0)=1,\ y'(0)=0$ として,$c_0=1,\ c_1=0$ である解 $\varphi_n(x)$

$y(0)=0,\ y'(0)=1$ として,$c_0=0,\ c_1=1$ である解 $\psi_n(x)$

を考える.

(3)から，$c_{n+2}, c_{n+4}, \cdots$ はすべて 0 となり，n が偶数
ならば $\varphi_n(x)$ では，$c_1 = c_3 = \cdots = 0$ であるから，また
n が奇数ならば $\psi_n(x)$ では $c_0 = c_2 = \cdots = 0$ であるか
ら，これらは多項式となる．他の無限に続くほうは，
$\displaystyle \lim_{m \to \infty} \frac{c_m}{c_{m+2}} = 1$ であるから，収束半径は 1 である．

多項式であるほうの関数には適当に係数を乗じて，x^n
の係数を $\dfrac{(2n)!}{2^n (n!)^2}$ であるようにして，これを $P_n(x)$ で表
し，**ルジャンドルの多項式**という．これは，次のロドリーグ
の公式から知られるように，$P_n(1) = 1$ であるようにした
ことになる．

$$\begin{aligned}
P_n(x) &= \frac{(2n)!}{2^n (n!)^2} \left(x^n - \frac{n(n-1)}{2(2n-1)} x^{n-2} \right. \\
&\qquad \left. + \frac{n(n-1)(n-2)(n-3)}{2 \cdot 4 \cdot (2n-1)(2n-3)} x^{n-4} - \cdots \right) \\
&= \frac{1}{2^n n!} \frac{d^n}{dx^n} (x^2 - 1)^n \qquad (4)
\end{aligned}$$

（この式は直接確かめられるが，例 1-4 に示す方法でためめ
すこともできる．）

$$P_0(x) = 1$$
$$P_1(x) = x$$
$$P_2(x) = \frac{1}{2}(3x^2 - 1)$$

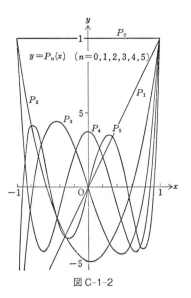

$$y = P_n(x) \quad (n = 0,1,2,3,4,5)$$

図 C-1-2

$$P_3(x) = \frac{1}{2}(5x^3 - 3x)$$

$$P_4(x) = \frac{1}{8}(35x^4 - 30x^2 + 3)$$

$$P_5(x) = \frac{1}{8}(63x^5 - 70x^3 + 15x)$$

次に，$P_n(x)$ とともに (1) の基本解をなす**第 2 種のルジ
ャンドル関数** $Q_n(x)$ を定義しよう*．（$Q_n(x)$ の係数は，

---

　　*　以下の式で，$n!!$ は一つおきに正整数をかけたもの．たとえ
　　ば，

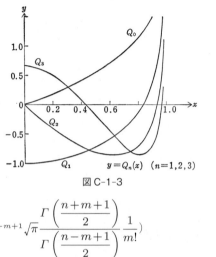

図 C-1-3

$$c_m = i^{n-m+1}\sqrt{\pi}\,\frac{\Gamma\left(\dfrac{n+m+1}{2}\right)}{\Gamma\left(\dfrac{n-m+1}{2}\right)}\frac{1}{m!}\,)$$

$$Q_0(x) = \psi_0(x)$$

$$Q_1(x) = -\varphi_1(x)$$

n が偶数のとき，$Q_n(x) = (-1)^{n/2}\dfrac{n!!}{(n-1)!!}\psi_n(x)$

n が奇数のとき，$Q_n(x) = (-1)^{(n+1)/2}\dfrac{(n-1)!!}{n!!}\varphi_n(x)$

$$(2k-1)!! = 1\cdot 3\cdot 5\cdots(2k-1) = \frac{(2k)!}{2^k k!}.$$

$$(2k)!! = 2\cdot 4\cdot 6\cdots 2k = 2^k k!$$

ルジャンドルの陪微分方程式

$$(1-x^2)\frac{d^2y}{dx^2} - 2x\frac{dy}{dx} + \left[n(n+1) - \frac{m}{1-x^2}\right]y = 0 \quad (5)$$

ここで, n, m が 0 または正整数で, $m \leqq n$ の場合には,

$$P_n{}^m(x) = (x^2-1)^{m/2}\frac{d^m}{dx^m}P_n(x),$$

$$Q_n{}^m(x) = (x^2-1)^{m/2}\frac{d^m}{dx^m}Q_n(x) \quad (6)$$

が(5)の基本解になる. これらを, ルジャンドルの陪関数という.

3次元空間におけるラプラス方程式 $\Delta u = \dfrac{\partial^2 u}{\partial x^2} + \dfrac{\partial^2 u}{\partial y^2} + \dfrac{\partial^2 u}{\partial z^2} = 0$ の解で, $u(tx, ty, tz) = t^n u(x, y, z)$ を満たすものを n 次の球調和関数という. これを極座標 (r, θ, φ) に変換すると, n 次の球調和関数は $r^n Y_n(\theta, \varphi)$ の形に書かれ, $\omega = Y_n(\theta, \varphi)$ は次の微分方程式を満たす.

$$\frac{\partial}{\partial \xi}\left((1-\xi^2)\frac{\partial \omega}{\partial \xi}\right) + \frac{1}{1-\xi^2}\frac{\partial^2 \omega}{\partial \varphi^2} + n(n+1)\omega = 0$$

$$(\text{ただし } \xi = \cos\theta)$$

この $Y_n(\theta, \varphi)$ を球面調和関数という.

この偏微分方程式から, 変数分離の方法により, ある種の条件を満たすように条件を設定して解を求めれば,

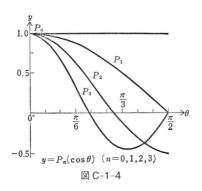

図 C-1-4

$$P_n(\cos\theta),$$
$$\cos m\varphi P_n{}^m(\cos\theta),$$
$$\sin m\varphi P_n{}^m(\cos\theta) \quad (m = 1, 2, \cdots, n)$$

という $2n+1$ 個の関数が得られ，これらは球面調和解析においてたいせつである．

例 1-4　ロドリーグの公式 (4) を，右辺の関数が (1) を満たすことを示すことにより，証明してみよう．

$$\frac{d}{dx}(x^2 - 1)^n = 2nx(x^2 - 1)^{n-1}$$

$$\therefore \quad 2nx(x^2 - 1)^n = (x^2 - 1)\frac{d}{dx}(x^2 - 1)^n$$

いま，$p(x) = \dfrac{d^n}{dx^n}(x^2 - 1)^n$ とすれば，上式の両辺を $(n+1)$ 回微分し，ライプニッツの公式を用いれば，

$$2nxp' + 2(n+1)np = (x^2-1)p'' + 2(n+1)xp' + (n+1)np$$

$$\therefore \quad (1-x^2)p'' - 2xp' + n(n+1)p = 0$$

ゆえに, $y = p(x)$ は (1) の解である. (1) の解で多項式であるものは, $P_n(x)$ の定数倍しかないから, $p(x)$ と $P_n(x)$ における x^n の係数を比較して, (4) を得る.

なお, ライプニッツの公式の適用により,

$$p(x) = \frac{d^n}{dx^n}(x-1)^n(x+1)^n$$

$$= n!(x+1)^n + (x-1)\left[\qquad\right]$$

を得るから, $p(1) = 2^n n!$ であり, $P_n(1) = 1$ である.

[2] エルミートの微分方程式

$$y'' - xy' + ny = 0 \tag{7}$$

$x = 0$ のまわりの解を $y = \sum_{m=0}^{\infty} c_m x^m$ として, 係数の関係式

$$c_{m+2} = -\frac{n-m}{(m+2)(m+1)}c_m$$

が得られる. n が正の整数のときは, この関係より n 次の多項式の解が存在する.

いま x^n の係数が 1 であるようにとるものとすれば, それは,

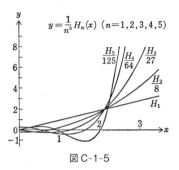

図 C-1-5

$$H_n(x) = x^n - \frac{n(n-1)}{2}x^{n-2}$$
$$+ \frac{n(n-1)(n-2)(n-3)}{2^2 2!}x^{n-4} - \cdots$$

である．これを n 次のエルミート多項式という．

これはまた，

$$H_n(x) = (-1)^n \exp\left(\frac{x^2}{2}\right) \frac{d^n}{dx^n} \exp\left(-\frac{x^2}{2}\right) \qquad (8)$$

と書くこともできる．

$$H_0(x) = 1$$
$$H_1(x) = x$$
$$H_2(x) = x^2 - 1$$
$$H_3(x) = x^3 - 3x$$
$$H_4(x) = x^4 - 6x^2 + 3$$
$$H_5(x) = x^5 - 10x^3 + 15x$$

$H_n(x)$ と一次独立な(7)の解として，次の第2種のエルミート関数がある．

$$h_0(x) = x + \sum_{m=1}^{\infty} \frac{(2m-1)!!}{(2m+1)!} x^{2m+1}$$

$$h_{2k}(x) = 2^k k! \left(\sum_{m=0}^{k-1} (-1)^{k-m} \frac{(2k-1)!!}{(2k-2m-1)!!(2m+1)!} x^{2m+1} \right.$$
$$+ \frac{(2k-1)!!}{(2k+1)!} x^{2k+1}$$
$$\left. + \sum_{m=k+1}^{\infty} \frac{(2k-1)!!(2m-2k-1)!!}{(2m+1)!} x^{2m+1} \right) \quad (k \neq 0)$$

$$h_{2k+1}(x) = 2^k k! \left(\sum_{m=0}^{k} (-1)^{k-m+1} \frac{(2k+1)!!}{(2k-2m+1)!!(2m)!} x^{2m} \right.$$
$$+ \frac{(2k+1)!!}{(2k+2)!} x^{2k+2}$$
$$\left. + \sum_{m=k+2}^{\infty} \frac{(2k+1)!!(2m-2k-3)!!}{(2m)!} x^{2m} \right)$$

[3] チェビシェフの微分方程式

$$(1-x^2)y'' - xy' + n^2 y = 0 \qquad (9)$$

$x=0$ のまわりの解を，$y = \sum_{m=0}^{\infty} c_m x^m$ として，係数の関係式

$$c_{m+2} = \frac{(m+n)(m-n)}{(m+2)(m+1)} c_m$$

が得られる．n が正の整数のときは，この関係より n 次の多項式の解が存在することが知られる．

しかし，(9)の解を求めるには，次のようにするのが都合がよい．

いま，x は t の関数であると考えると，

$$y' = \frac{dy}{dx} = \frac{\dot{y}}{\dot{x}},$$

$$y'' = \frac{d}{dx}\left(\frac{\dot{y}}{\dot{x}}\right) = \frac{d}{dt}\left(\frac{\dot{y}}{\dot{x}}\right) \Big/ \dot{x} = \frac{\ddot{y}\dot{x} - \dot{y}\ddot{x}}{(\dot{x})^3}$$

これらを (9) に代入すると，

$$(1-x^2)(\ddot{y}\dot{x} - \dot{y}\ddot{x}) - x\dot{x}^2\dot{y} + n^2\dot{x}^3 y = 0$$

すなわち，

$$\dot{x}(1-x^2)\ddot{y} - \{(1-x^2)\ddot{x} + x\dot{x}^2\}\dot{y} + n^2\dot{x}^3 y = 0 \qquad (10)$$

ここで，$\dot{y}$ の係数が 0 となるように $x = x(t)$ を選ぶ.
すなわち，

$$(1-x^2)\ddot{x} + x\dot{x}^2 = 0 \qquad (11)$$

とする. このためには，$\dfrac{dt}{dx} = \dfrac{1}{\dot{x}}$，$\dfrac{d^2t}{dx^2} = -\dfrac{\ddot{x}}{\dot{x}^3}$ の関係を
用いれば，(11) は，

$$(1-x^2)\frac{d^2t}{dx^2} - x\frac{dt}{dx} = 0$$

となるので，$t = \cos^{-1}x$ ととることができる.

このようにすれば，(10) は，

$$\ddot{y} + n^2 y = 0$$

となり，これより，$y = \cos nt$，$y = \sin nt$ が基本解とし
て得られる.

ゆえに (9) の解は，

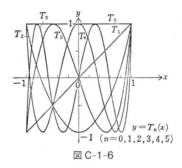

図 C-1-6

$$T_n(x) = \cos(n\cos^{-1}x)$$

$$= \sum_{k=0}^{[n/2]} (-1)^k \binom{n}{2k} x^{n-2k}(1-x^2)^k$$

$$U_n(x) = \sin(n\cos^{-1}x)$$

$$= \sqrt{1-x^2} \sum_{k=0}^{[(n-1)/2]} (-1)^k \binom{n}{2k+1} x^{n-2k-1}(1-x^2)^k$$

$T_n(x)$ を n 次のチェビシェフ多項式,$U_n(x)$ を第 2 種チェビシェフ関数という.

(問) **1-3-1**　(8)式を示せ.

(問) **1-3-2**　チェビシェフの関数について,

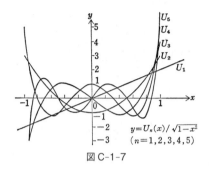

$$y = U_n(x)/\sqrt{1-x^2}$$
$$(n = 1, 2, 3, 4, 5)$$

図 C-1-7

$$T_n(x) = \frac{(-1)^n}{(2n-1)!!}\sqrt{1-x^2}\,\frac{d^n}{dx^n}(1-x^2)^{n-1/2}$$

$$U_n(x) = \frac{\sqrt{1-x^2}}{n}\frac{dT_n(x)}{dx}$$

を示せ.

1-4　非正則点のまわりの解

1-2 の定理 1 は,

$$y' = F(x, y) \tag{1}$$

で,　$F(x, y)$ が $x = x_0$,　$y = y_0$ の近傍において,

$$F(x, y) = \sum_{p,\,q=0}^{\infty} a_{pq}(x-x_0)^p(y-y_0)^q \tag{2}$$

の形に展開できるときについて述べたものであった.
$F(x, y)$ が(2)のように (x_0, y_0) のまわりで整級数に展開

できるとき, (x_0, y_0) を**正則点**という. 正則点のまわりで
は, (1)の解を整級数展開によって求めることができた
が, このような方法は, 非正則点のまわりではもはや通用
しない.

例 1-5　　　　　　$x^2 y' = (1-x)y - 1$　　　　　　(3)

　この場合, $y' = \dfrac{(1-x)y-1}{x^2}$ と書いてみればわかるよ
うに, $x = 0$, $y = 1$ (y の値は何であってもよい) は正則
点でない.

　いま, ともかく,

$$y = \sum_{n=0}^{\infty} c_n x^n \qquad (4)$$

の形に解を想定し, 形式的に(3)に代入して計算してみよ
う. (3)の両辺で x^m の係数を求めて等しいとおく. (左
辺では x^0, x^1 の項が出てこないから, これだけは別に扱
う.)

$$0 = c_0 - 1$$
$$0 = c_1 - c_0$$
$$(m-1)c_{m-1} = c_m - c_{m-1} \quad (m = 2, 3, \cdots)$$

これより,

　　$c_0 = 1$, $c_1 = c_0$, $c_m = m c_{m-1}$ $(m = 2, 3, \cdots)$

したがって,

$$c_m = m! \quad (m = 1, 2, \cdots)$$

すなわち，(4)は，

$$\sum_{n=0}^{\infty}(n!)x^n = 1+(1!)x+(2!)x^2+\cdots$$

となり，これは収束半径 0 の整級数で，いかなる関数も
表さない．

　(3)は線形常微分方程式であるから，$x \neq 0$ ならば，そ
の解は容易に求まり，

$$y = \frac{1}{xe^{1/x}}\left(c-\int\frac{e^{1/x}}{x}dx\right) \quad (c は任意定数) \qquad (5)$$

である．これらの解は $x=0$ のまわりでは整級数には展開
できない．これは，むしろ，$\frac{1}{x}$ の整級数に展開される関
数である．

　$x=0$ は，関数(5)の真性特異点とよばれ，このような
点の近傍では，この関数は，(たかだか二つの値を除いて)
いかなる値も無限回とる，というやっかいな性質をもって
いる (ピカールの定理)．そこで，このような煩雑さを避
けるため，次に，整級数の形を多少緩和した，

$$y = (x-x_0)^{\rho}\sum_{n=0}^{\infty}c_n(x-x_0)^n \qquad (6)$$

の形の解をもつ場合を考えよう．

　(6)において，$(x-x_0)^{\rho}$ は，

$$(x-x_0)^{\rho} = \exp\{\rho\log(x-x_0)\} \qquad (7)$$

で定義される関数であり，log が無限多価であるから，
(7)も，一般に (ρ が有理数である場合を除いては)，無限

多価である．(7)では，x が $x=x_0$ のまわりを 1 回まわる
と，

$$y \longrightarrow \lambda y, \quad \lambda = e^{2\pi i \rho}$$

という変化を受ける．$x=x_0$ のまわりをまわらないよう
にして $x \to x_0$ とすると，$m+\rho>0$ であるように整数 m
をとれば，(6)の形の関数については，

$$\lim_{x \to x_0} (x-x_0)^m y = 0 \qquad (8)$$

が成立する．(真性特異点のときは，このようにはならな
い．) さらに，

$$y = y_1 + y_2 \log(x-x_0) \quad (y_1, y_2 \text{ は(6)の形の関数}) \quad (9)$$

でも(8)の性質は保たれる．(9)では，x が x_0 のまわりを
1 回まわると，

$$y \longrightarrow \lambda y + 2\pi i \lambda y_2, \quad \lambda = e^{2\pi i \rho}$$

という変化を受ける．

　いま，斉次線形常微分方程式

$$p_0(x)y^{(l)} + p_1(x)y^{(l-1)} + \cdots + p_{l-1}(x)y' + p_l(x)y = 0$$
$$\qquad (10)$$

において，$p_k(x)$ $(k=0, 1, 2, \cdots, l)$ がすべて $x=x_0$ の近
傍で正則な (すなわち $x-x_0$ の整級数によって表される)
関数であり，かつ(10)の解がすべて(8)の性質をもってい
るとき，(10)は $x=x_0$ を**正則な特異点**，または，**確定特異
点**にもつという．

　2-2 において，確定特異点の近傍ではその解の形は必
ず(6)または(9)のようでなければならないことが示され

るが，ここでは，解の整級数表示として，次の定理を証明
する．この定理は一般の l 階の線形常微分方程式で成り立
つが，2階の場合が知られれば，一般の場合への拡張は容
易であるので，ここでは $l=2$ の場合を示す．

定理1　斉次線形2階常微分方程式
$$y'' + P(x)y' + Q(x)y = 0 \qquad (11)$$
において，
$$(x - x_0)P(x), \quad (x - x_0)^2 Q(x)$$
は $x = x_0$ の近傍において正則である（すなわち，
$x - x_0$ の整級数によって表される）とする．
このとき，(11)は $x = x_0$ を確定特異点にもつ．

[証明]　以下では，この定理の証明と同時に，解の構成法
を与える．

いま，$x - x_0$ をあらためて x と考えれば，$x_0 = 0$ とし
ておいてよい．

$$p(x) = xP(x) = \sum_{n=0}^{\infty} p_n x^n \qquad (12)$$

$$q(x) = x^2 Q(x) = \sum_{n=0}^{\infty} q_n x^n \qquad (13)$$

とおけば，(11)は，
$$L[y] = x^2 y'' + xp(x)y' + q(x)y = 0 \qquad (14)$$
となる．そこで(14)の解を，

$$y = x^\rho \sum_{n=0}^{\infty} c_n x^n = \sum_{n=0}^{\infty} c_n x^{\rho+n} \quad (c_0 \neq 0) \qquad (15)$$

の形であるとしよう. (12), (13), (15)に現れた整級数は, いずれも収束半径は 0 でないとする. ((12), (13)については仮定から, (15)については $L[y]=0$ のそのような解を探しているということから. 収束域内では, 項別微分, 級数の積をつくる計算, 項の順序の変更などは自由に許される.)

いま, (15)を(14)に代入すれば,

$$L[y] = L\left[\sum_{n=0}^{\infty} c_n x^{\rho+n} \right] = \sum_{n=0}^{\infty} c_n L[x^{\rho+n}]$$

そこで,

$$L[x^{\rho+n}] = \left\{ (\rho+n)(\rho+n-1) + (\rho+n)\sum_{m=0}^{\infty} p_m x^m \right. $$
$$\left. + \sum_{m=0}^{\infty} q_m x^m \right\} x^{\rho+n}$$
$$= \left\{ \sum_{m=0}^{\infty} f_m(\rho+n)x^m \right\} x^{\rho+n}$$

とおく.

$$f_0(\rho+n) = (\rho+n)(\rho+n-1) + p_0(\rho+n) + q_0$$
$$f_m(\rho+n) = (\rho+n)p_m + q_m \quad (m=1,2,\cdots)$$

である. このようにすれば,

$$L[y] = x^{\rho} \sum_{n=0}^{\infty} c_n \left\{ \sum_{m=0}^{\infty} f_m(\rho+n)x^{m+n} \right\}$$

であり, これを $l=m+n$ とおいて和の順序変更をすれば,

$$L[y] = x^\rho \sum_{l=0}^{\infty} \left\{ \sum_{n=0}^{l} c_{l-n} f_n(\rho+l-n) \right\} x^l \qquad (16)$$

となる．したがって，x^l の係数をそれぞれ 0 に等しいと
おいて，

$$\left.\begin{array}{l} c_0 f_0(\rho)=0 \\ c_l f_0(\rho+l)+c_{l-1}f_1(\rho+l-1)+\cdots \\ \qquad +c_1 f_{l-1}(\rho+1)+c_0 f(\rho)=0 \quad (l=1, 2, \cdots) \end{array}\right\} \qquad (17)$$

$c_0 \neq 0$ であるから，ρ は，

$$f_0(\rho) = \rho(\rho-1)+p_0\rho+q_0 = 0 \qquad (18)$$

の解でなければならない．

(18)を**決定方程式**という．この解を ρ_1, ρ_2 とする．この
一つの解 ρ_j に対して(17)の第 2 式を用い，$f_0(\rho_j+l) \neq 0$
である限り，順次に $c_1, c_2, \cdots$ を c_0 を使って表すことがで
き，(15)の形の解が定まる．

ゆえに，決定方程式の二つの解の差が整数でないな
らば，ρ_1, ρ_2 のそれぞれについて，x^{ρ_1} から始まる級数，
x^{ρ_2} から始まる級数，

$$y_1(x) = x^{\rho_1} \sum_{n=0}^{\infty} c_n^{(1)} x^n,$$

$$y_2(x) = x^{\rho_2} \sum_{n=0}^{\infty} c_n^{(2)} x^n \quad (c_0^{(1)} \neq 0, c_0^{(2)} \neq 0)$$

の解が得られる．これらは一次独立で，(14)の基本解で
ある．   (証明終り)

このようにして得た級数の収束半径が 0 でないことが，

実は証明のポイントである.

1-1 の定理 2 によって, (12), (13)において,

$$|p_n| \leqq \frac{M}{R^n}, \quad |q_n| \leqq \frac{M}{R^n} \quad (n = 0, 1, 2, \cdots) \qquad (19)$$

であるとしておく. このとき, 上記の方法によって決めた c_n に対し,

$$|c_n| \leqq \frac{M'}{r^n} \quad (n = 0, 1, 2, \cdots) \qquad (20)$$

を満たす $M' > 0$, $r > 0$ が存在することをいえばよい. 以下さらに $r < R$ であるものとする.

いま, $c_0, c_1, \cdots, c_{l-1}$ に対しては(20)がすでに成立しているとする. (17)により ($\rho = \rho_1$ に対する解を求めているとして),

$$|c_l| = \left| -\frac{1}{f_0(\rho+l)} \Big\{ c_{l-1}f_1(\rho+l-1) + \cdots + c_1 f_{l-1}(\rho+1) \right.$$
$$\left. + c_0 f_l(\rho) \Big\} \right|$$

$$\leqq \frac{1}{|f_0(\rho+l)|} \sum_{k=0}^{l-1} |c_k| \, |f_{l-k}(\rho+k)|$$

$$\leqq \frac{1}{|f_0(\rho+l)|} \sum_{k=0}^{l-1} \frac{M'}{r^k} |f_{l-k}(\rho+k)| \qquad (21)$$

ここで, $f_0(\rho+l) \neq 0$ $(l = 1, 2, \cdots)$ で, $\displaystyle \lim_{l \to \infty} \frac{f_0(\rho+l)}{l^2} = 1$ だから,

$$\frac{|f_0(\rho+l)|}{l^2} \geqq \alpha > 0 \quad (l = 1, 2, \cdots)$$

であるような α がある．また，(19)によって，

$$
\begin{aligned}
|f_{l-k}(\rho+k)| &= |(\rho+k)p_{l-k}+q_{l-k}| \\
&\leqq \frac{M}{R^{l-k}}(|\rho|+k+1) \\
&\leqq \frac{M(|\rho|+l)}{R^{l-k}} \quad (k=0,1,2,\cdots,l-1)
\end{aligned}
$$

これを(20)に代入すれば（$r<R$ であるものとしたから），

$$
\begin{aligned}
|c_l| &\leqq \frac{1}{l^2\alpha}\sum_{k=0}^{l-1}\frac{M'}{r^k}\frac{M(|\rho|+l)}{R^{l-k}} \\
&= \frac{M'}{r^l}\frac{M}{\alpha}\left(1+\frac{|\rho|}{l}\right)\frac{1}{l}\sum_{k=0}^{l-1}\left(\frac{r}{R}\right)^{l-k} \\
&< \frac{M'}{r^l}\frac{M}{\alpha}(\overline{\rho}+1)\frac{r}{R}
\end{aligned}
$$

（後の便宜のため，$|\rho_1|,|\rho_2|<\overline{\rho}$ であるような $\overline{\rho}$ を一つ決めてとって評価した.）

したがって，

$$
|c_0| \leqq M', \quad r \leqq \frac{\alpha}{M(\overline{\rho}+1)}R, \quad r<R
$$

であるように，M',r をとれば，(19)が成立することがわかる．

例 1-6 ガウスの超幾何微分方程式 α,β を定数として，

$$
x(1-x)y''+\{\gamma-(\alpha+\beta+1)x\}y'-\alpha\beta y=0 \quad (22)
$$

をガウスの超幾何微分方程式という．(22)は $x=0$ を確定特異点にもっている．

いま，この微分方程式の解を(6)の形で求めてみよう．

(22)は，これを(14)の形に，

$$x^2 y'' + x \frac{\gamma - (\alpha+\beta+1)x}{1-x} y' - \alpha\beta \frac{x}{1-x} y = 0$$

と書いてみると，決定方程式は，

$$f_0(\rho) = \rho(\rho-1) + \gamma\rho = \rho(\rho-1+\gamma) = 0$$

この解として，

$$\rho = 0, \quad \rho = 1-\gamma$$

を得る．$1-\gamma \neq$ 整数ならば，上述の方法で(22)の基本解が定まる．

c_n を定める式を作るには，(6)を直接(22)に代入して係数比較をするほうが簡単である．(6)を(22)に代入して $x^{\rho+n-1}$ の係数を求め，0 とおくと，

$$-(\rho+n-1)(\rho+n-2)c_{n-1} + (\rho+n)(\rho+n-1)c_n$$

$$-(\rho+n-1)(\alpha+\beta+1)c_{n-1} + (\rho+n)\gamma c_n - \alpha\beta c_{n-1} = 0$$

すなわち，

$$(\rho+n)(\rho+n-1+\gamma)c_n = (\rho+n-1+\alpha)(\rho+n-1+\beta)c_{n-1}$$

が得られる．

これより，

$$c_n = \frac{(\rho+\alpha)\cdots(\rho+\alpha+n-1)(\rho+\beta)\cdots(\rho+\beta+n-1)}{(\rho+1)\cdots(\rho+n)(\rho+\gamma)\cdots(\rho+\gamma+n-1)} c_0$$

$$= \frac{(\rho+\alpha)_n(\rho+\beta)_n}{(\rho+1)_n(\rho+\gamma)_n} c_0 \tag{23}$$

ただし，

$$(\alpha)_n = \alpha(\alpha+1)(\alpha+2)\cdots(\alpha+n-1) = \frac{\Gamma(\alpha+n)}{\Gamma(\alpha)}$$

これに決定方程式の解を代入するが，$(\gamma)_n = 0$ となることがなければ，すなわち，$\gamma \neq$ 負の整数ならば $\rho = 0$ を代入して，

$$
\begin{aligned}
F(\alpha, \beta, \gamma; x) &= \sum_{n=0}^{\infty} \frac{(\alpha)_n(\beta)_n}{n!(\gamma)_n} x^n \\
&= \sum_{n=0}^{\infty} \frac{\alpha\cdots(\alpha+n-1)\beta\cdots(\beta+n-1)}{n!\gamma(\gamma+1)\cdots(\gamma+n-1)} x^n
\end{aligned}
$$
(24)

が一つの解として得られる．これを**ガウスの超幾何級数**とよぶ．

(24)で，$\gamma \neq$ 負の整数としたが，α または β が負の整数の場合には(24)は多項式になる．その他の場合は(24)は無限級数となり，

$$\lim_{n\to\infty} \frac{(\alpha)_n(\beta)_n}{n!(\gamma)_n} \bigg/ \frac{(\alpha)_{n+1}(\beta)_{n+1}}{(n+1)!(\gamma)_{n+1}} = \lim_{n\to\infty} \frac{(n+1)(\gamma+n)}{(\alpha+n)(\beta+n)} = 1$$

であるから，収束半径は1である．(24)の収束域内で，整級数(24)の表す関数を**ガウスの超幾何関数**という．

決定方程式のもう一つの解 $\rho = 1-\gamma$ からは，

$$
\begin{aligned}
y &= x^{1-\gamma} \sum_{n=0}^{\infty} \frac{(\alpha+1-\gamma)_n(\beta+1-\gamma)_n}{(2-\gamma)_n n!} x^n \\
&= x^{1-\gamma} F(\alpha+1-\gamma, \beta+1-\gamma, 2-\gamma; x)
\end{aligned}
$$
(25)

が得られる．

$1-\gamma \neq$ 整数の場合 上記の一般論から(24), (25)はガウスの超幾何微分方程式の一組の基本解を与える.

しかし, $1-\gamma$ が整数の場合には, これでは基本解を得ることはできない.

$\rho_1 - \rho_2 =$ 整数のときの解 (フロベニウスの方法)

この場合, (15)を $L[y]$ に代入した(16)の式からわかるように, ρ を決定方程式の解とはとらずに, 単にパラメーターとして $c_1, c_2, \cdots$ を順次(17)の第2式により c_0 および ρ の関数として決めていけば,

$$y = y(x, \rho) = x^\rho \sum_{n=0}^{\infty} c_n(\rho)x^n$$

$$L[y] = c_0 f_0(\rho)x^\rho \tag{26}$$

が得られる. ここで, 以下の c_0 のとり方, および定理1の証明で用いた評価より, $\sum_{n=0}^{\infty} c_n(\rho)x^n$ は $|x| < r, |\rho| < \overline{\rho}$ において収束し, $y(x, \rho)$ については 1-2 の定理2の証明と同様に, x, ρ について自由に扱うことができる.

① **$\rho_1 = \rho_2$ の場合**

$f_0(\rho) = (\rho - \rho_1)^2$ である. そこで, (26)の両辺を ρ について偏微分すれば,

$$L\left[\frac{\partial}{\partial \rho}y(x, \rho)\right] = c_0 \frac{\partial}{\partial \rho}(\rho - \rho_1)^2 x^\rho$$

$$= c_0\{2(\rho - \rho_1)x^\rho + (\rho - \rho_1)^2 x^\rho \log x\}$$

ここで $\rho = \rho_1$ とすれば右辺は 0. したがって,

$$
\begin{aligned}
\left[\frac{\partial}{\partial\rho}y(x,\rho)\right]_{\rho=\rho_1} &= \left[\frac{\partial}{\partial\rho}\sum_{n=0}^{\infty}c_n(\rho)x^{\rho+n}\right]_{\rho=\rho_1} \\
&= \left[\sum_{n=0}^{\infty}\frac{\partial}{\partial\rho}c_n(\rho)\cdot x^{\rho+n}\right. \\
&\qquad \left.+\sum_{n=0}^{\infty}c_n(\rho)x^{\rho+n}\log x\right]_{\rho=\rho_1} \\
&= x^{\rho_1}\sum_{n=0}^{\infty}\left[\frac{\partial}{\partial\rho}c_n(\rho)\right]_{\rho=\rho_1}x^n \\
&\qquad +y(x,\rho_1)\log x \qquad\qquad (27)
\end{aligned}
$$

が $L[y]=0$ の解として得られる. ここの $y(x,\rho_1)$ は初めに求めた解である. これは確かに (9) のように $\log x$ の項のついた関数であり, $x=x_0$ のまわりを 1 回まわるとき $y(x,\rho_1)$ とは異なった変形を受けるから, $y(x,\rho_1)$ とは一次独立である.

② $\rho_1 - \rho_2 = m = $ 正整数の場合

(17) の第 2 式で, $l = m$ のとき,

$$
\begin{aligned}
c_m f_0(\rho_2+m)+c_{m-1}f_1(\rho_2+m-1)+\cdots \\
+c_1 f_{m-1}(\rho_2+1)+c_0 f_m(\rho_2) = 0 \qquad (28)
\end{aligned}
$$

となり, c_m の係数が 0 となるから, c_m は決められない. しかし, c_0 は本来全く任意であるから,

$$
c_0 = c_0(\rho) = a_0(\rho-\rho_2) \quad (a_0 \text{ は定数})
$$

として, 以下, $c_1, c_2, \cdots, c_{m-1}$ を定めれば, (28) で c_m の

係数は,

$$f_0(\rho+m) = (\rho-\rho_1+m)(\rho-\rho_2+m)$$
$$= (\rho-\rho_2)(\rho-\rho_2+m)$$

となり, $c_0, c_1, \cdots, c_{m-1}$ に出てくる $\rho-\rho_2$ という因子と共通に $\rho-\rho_2$ がくくれて c_m を定めることができる. そして, c_{m+1} 以下は(16)から決めれば, (26)は

$$L[y(x,\rho)] = a_0(\rho-\rho_1)(\rho-\rho_2)^2 x^\rho$$

これを ρ について偏微分して,

$$L\left[\frac{\partial}{\partial\rho}y(x,\rho)\right] = a_0\{(\rho-\rho_2)^2 x^\rho + 2(\rho-\rho_1)(\rho-\rho_2)x^\rho$$
$$+ (\rho-\rho_1)(\rho-\rho_2)^2 x^\rho\log x\}$$

ここで $\rho=\rho_2$ とすれば右辺 = 0. したがって, $\left[\frac{\partial}{\partial\rho}y(x,\rho)\right]_{\rho=\rho_2}$ が $L[y]=0$ の解であることになる. この実際の形は(27)で計算されるが, (ρ_1 のかわりに ρ_2 とする), $y(x,\rho_2)$ では $c_0=c_1=\cdots=c_{m-1}=0$ となり, $c_m\neq0$ から始めて決めていくことになるので, これは $y(x,\rho_1)$ と同じことである. ゆえに, この場合も,

$$\left[\frac{\partial}{\partial x}y(x,\rho)\right]_{\rho=\rho_2} = x^{\rho_2}\sum_{n=0}^\infty\left[\frac{\partial}{\partial\rho}c_n(\rho)\right]_{\rho=\rho_2}x^n$$
$$+y(x,\rho_1)\log x$$

となり, $y(x,\rho_1)$ と一次独立な解が得られる.

例 1-7　ガウスの超幾何微分方程式

$$x(1-x)y'' + \{\gamma - (\alpha+\beta+1)x\}y' - \alpha\beta y = 0$$

$\gamma \neq$ 整数ならば，この微分方程式の基本解は例 1-5 で求められた．

$\gamma = 1$ のとき，決定方程式は $\rho = 0$ を二重の解としてもつ．(27)式により，

$$\left[\frac{\partial}{\partial\rho}c_n(\rho)\right]_{\rho=0} = \left[\frac{\partial}{\partial\rho}\frac{(\rho+\alpha)_n(\rho+\beta)_n}{(\rho+1)_n(\rho+1)_n}\right]_{\rho=0}$$

$$= \left[\frac{(\rho+\alpha)_n(\rho+\beta)_n}{(\rho+1)_n(\rho+1)_n}\left\{\frac{1}{\rho+\alpha}+\frac{1}{\rho+\alpha+1}+\cdots+\frac{1}{\rho+\alpha+n-1}\right.\right.$$

$$+\frac{1}{\rho+\beta}+\frac{1}{\rho+\beta+1}+\cdots+\frac{1}{\rho+\beta+n-1}$$

$$\left.\left.-\frac{2}{\rho+1}-\frac{2}{\rho+2}-\cdots-\frac{2}{\rho+n}\right\}\right]_{\rho=0} \quad (\text{対数微分法による})$$

$$= \frac{(\alpha)_n(\beta)_n}{(n!)^2}\sum_{r=0}^{n-1}\left\{\frac{1}{\alpha+r}+\frac{1}{\beta+r}-\frac{2}{1+r}\right\}$$

ゆえに，これを係数とする整級数を $F_1(\alpha,\beta,1;x)$ で表せば，

$$y = F(\alpha,\beta,1;x)\log x + F_1(\alpha,\beta,1;x)$$

が，$F(\alpha,\beta,1;x)$ と一次独立な解として得られる．

$\gamma = 1+m$（m は正整数）の場合．この場合，フロベニウスの方法で，

$$c_0(\rho) = \frac{(\rho+1)_{2m}}{(\alpha+\rho)_m(\beta+\rho)_m}$$

として計算を行うと，第二の解として，

$$y = F(\alpha, \beta, m+1; x)\log x + F_1(\alpha, \beta, m+1; x)$$

$$F_1(\alpha, \beta, m+1; x) = (-1)^{m+1}\frac{m!}{x^m}$$

$$\times \sum_{k=0}^{m-1} \frac{(-1)^k(m-k-1)!x^k}{k!(\alpha-1)\cdots(\alpha-m+k)(\beta-1)\cdots(\beta-m+k)}$$

$$+ \sum_{n=1}^{\infty} \frac{(\alpha)_n(\beta)_n}{n!(m+1)_n} \sum_{r=0}^{n-1}\left\{\frac{1}{\alpha+r}+\frac{1}{\beta+r}-\frac{1}{m+1+r}-\frac{1}{1+r}\right\}x^n$$

が得られる.[*]

$\gamma = 1 - m$（m は正整数）の場合.

$$x^m F(\alpha+m, \beta+m, m+1; x)$$

$$x^m F(\alpha+m, \beta+m, m+1; x)\log x$$

$$+ x^m F_1(\alpha+m, \beta+m, m+1; x)$$

が一組の基本解となる.

(問) **1-4-1** 微分方程式
$$xy'' + (1-x)y' + \lambda y = 0$$
について，この節で行った考察をせよ.

(問) **1-4-2** ラゲールの微分方程式
$$xy'' + (1-x)y' + ny = 0$$
の多項式の解を求め，それが，

$$L_n(x) = \frac{e^x}{n!}\frac{d^n}{dx^n}(x^n e^{-x})$$

であることを示せ.（係数は $L_n(0) = 1$ であるようにつけ

---

[*] たとえば，犬井鉄郎『特殊函数』岩波全書，1962，p.80〜84.

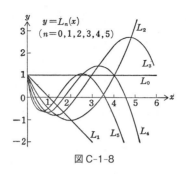

図 C-1-8

てある.)

1-5　ベッセルの微分方程式

　例 1-5 と 1-6 ではガウスの超幾何微分方程式について
述べた. これはまた, 2-3. でくり返してとりあげるが,
この節では, ベッセルの微分方程式をとりあげ, これの解
として得られる関数の性質を調べる方法を示そう.

　　ベッセルの微分方程式
$$x^2 y'' + xy' + (x^2 - \nu^2)y = 0 \qquad (1)$$
を ν 次のベッセルの微分方程式という.

　1-4 定理 1 により $x = 0$ は(1)の確定特異点である. $x = 0$ のまわりにおける $x^\rho \sum_{n=0}^{\infty} c_n x^n$ の形の解を求めよう.

　　決定方程式は,

$$\rho(\rho-1)+\rho-\nu^2 = \rho^2-\nu^2 = 0$$

ゆえに，$\rho=\pm\nu$ が決定方程式の二つの解である．したがって，$2\nu \neq$ 整数ならば，上述の方法で基本解が求められる．

実際に 1-4. (17) の方程式をつくれば，$f_0(\rho)=\rho^2-\nu^2$, $f_2(\rho)=1$, $f_m(\rho)=0$ $(m\neq 0,2)$ であるから，

$$c_1((\rho+1)^2-\nu^2) = 0 \qquad (2)$$

$$c_l((\rho+l)^2-\nu^2)+c_{l-2} = 0 \quad (l=2,3,\cdots) \qquad (3)$$

いま，(2) で $c_1=0$ としておくことができる．そうすれば，(3) で，$c_l=0$ ($l=$ 奇数) としてよい．$l=2k$ に対しては，

$$c_l = -\frac{c_{l-2}}{(\rho+l+\nu)(\rho+l-\nu)} = -\frac{c_{l-2}}{l(2\nu+l)} \quad (\rho=\nu \text{ とした})$$

より，

$$c_{2k} = (-1)^k \frac{1}{2k(2k-2)\cdots 2(2\nu+2k)(2\nu+2k-2)\cdots(2\nu+2)} c_0$$

$$= (-1)^k \frac{1}{2^{2k}} \frac{1}{k!} \frac{\Gamma(\nu)}{\Gamma(\nu+k+1)} c_0$$

そこで，$c_0 = \dfrac{1}{2^\nu \Gamma(\nu)}$ ととって，

$$J_\nu(x) = \left(\frac{x}{2}\right)^\nu \sum_{k=0}^{\infty} \frac{(-1)^k}{k!\Gamma(\nu+k+1)} \left(\frac{x}{2}\right)^{2k} \qquad (4)$$

が解として得られる．これを ν 次のベッセル関数という．

上の一般論により，$2\nu \neq$ 整数ならば $J_\nu(x), J_{-\nu}(x)$ は

(1)の基本解となる.

　しかし，$2\nu =$ 整数でも，$\nu \neq$ 整数のとき（このとき，ν を半整数という）は，$J_\nu(x), J_{-\nu}(x)$ はそれぞれ $x^\nu, x^{-\nu}$ を初項とする級数の形で得られる関数で，項の中に x の同じ累乗指数のものが出てこないから一次独立であり，やはり基本解になっている．これは，(3)で l が奇数であるところをひろっていって，$J_{-\nu}(x)$（$\nu > 0$ とする）を得たことになっている．

　$\nu =$ 整数 $= n$ (> 0) のときは，$\rho = -n$ に対しては(3)より，

$$c_0 = c_2 = \cdots = c_{2n-2} = 0$$

となり，結局 c_{2n} から始めることとなり，それは $\nu = n$ の場合に帰着されることになる．そして(4)においても，$\dfrac{1}{\Gamma(x)}$ は複素全平面で正則な関数で，$x = 0$ または負の整数のとき 0 である関数であることから，$\nu = -n$ に対しては初めの n 個の項は 0 で，

$$J_{-n}(x) = \left(\frac{x}{2}\right)^{-n} \sum_{k=n}^\infty \frac{(-1)^k}{k!\,\Gamma(-n+k+1)} \left(\frac{x}{2}\right)^{2k}$$
$$= \sum_{m=0}^\infty \frac{(-1)^{m+n}}{(m+n)!\,\Gamma(m+1)} \left(\frac{x}{2}\right)^{2m} = (-1)^n J_n(x)$$

$$\tag{5}$$

となる．

　$n = 0$ または正整数の場合に，n 次のベッセルの微分方程式の解で $J_n(x)$ と一次独立なものを求めるには，1-4.

で述べたフロベニウスの方法によることもできるが，次のようにするのがより直接的である．

すなわち，$J_\nu(x)$ を x と ν の関数と考える．これは，x, ν についての正則関数と考えられ（1-2 定理2），x, ν に関する微分は自由にその順序を交換することができる．

（1）の y に $J_\nu(x), J_{-\nu}(x)$ を代入したものを，ν について偏微分し，$\nu = n$ とすれば，

$$x^2 \frac{d^2}{dx^2}\left[\frac{\partial J_\nu(x)}{\partial \nu}\right]_{\nu=n} + x\frac{d}{dx}\left[\frac{\partial J_\nu(x)}{\partial \nu}\right]_{\nu=n}$$
$$+ (x^2 - n^2)\left[\frac{\partial J_\nu(x)}{\partial \nu}\right]_{\nu=n} + 2nJ_n(x) = 0$$

$$x^2 \frac{d^2}{dx^2}\left[\frac{\partial J_{-\nu}(x)}{\partial \nu}\right]_{\nu=n} + x\frac{d}{dx}\left[\frac{\partial J_{-\nu}(x)}{\partial \nu}\right]_{\nu=n}$$
$$+ (x^2 - n^2)\left[\frac{\partial J_{-\nu}(x)}{\partial \nu}\right]_{\nu=n} + 2nJ_{-n}(x) = 0$$

したがって（5）から，いま，

$$N_n(x) = \frac{1}{\pi}\left[\frac{\partial J_\nu(x)}{\partial \nu} - (-1)^n \frac{\partial J_{-\nu}(x)}{\partial \nu}\right]_{\nu=n} \tag{6}$$

とおくと，この $N_n(x)$ が（1）の解であることがわかる．

$$\frac{\partial J_\nu(x)}{\partial \nu} = \left(\log \frac{x}{2}\right) J_\nu(x)$$
$$+ \left(\frac{x}{2}\right)^\nu \sum_{k=0}^\infty \frac{(-1)^k}{k!}\left(\frac{\partial}{\partial \nu}\frac{1}{\Gamma(\nu+k+1)}\right)\left(\frac{x}{2}\right)^{2k}$$
$$\tag{7}$$

であるから,

$$N_n(x) = \frac{2}{\pi} J_n(x) \log \frac{x}{2} + \left(\frac{x}{2}\right)^{-n} \sum_{k=0}^{\infty} \left(\quad \right) \left(\frac{x}{2}\right)^{2k}$$

となるので, $J_n(x)$ は $N_n(x)$ と一次独立となり, したがってこれにより (1) の基本解が得られる.

さらにくわしく (6) の解を定めよう.

$\Gamma(s+1) = s\Gamma(s)$ より, $\Gamma'(s+1) = \Gamma(s) + s\Gamma'(s)$

$$\therefore \quad \frac{\Gamma'(s+1)}{\Gamma(s+1)} = \frac{1}{s} + \frac{\Gamma'(s)}{\Gamma(s)}$$

$$\therefore \quad \frac{\Gamma'(s+m+1)}{\Gamma(s+m+1)} = \frac{1}{s+m} + \frac{1}{s+m-1} + \cdots + \frac{1}{s} + \frac{\Gamma'(s)}{\Gamma(s)} \quad (8)$$

いま, $s=1$, $m=n+k-1$ とおくと,

$$\frac{\Gamma'(n+k+1)}{\Gamma(n+k+1)} = \frac{1}{n+k} + \frac{1}{n+k-1} + \cdots + 1 - \gamma \quad (9)$$

ここで,

$\gamma = -\Gamma'(1)$ はオイラーの定数

$$= \lim_{m\to\infty} \left(1 + \frac{1}{2} + \frac{1}{3} + \cdots + \frac{1}{m} - \log m \right)$$

(9) によって,

$$\left[\frac{\partial}{\partial \nu} \frac{1}{\Gamma(\nu+k+1)} \right]_{\nu=n} = -\frac{\Gamma'(n+k+1)}{\Gamma(n+k+1)^2}$$

$$= -\frac{1}{(n+k)!} \left(\frac{1}{n+k} + \frac{1}{n+k-1} + \cdots + 1 - \gamma \right)$$

次に, $\left[\dfrac{\partial}{\partial \nu}\dfrac{1}{\Gamma(-\nu+k+1)}\right]_{\nu=n}$ を考える.

$k>n$ のときは,

$$=\frac{1}{(k-n)!}\left(\frac{1}{k-n}+\frac{1}{k-n-1}+\cdots+1-\gamma\right)$$

$k=n$ のときは,

$$=\frac{\Gamma'(1)}{\Gamma(1)^2}=-\gamma$$

$k<n$ のときは, (8)で $s=-u+k+1, m=n-k-1$ とおくと,

$$\frac{\Gamma'(-u+n+1)}{\Gamma(-u+n+1)}=\frac{1}{-u+n}+\frac{1}{-u+n-1}+\cdots$$
$$+\frac{1}{-u+k+1}+\frac{\Gamma'(-u+k+1)}{\Gamma(-u+k+1)}$$

この両辺を $\Gamma(-u+k+1)$ で割って, $u\to n$ の極限をとれば,

$\dfrac{1}{\Gamma(s)\Gamma(1-s)}=\dfrac{\sin s\pi}{\pi}$ より,

$$\lim_{u\to n}\frac{\Gamma'(-u+k+1)}{\Gamma^2(-u+k+1)}=\lim_{u\to n}\frac{1}{\Gamma(-u+k+1)}\frac{-1}{-u+n}$$
$$=\lim_{u\to n}\frac{\Gamma(u-k)\sin\pi(u-k)}{\pi}\frac{1}{u-n}$$
$$=\cos\pi(n-k)\Gamma(n-k)$$
$$=(-1)^{n-k}(n-k-1)!$$

これによって, $n=1,2,\cdots$ に対しては,

$$N_n(x) = \frac{2}{\pi} J_n(x) \left(\log \frac{x}{2} + \gamma \right)$$

$$- \frac{1}{\pi} \left(\frac{x}{2} \right)^n \sum_{k=1}^{\infty} \frac{(-1)^k}{k!(n-k)!} \left(\frac{x}{2} \right)^{2k} \left(\frac{1}{n+k} + \frac{1}{n+k-1} \right.$$

$$\left. + \cdots + 1 + \frac{1}{k} + \frac{1}{k-1} + \cdots + 1 \right)$$

$$- \frac{1}{\pi} \left(\frac{x}{2} \right)^n \frac{1}{n!} \left(\frac{1}{n} + \frac{1}{n-1} + \cdots + 1 \right)$$

$$- \left(\frac{x}{2} \right)^{-n} \sum_{k=0}^{n-1} \frac{(n-k-1)!}{k!} \left(\frac{x}{2} \right)^{2k}$$

$n = 0$ のときは，このあとの二つの項はない.

　以上では，0または正の整数 n に対して $N_n(x)$ を定義したが，いま，一般の ν に対して，

$$N_\nu(x) = \frac{1}{\sin \nu \pi} \left[\cos \nu \pi J_\nu(x) - J_{-\nu}(x) \right] \quad (\nu \neq 整数) \tag{10}$$

とおくと，$\nu \to n$（整数）の極限として，(6)を得ることになる.

　(6)および(10)によって定められる関数 $N_\nu(x)$ を ν 次のノイマン関数という．この関数はまた $Y_\nu(x)$ と書かれることもある.

　次に，

$$\left. \begin{array}{l} H_\nu^{(1)}(x) = J_\nu(x) + i N_\nu(x), \\ H_\nu^{(2)}(x) = J_\nu(x) - i N_\nu(x) \end{array} \right\} \tag{11}$$

とおいて，これをそれぞれ**第 1 種**，**第 2 種のハンケル関数**という．

　第 1 種ハンケル関数は x の上半平面で，$\delta \leqq \arg x \leqq \pi - \delta$ の範囲で $|x| \to \infty$ とするとき 0 に近づく．また第 2 種ハンケル関数は，x の下半平面で $-\pi + \delta \leqq \arg x \leqq -\delta$ の範囲で $|x| \to \infty$ とするとき 0 に近づく．[*]このような性質をもっているので，ハンケル関数は関数論的には扱いやすい意味がある．

　ベッセル関数はまた**第 1 種の円柱関数**，ノイマン関数は**第 2 種の円柱関数**，ハンケル関数は**第 3 種の円柱関数**ともよばれる．

例 1-8　$J_n(x)$ は $\exp\left[\dfrac{x}{2}\left(t - \dfrac{1}{t}\right)\right]$ を t の級数 (t^n で n が $-\infty$ から ∞ まで変化するもの) として表したときの t^n の係数として現れる．

　$\exp\left[\dfrac{x}{2}t\right]$ は x, t すべての値について絶対収束する級数に展開され，$\exp\left[-\dfrac{x}{2}\dfrac{1}{t}\right]$ は，すべての x, $t \neq 0$ なるすべての t の値について同様に展開されるから，$\exp\left[\dfrac{x}{2}\left(t - \dfrac{1}{t}\right)\right]$ を求めるには，それらの級数を各項

---

[*]　ハンケル関数のこれらの性質については，→ クーラン-ヒルベルト『数理物理学の方法 2』(齋藤利弥監訳，銀林浩訳，東京図書，1985)，第 7 章 §2 (p. 174 以下)

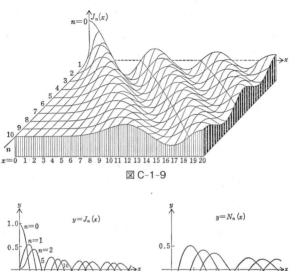

図 C-1-9

図 C-1-10

ごとに掛けて計算すればよい.

　項の順序の変更は自由に許される.このようにして展開
し整頓した結果,

$$\exp\left[\frac{x}{2}\left(t-\frac{1}{t}\right)\right] = \sum_{n=-\infty}^{\infty} J_n(x)t^n \qquad (12)$$

となる. $\exp\left[\dfrac{x}{2}\left(t-\dfrac{1}{t}\right)\right]$ をベッセル関数の**母関数**という.

（12）を示そう. 上述と同様の理由により項別微分が自由に許されるから,

$$f(x,t) = \exp\left[\frac{x}{2}\left(t-\frac{1}{t}\right)\right]$$
$$= \sum_{n=-\infty}^{\infty} f_n(x)t^n \tag{13}$$

とおいて微分すれば,

$$\frac{\partial}{\partial t}f(x,t) = \frac{x}{2}\left(1+\frac{1}{t^2}\right)\exp\left[\frac{x}{2}\left(t-\frac{1}{t}\right)\right]$$
$$= \sum_{n=-\infty}^{\infty} \frac{x}{2}\Big(f_{n-1}(x)+f_{n+1}(x)\Big)t^{n-1}$$

これはまた,

$$= \sum_{n=-\infty}^{\infty} nf_n(x)t^{n-1}$$

であるから, t^{n-1} の係数を等しいとおいて,

$$f_{n-1}(x)+f_{n+1}(x) = \frac{2n}{x}f_n(x) \tag{14}$$

が得られる.

また,

$$\frac{\partial}{\partial x}f(x,t) = \frac{1}{2}\left(t-\frac{1}{t}\right)\exp\left[\frac{x}{2}\left(t-\frac{1}{t}\right)\right]$$
$$= \sum_{n=-\infty}^{\infty}\frac{1}{2}\Big(f_{n-1}(x)-f_{n+1}(x)\Big)t^n$$
$$= \sum_{n=-\infty}^{\infty}f_n{}'(x)t^n$$

ゆえに,

$$f_{n-1}(x)-f_{n+1}(x) = 2f_n{}'(x) \tag{15}$$

が得られる.

(14), (15) より,

$$f_{n+1}(x)=\frac{n}{x}f_n(x)-f_n{}'(x),$$
$$f_{n-1}(x)=\frac{n}{x}f_n(x)+f_n{}'(x) \tag{16}$$

が得られる. これより,

$$f_{n+1}{}'(x) = -\frac{n}{x^2}f_n(x) + \frac{n}{x}f_n{}'(x) - f_n{}''(x)$$
$$= f_n(x) - \frac{n+1}{x}f_{n+1}(x)$$
$$= f_n(x) - \frac{n(n+1)}{x^2}f_n(x) + \frac{n+1}{x}f_n{}'(x)$$

したがって, これより $y=f_n(x)$ が

$$x^2y''+xy'+(x^2-n^2)y = 0 \tag{17}$$

を満たしていることが知られる.

(13)において $f_n(x)$ は, $\exp\left[\frac{x}{2}t\right]\exp\left[-\frac{x}{2}\frac{1}{t}\right]$ の t^n

の係数となる項をすべて集めたものであり, それは

$$\frac{1}{k!}\left(\frac{x}{2}\right)^k t^k \frac{1}{m!}\left(-\frac{x}{2}\right)^m \frac{1}{t^m}$$
$$= (-1)^m \frac{1}{k!m!}\left(\frac{x}{2}\right)^{k+m} t^{k-m}$$

で $k-m=n$ であるようなものであるから，$k+m$ の最小値は $|n|$ で，$\left(\dfrac{x}{2}\right)^{|n|}$ の係数は $n \geqq 0$ ならば $\dfrac{1}{n!}$，$n <$

0 ならば $(-1)^n \dfrac{1}{|n|!}$ である．$f_n(x)$ は微分方程式(17)の解であり，(17)の解で x の整級数に展開されるものは $J_n(x)$ の定数倍だけであるから，$f_n(x) = c_n J_n(x)$．両者における $x^{|n|}$ の項の係数を比較すれば，$c_n = 1$ である．したがって(12)が示された．

(14)，(15)，(16)より，同時にベッセル関数に対する漸化式

$$\left.\begin{aligned}
&J_{n-1}(x) + J_{n+1}(x) = \frac{2n}{x} J_n(x), \\
&J_{n-1}(x) - J_{n+1}(x) = 2J_n{}'(x) \\
&J_{n+1}(x) = \frac{n}{x} J_n(x) - J_n{}'(x), \\
&J_{n-1}(x) = \frac{n}{x} J_n(x) + J_n{}'(x)
\end{aligned}\right\} \quad (18)$$

が得られた．特に，

$$J_0{}'(x) = -J_1(x)$$

(18)はベッセル関数のみならず，円柱関数が共通にもつ性質である．

(問) **1-5-1**　例 1-7 の結果は，微分方程式によらずとも，直接(12)の左辺を級数に展開し，それを t の累乗にしたがってくくることによって得られる．これを試みよ．

C　第1章の演習問題

1. 次の微分方程式の $x=0$ のまわりにおける解を求めよ.

(1)　$y''+xy=0$　　　　　(2)　$y''+x^2y=0$

2. ルジャンドルの微分方程式,チェビシェフの微分方程式において,適当に変数変換をすることによりこれをガウスの超幾何微分方程式に変換し,よって $P_n(x)$, $T_n(x)$ をガウスの超幾何関数により表示せよ.

3. ルジャンドルの多項式 $P_n(x)$ について,次の漸化式が成立することを示せ.

(1)　$P_{n+1}'(x)-xP_n'(x)=(n+1)P_n(x)$,
　　　$xP_{n+1}'(x)-P_n'(x)=(n+1)P_{n+1}(x)$

(2)　$(x^2-1)P_n'(x)=-(n+1)[xP_n(x)-P_{n+1}(x)]$
　　　　　　　　$=n[xP_n(x)-P_{n-1}(x)]$

(3)　$nP_n(x)-(2n-1)xP_{n-1}(x)+(n-1)P_{n-2}(x)$
　　　$=0$

4. $\dfrac{1}{\sqrt{1-2xt+t^2}}=\displaystyle\sum_{n=0}^{\infty}P_n(x)t^n$（ルジャンドル多項式の母関数）の関係を,微分方程式を用いて示せ.

5. $\exp\left[tx-\dfrac{t^2}{2}\right]=\displaystyle\sum_{n=0}^{\infty}H_n(x)\dfrac{t^n}{n!}$（エルミート多項式の母関数）の関係を,微分方程式を用いて示せ.

6. $J_{1/2}(x)$ は $x^{1/2}$ の項から始まるが,いま $z=x^{1/2}y$ と

して，$\dfrac{1}{2}$ 次のベッセルの微分方程式を変換し，その解
を求めよ.

7. ν は正の実数とする．このとき，$J_\nu(x) = 0$ の解は実
数である．いま，$j_1, j_2 (> 0)$ を二つの零点とすれば，

$$j_1 \neq j_2 \text{ ならば } \int_0^1 t J_\nu(j_1 t) J_\nu(j_2 t) dt = 0$$

$$j_1 = j_2 \text{ ならば } \int_0^1 t (J_\nu(j_1 t))^2 dt = \frac{1}{2}\left(J_\nu{}'(j_1)\right)^2 \text{ で}$$

ある.

8. ν が正の実数ならば $J_\nu(x)$ は無限に多くの零点をもつ
ことを示せ.
[ヒント] x は正の実数とし，$\sqrt{x} J_\nu(x) = \alpha(x)\sin(x + \beta(x))$, $(\sqrt{x} J_\nu(x))' = \alpha(x)\cos(x + \beta(x))$ $(\alpha(x), \beta(x)$
は連続関数で，$\alpha(x) > 0)$ として，$\lim_{x\to\infty} \alpha(x) = \alpha_\infty$,
$\lim_{x\to\infty} \beta(x) = \beta_\infty$ が存在することを示せば，$\sqrt{x} J_\nu(x)$ は
x の十分大きいところでは，だいたい $\alpha_\infty \sin(x + \beta_\infty)$
と同じように振舞う.

9. $y(x)$ に対し，$z = x^\alpha y(x^\beta)$ という形の変換を考えて，
$y'' + xy = 0$ をベッセルの微分方程式と近縁の方程式に
変換し，解をベッセル関数を用いて表せ.

10. リッカティの微分方程式 $y' + ay^2 = bx^\alpha$ において
$y = \dfrac{u'}{au}$ とおいて u に関する方程式に変換することによ
り，解を求めよ.

第2章　複素関数論的考察

　前の章では局所的な考察に限って，解の整級数表示を求めたが，この章ではさらに広い範囲に解の解析接続をすることを問題にする．それによって，確定特異点のまわりの解の形などが明らかにされる．

　また，古くから物理数学で重要なテーマであったフックス型の微分方程式，および合流型の超幾何微分方程式について調べる．そのためには，変数の一次変換による微分方程式の変形，無限遠点における解などが問題になる．

　以上のことは，複素関数論が基礎である．本章では複素関数の知識，特に解析接続に関することを仮定する．2変数の関数については，通常の関数論では教えられないが，1変数の場合を敷衍して考えればよい．

2-1　解の解析接続

定理1　正規系1階常微分方程式
$$y' = F(x, y) \qquad (1)$$
において，右辺の関数 $F(x, y)$ は複素2次元空間 $\boldsymbol{C}^2$

のある領域 D において正則であるとする.

  $(x_0, y_0) \in D$ とすれば, 1-2 定理 1 により, x_0 に
おいて正則な (1) の解 $y = y(x)$ で $y(x_0) = y_0$ である
ものが存在する.

  いま, $y(x)$ が x_0 から出発する x 平面内の道 C に
沿って解析接続されるものとすれば, $(x, y(x)) \in D$
である限り, $y = y(x)$ は (1) の解である.

[証明] いま, x_0 を中心とした関数要素 $y_0(x)$ が, x_0 の
近傍 $\{x : |x - x_0| < r_0\}$ において (1) の解であるとする.
$|x_1 - x_0| < r_0$ とし, $y_0(x)$ の x_1 を中心とした直接解析接
続を $y_1(x)$ とする. そして $|x - x_1| < r_1$ のとき,
$(x, y_1(x)) \in D$ とする. したがって, $S_0 = \{x : |x - x_0| <
r_0\}$, $S_1 = \{x : |x - x_1| < r_1\}$ とすれば, $y_0(x), y_1(x)$ は
$S_0 \cap S_1$ において同じ関数を表す.

  $F(x, y_0(x))$, $F(x, y_1(x))$ は, それぞれ S_1, S_2 におい
て定義された正則関数で, 上記により, $S_0 \cap S_1$ で
$F(x, y_0(x)) = F(x, y_1(x))$.

  $y_1{}'(x)$, $F(x, y_1(x))$ はともに S_1 で正則な関数で,
$S_0 \cap S_1$ で,

$$y_1{}'(x) = y_0{}'(x)$$
$$= F(x, y_0(x)) = F(x, y_1(x))$$

であるから, S_1 において $y_1{}'(x) = F(x, y_1(x))$. すなわ
ち, $y = y_1(x)$ は (1) の解である.

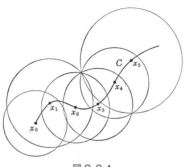

図 C-2-1

　曲線 C に沿った解析接続は，直接解析接続を繰り返して得られるから，C に沿って解析接続して得られる関数 $y(x)$ は，$(x, y(x)) \in D$ である限り (1) の解である.

（証明終り）

《注意》　定理は x, y 2 変数として書いたが，y が $y_1, y_2, \cdots, y_l$ と多くある場合にも全く同じことが成立することは，今まで述べてきたのと同様であり，証明も上の証明と全く同様にできる．以下，この種のことわりは特にしないが，関数の数が多い場合にも，述べた定理が同様に成立することを認めていくこととする．

　さて，そこで，できるだけ広い範囲に解析接続された解を求めたいのであるが，それがどのようになるかは一般的に論ずることはできない.

例 2-1 $(1) y' = y$, $(2) y' = y^2$, $(3) y' = 1 + y^2$

(1)では解は $y = c e^x$ であり，x 全平面で正則である．

(2)では解は $y = \dfrac{1}{c - x}$. この関数の特異点は $x = c$ で，初めの方程式で $F(x, y)$ が全く特異点をもたない関数であるにもかかわらず特異点が現れ，しかもその位置は初期条件（たとえば $x = 0$ における）によって変化する．このような特異点を**可動特異点**という．

(3)でも解は $y = \tan(x - c)$ で，特異点は $c + \left(n + \dfrac{1}{2} \right) \times \pi$ $(n = 0, \pm 1, \pm 2, \cdots)$ で，これも可動特異点である．

可動特異点という現象は，線形常微分方程式の場合には起こらない．すなわち，次の定理が示される．

定理 2   正規形 1 階線形常微分方程式系
$$y' = A(x) y + b(x) \tag{2}$$

$$A(x) = \begin{bmatrix} a_{11}(x) & a_{12}(x) & \cdots & a_{1l}(x) \\ a_{21}(x) & a_{22}(x) & \cdots & a_{2l}(x) \\ \vdots & \vdots & \cdots & \vdots \\ a_{l1}(x) & a_{l2}(x) & \cdots & a_{ll}(x) \end{bmatrix},$$

$$b(x) = \begin{bmatrix} b_1(x) \\ b_2(x) \\ \vdots \\ b_l(x) \end{bmatrix}$$

において，$a_{jk}(x)$ $(j, k = 1, 2, \cdots, l)$，$b_j(x)$ $(j = 1,$

$2, \cdots, l$）は複素平面内の領域 D において正則である
とする.

いま，任意に $x_0 \in D$ をとり，また l 次元複素ベク
トル a を任意に与えるとき，

初期条件　$y(x_0) = a$

を満たす解は，x_0 から出発する D 内の任意の道に沿
って解析接続可能である.

標語的にいえば，線形常微分方程式の解の特異点
は，係数の特異点においてのみ現れる.

[証明]　いま，$C : x = x(t)$ $(0 \leqq t \leqq 1)$ を，x_0 を出発す
る（すなわち $x(t_0) = x_0$）D 内の道で，$x(t)$ は C^1 級関数
であるとする. C を内部に含む D 内の有界閉集合 E をと
れば，$a_{jk}(x)$，$b_j(x)$ は E 上で有界である.

$$K = \left(\sum_{j, k=1}^{l} \|a_{jk}\|^2 \right)^{1/2} \quad （\|a_{jk}\| は E における \mathrm{sup} ノルム）$$

とする. t が 0 から t までかわるときの C の部分を $C(t)$
で示せば，

$$y(x(t)) - a = y(x(t)) - y(x(0))$$
$$= \int_{C(t)} y'(x) dx$$
$$= \int_{C(t)} (A(x)y(x) + b(x)) dx$$

よって，C の長さを L_C で示せば，

$$|y(x(t))|$$

$$\leqq |a| + \left| \int_{C(t)} (A(x)y(x) + b(x))dx \right|$$

$$\leqq |a| + \int_0^t (|A(x(s))y(x(s))| + |b(x(s))|)|x'(s)|ds$$

$$\leqq |a| + \|b\| L_C + \int_0^t K \|x'\| |y(x(s))|ds$$

したがって，グロンウォールの不等式（B. 1-4[1] 定理 2）を用いて，

$$|y(x(t))| \leqq (|a| + \|b\| L_C)e^{K\|x'\|t} \leqq M$$

$$(M = (|a| + \|b\| L_C)e^{K\|x'\|})$$

となる．（定義されている限り．）

いま，$0 \leqq t_1 < t_2 \leqq 1$ で $x(t_2)$ まで解が解析接続されているとすると，

$$|y(x(t_2)) - y(x(t_1))|$$

$$= \left| \int_{C(t_2)-C(t_1)} (A(x)y(x) + b(x))dx \right|$$

$$\leqq \int_{C(t_2)-C(t_1)} (|A(x)y(x)| + |b(x)|)|dx|$$

$$\leqq (KM + \|b\|)(L_{C(t_2)} - L_{C(t_1)})$$

したがって，いま，$y(x)$ が C に沿って $x(t)$（$0 \leqq t < t_0$）まで解析接続されているならば，$\lim_{t \to t_0 - 0} y(x(t))$ が存在する．この値を a' とし，$x = x(t_0)$ で $y = a'$ となる解（関数要素）$y_0(x)$ を考える．$|x - x(t_0)| < r_0$ でこの関数

要素は収束し，かつ，このとき $x \in D$ とする．

　$\delta > 0$ を適当に選べば，$t_0 - \delta < t < t_0$ のとき $|x(t) - x(t_0)| < r_0$ であるようにできる．そうすれば，$y_0(x(t_0)) = a' = \lim_{t \to t_0 - 0} y(x(t))$ であるから，

$$|y(x(t)) - y_0(x(t))|$$

$$= \left| \int_{t_0}^{t} \Big(y'(x(s)) - y_0'(x(s))x'(s) \Big) ds \right|$$

$$= \left| \int_{t_0}^{t} A(x(s)) \Big(y(x(s)) - y_0(x(s)) \Big) x'(s) ds \right|$$

$$\leqq \left| \int_{t_0}^{t} |A(x(s)) \Big(y(x(s)) - y_0(x(s)) \Big)| |x'(s)| ds \right|$$

$$\leqq K \|x'\| \left| \int_{t_0}^{t} |y(x(s)) - y_0(x(s))| ds \right|$$

再びグロンウォールの不等式によって，これより，

$$y(x(t)) - y_0(x(t)) = 0 \quad (t_0 - \delta < t < t_0)$$

が得られる．そうすれば，$y_0(x)$ は $y(x)$ と，曲線の一部 $\{x(t) : t_0 - \delta < t < t_0\}$ で一致するから，一致の定理により，共通に定義されている範囲で一致することになり，$y(x)$ は $x = x(t_0)$ を中心とする関数要素 $y_0(x)$ にまで解析接続される．

　このことから，x_0 を中心とする関数要素は，C に沿って，どこまでも解析接続ができることが知られた．

（証明終り）

2-2   線形常微分方程式の係数の孤立特異点のまわりの解

以下，2 階線形常微分方程式

$$y'' + P(x)y' + Q(x)y = 0 \qquad (1)$$

の場合について述べる．2-1 の定理 2 の形で扱えば，すべ
ての場合を含む議論ができるが，議論の内容は本質的には
同じことであるから，最も重要な場合である(1)の形のも
のについて述べる．

(1)において，$P(x), Q(x)$ は複素平面上 $x = x_0$ の近傍
で，x_0 を除いて 1 価正則で，x_0 を孤立特異点にもつもの
とする．$x - x_0$ をあらためて x と考えれば，$x_0 = 0$ とし
ておいてさしつかえない．

$0 < |x| < R$ において $P(x), Q(x)$ は正則であるとすれ
ば，$P(x), Q(x)$ は x のローラン級数に展開される．

$$P(x) = \sum_{n=-\infty}^{\infty} p_n x^n, \quad Q(x) = \sum_{n=-\infty}^{\infty} q_n x^n$$

いま，$D = \{x : 0 < |x| < R\}$ 内に 1 点 x_0 をとり，x_0 に
おける一組の基本解（関数要素）$y_0^{(1)}(x), y_0^{(2)}(x)$ を考え
る．

D 内の曲線 C で $x = 0$ を正の向きに 1 周するものをと
り，これに沿って $y_0^{(1)}(x), y_0^{(2)}(x)$ を解析接続し，ふたた
び x_0 を中心とするものに戻ったとき得られる関数要素を
$y_1^{(1)}(x), y_1^{(2)}(x)$ とする．$y_1^{(1)}(x), y_1^{(2)}(x)$ は，2-1 の定理
1 によってまた(1)の解であり，かつ一次独立である．（一
次独立なことは $y_1^{(1)}(x), y_1^{(2)}(x)$ を C 上逆向きに解析接

続すれば，もとの $y_0^{(1)}(x)$, $y_0^{(2)}(x)$ になることからわかる.)

したがって,

$$y_1^{(1)}(x) = a_{11}y_0^{(1)}(x) + a_{12}y_0^{(2)}(x)$$
$$y_1^{(2)}(x) = a_{21}y_0^{(1)}(x) + a_{22}y_0^{(2)}(x) \tag{2}$$

であるような定数行列 $A = \begin{bmatrix} a_{11} & a_{12} \\ a_{21} & a_{22} \end{bmatrix}$, $\det A \neq 0$ が存

在する. そこで適当な正則行列 P をとれば，PAP^{-1} を,

$$\begin{bmatrix} \lambda_1 & 0 \\ 0 & \lambda_2 \end{bmatrix}, \quad \text{または} \quad \begin{bmatrix} \lambda & 1 \\ 0 & \lambda \end{bmatrix} \tag{3}$$

の形にすることができる. すなわち，このことは，適当に初めの関数要素 $y_0^{(1)}(x)$, $y_0^{(2)}(x)$ をとれば，(2)の行列 A として，(3)の形のものであると仮定できることを示している. 以下，そのように考える.

$A = \begin{bmatrix} \lambda_1 & 0 \\ 0 & \lambda_2 \end{bmatrix}$ の場合. $\lambda_j = \exp(2\pi i\rho_j)$ $(j=1,2)$

とする. そこで，$u^{(j)}(x) = x^{-\rho_j}y_0^{(j)}(x)$ を考えると，これは x が 0 のまわりを 1 回まわってもとに戻るとき不変であり，したがって，$x=0$ の近傍において $x=0$ を除いて 1 価正則な関数を表すことになり，x のローラン級数に展開できる. すなわち,

$$y_0^{(j)}(x) = x^{\rho_j}\sum_{n=-\infty}^{\infty} c_n^{(j)}x^n \tag{4}$$

　ここで, n が $-\infty$ のほうに無限に続くときは, $u^{(j)}(x)$ が $x=0$ を真性特異点にもつ場合であり, このときは, ピカールの定理から, $u^{(j)}(x)$ は 0 の近傍において, たかだか二つの値を除いて任意の値を無限回とる.

　$u^{(j)}(x)$ が 0 を極, または正則点にもつときは, (4)において適当に x の累乗を x^{ρ_j} のほうにくりこむことにより, (4)は

$$y_0^{(j)}(x) = x^{\rho_j} \sum_{n=0}^{\infty} c_n^{(j)} x^n, \quad (c_0^{(j)} \neq 0) \tag{5}$$

の形であるとすることができる. (4)の形の関数で, 適当な整数 m をとるとき,

$$\lim_{x \to 0} |x^m y_0^{(j)}(x)| = 0 \tag{6}$$

となり得るのは, この後者の場合だけである.

　$A = \begin{bmatrix} \lambda & 1 \\ 0 & \lambda \end{bmatrix}$ の場合. $\lambda = \exp(2\pi i \rho)$ とする. $y_0^{(2)}(x)$ は x が 0 のまわりを 1 回正の方向にまわるとき λ 倍となるから, (4)の形に表される.

　$y_1^{(1)}(x) = \lambda y_0^{(1)}(x) + y_0^{(2)}(x)$ であるから, いま,

$$u(x) = x^{-\rho} \Big\{ y_0^{(1)}(x) - \frac{1}{2\pi i \lambda} y_0^{(2)}(x) \log x \Big\}$$

とすれば, これは x が 0 のまわりを 1 回まわってもとにもどるとき,

$$u(x) \rightarrow e^{-2\pi i \rho} x^{-\rho} \Bigg\{ (\lambda y_0^{(1)}(x) + y_0^{(2)}(x))$$

$$- \frac{1}{2\pi i \lambda} \lambda y_0^{(2)}(x)(\log x + 2\pi i) \Bigg\} = u(x)$$

となり不変であるから，これが $x = 0$ の近傍において $x = 0$ を孤立特異点にもった関数となる．したがって，

$$y_0^{(1)}(x) = x^\rho \sum_{n=-\infty}^{\infty} c_n^{(1)} x^n + \frac{1}{2\pi i \lambda} y_0^{(2)}(x) \log x \qquad (7)$$

の形である．

　この場合も，x が 0 のまわりをまわらないで $x \rightarrow 0$ とするとき（具体的には x 平面上に，たとえば，実軸の負の部分にスリットを入れて x が 0 のまわりをまわれないようにして考える），(6) が成立するのは，(7) で最初の和が (5) のようである場合，および $y_0^{(2)}(x)$ がやはりそのように表される場合に限る．

　1-4 節で，x が 0 のまわりをまわらないようにして $x \rightarrow$ 0 とするとき，(1) のすべての解が (6) の性質をもつならば，(1) は $x = 0$ を確定特異点にもつ，とよんだ．この条件は，(1) の基本解をなす二つの関数について述べればよいわけである．さらに，1-4 では，次の定理の一半を示した．

定理 1　線形常微分方程式 (1) が $x = x_0$ を確定特異点にもつための必要十分条件は，

$$(x - x_0) P(x), \quad (x - x_0)^2 Q(x)$$

が $x = x_0$ の近傍において正則であることである.

[証明]　今までと同じく $x_0 = 0$ として考える.

十分条件であることは，1-4 で示した通りである.

必要条件であること　$y_0^{(1)}(x)$, $y_0^{(2)}(x)$ を基本解とする線形常微分方程式は，

$$\begin{vmatrix} y & y' & y'' \\ y_0^{(1)} & y_0^{(1)'} & y_0^{(1)''} \\ y_0^{(2)} & y_0^{(2)'} & y_0^{(2)''} \end{vmatrix} = 0$$

で与えられる.（→A 例 3-1）

いま，$y_0^{(1)}(x)$, $y_0^{(2)}(x)$ がともに (5) の形のとき，
$$y_0^{(1)}(x) = x^{\rho_1} u(x), \quad y_0^{(2)}(x) = x^{\rho_2} v(x)$$
と書くと，

$$-xP(x) = \frac{x \begin{vmatrix} y_0^{(1)} & y_0^{(1)''} \\ y_0^{(2)} & y_0^{(2)''} \end{vmatrix}}{\begin{vmatrix} y_0^{(1)} & y_0^{(1)'} \\ y_0^{(2)} & y_0^{(2)'} \end{vmatrix}}$$

$$= \frac{x \begin{vmatrix} x^{\rho_1} u & \rho_1(\rho_1-1)x^{\rho_1-2}u + 2\rho_1 x^{\rho_1-1}u' + x^{\rho_1}u'' \\ x^{\rho_2} v & \rho_2(\rho_2-1)x^{\rho_2-2}v + 2\rho_2 x^{\rho_2-1}v' + x^{\rho_2}v'' \end{vmatrix}}{\begin{vmatrix} x^{\rho_1} u & \rho_1 x^{\rho_1-1}u + x^{\rho_1}u' \\ x^{\rho_2} v & \rho_2 x^{\rho_2-1}v + x^{\rho_2}v' \end{vmatrix}}$$

$$= \frac{(\rho_2(\rho_2-1)-\rho_1(\rho_1-1))uv + 2x(\rho_2 uv' - \rho_1 u'v) + x^2(uv'' - u''v)}{(\rho_2-\rho_1)uv + x(uv' - u'v)}$$

で，分母は $x=0$ で 0 にならない正則関数，分子は正則関数だから，$xP(x)$ は $x=0$ で正則である．$x^2Q(x)$ についても同様に計算される．

$\lambda_1=\lambda_2$ のときも，$A=\begin{bmatrix} \lambda & 0 \\ 0 & \lambda \end{bmatrix}$ のときは $\rho_1\neq\rho_2$ であるとしておくことができるから（$\rho_1=\rho_2$ のときは，上記で $u(x),v(x)$ の定数項が打消し合うように一次結合をつくれば，$\rho_1\neq\rho_2$ であるようなものができる），上記と同様になる．

$A=\begin{bmatrix} \lambda & 1 \\ 0 & \lambda \end{bmatrix}$ のときは，

$$y_0^{(1)}(x)=x^{\rho-k}u(x)+\alpha x^\rho v(x)\log x,$$

$$y_0^{(2)}(x)=x^\rho v(x)$$

$$\alpha=\frac{1}{2\pi i\lambda},\quad u(x)\text{ は }x=0\text{ で正則で }u(0)\neq 0$$

と書くと，

$$-xP(x)=x\begin{vmatrix} y_0^{(1)} & y_0^{(1)''} \\ y_0^{(2)} & y_0^{(2)''} \end{vmatrix}\Bigg/\begin{vmatrix} y_0^{(1)} & y_0^{(1)'} \\ y_0^{(2)} & y_0^{(2)'} \end{vmatrix}$$

$$=\frac{x\begin{vmatrix} x^{\rho-k}u+\alpha x^\rho v\log x & (*)_1 \\ x^\rho v & \rho(\rho-1)x^{\rho-2}v+2\rho x^{\rho-1}v'+x^\rho v'' \end{vmatrix}}{\begin{vmatrix} x^{\rho-k}u+\alpha x^\rho v\log x & (*)_2 \\ x^\rho v & \rho x^{\rho-1}v+x^\rho v' \end{vmatrix}}$$

ただし

$(*)_1 = (\rho-k)(\rho-k-1)x^{\rho-k-2}u + 2(\rho-k)x^{\rho-k-1}u'$

$\qquad + x^{\rho-k}u'' + \alpha(\rho(\rho-1)x^{\rho-2}\log x + (2\rho-1)x^{\rho-2})v$

$\qquad + 2\alpha(\rho x^{\rho-1}\log x + x^{\rho-1})v' + \alpha x^{\rho}(\log x)v''$

$(*)_2 = (\rho-k)x^{\rho-k-1}u + x^{\rho-k}u'$

$\qquad + \alpha(\rho x^{\rho-1}\log x + x^{\rho-1})v + \alpha x^{\rho}(\log x)v'$

$\qquad = \dfrac{(\rho(\rho-1)-(\rho-k)(\rho-k-1))uv + (**) - \alpha(2\rho-1)x^k v^2}{kuv + x(uv'-u'v) - \alpha x^k v^2}$

ただし,

$(**) = 2(\rho+\alpha)xuv' - 2(\rho-k)xu'v$

$\qquad + x^2(uv'' - u''v) - \alpha(2\rho-1)x^k v^2 - 2\alpha\rho x^{k+1}vv'$

　ここで，$k \leqq 0$ ならば分母子に x^{-k} を乗ずれば，分母子はともに $x=0$ で正則で，分母は $-\alpha v^2 + (x$ の高次の項$)$ となり，$x=0$ で 0 にならない.

　また，$k>0$ ならば分母子はともに $x=0$ で正則で，分母は $kuv + (x$ の高次の項$)$ の形であり，$x=0$ で 0 にならない.

　ゆえに，いずれにしても $xP(x)$ は $x=0$ で正則である.

$x^2 Q(x)$ についても同様に計算される.　　　（証明終り）

無限遠点における解　無限遠点における議論は，$z = \dfrac{1}{x}$ として $z=0$ における議論におき直せばよい.

$$\frac{dy}{dx} = \frac{dy}{dz}\left(-\frac{1}{x^2}\right) = -z^2\frac{dy}{dz}$$

$$\frac{d^2y}{dx^2} = \frac{d^2y}{dz^2}\left(-\frac{1}{x^2}\right)^2 + 2\frac{dy}{dz}\frac{1}{x^3} = z^4\frac{d^2y}{dz^2} + 2z^3\frac{dy}{dz}$$

であるから，次のように変形される．

$$\frac{d^2y}{dx^2} + P(x)\frac{dy}{dx} + Q(x)y$$
$$= z^4\frac{d^2y}{dz^2} + \left(2z^3 - z^2 P\left(\frac{1}{z}\right)\right)\frac{dy}{dz} + Q\left(\frac{1}{z}\right)y \quad (8)$$

したがって，

$$2\frac{1}{z} - \frac{1}{z^2}P\left(\frac{1}{z}\right), \quad \frac{1}{z^4}Q\left(\frac{1}{z}\right)$$ が $z=0$ で正則ならば，

解は $z=0$ で正則．

$$2 - \frac{1}{z}P\left(\frac{1}{z}\right), \quad \frac{1}{z^2}Q\left(\frac{1}{z}\right)$$ が $z=0$ で正則ならば，

$z=0$ は確定特異点となる．

ゆえに，次の定理が得られる．

定理 2　線形常微分方程式(1)において，$P(x)$, $Q(x)$ は $|z| > R$ において正則であるとする．

もしも，$2x - x^2 P(x)$, $x^4 Q(x)$ が $x = \infty$ で正則ならば，(1)の解は $x = \infty$ で正則である．

また，$2 - xP(x)$, $x^2 Q(x)$ が $x = \infty$ で正則ならば，(1)は $x = \infty$ を確定特異点にもつ．

2-3　超幾何微分方程式

線形常微分方程式

$$y^{(l)} + P_1(x)y^{(l-1)} + P_2(x)y^{(l-2)} +$$

$$\cdots + P_{l-1}(x)y' + P_l(x)y = 0 \qquad (1)$$

において，$P_k(x)$ $(k = 1, 2, \cdots, l)$ がすべて有理関数（分数式）であり，かつ $x = \infty$ も含めてその特異点はすべて確定特異点であるとき，(1)をフックス型の微分方程式という．

特に，三つの特異点を有する 2 階のフックス型の微分方程式は重要であり，超幾何微分方程式は，$0, 1, \infty$ に特異点を有するものになっている．いま，そのことを示そう．すなわち，2 階の線形常微分方程式

$$y'' + P(x)y' + Q(x)y = 0 \qquad (2)$$

で，$P(x), Q(x)$ は $0, 1, \infty$ のみを特異点にもつ有理関数で，かつそのいずれも(2)の確定特異点になっているとする．

$0, 1$ を確定特異点にもつことから，

$$P(x) = \frac{A}{x} + \frac{B}{x-1} + F(x), \quad Q(x) = \frac{G(x)}{x^2(x-1)^2}$$

の形でなければならない．ここで $F(x)$，$G(x)$ は多項式である．

また，∞ を確定特異点にもつことから，

$$2 - xP(x) = 2 - A - \frac{Bx}{x-1} - xF(x),$$

$$x^2 Q(x) = \frac{G(x)}{(x-1)^2}$$

が ∞ で正則でなければならない. これより,

$$F(x) = 0$$

$$G(x) \text{ はたかだか二次式}$$

である. これによって (2) は,

$$x(1-x)y'' + ((A+B)x - A)y' + \frac{ax^2 + bx + c}{x(1-x)}y = 0 \tag{3}$$

の形となる.

ここで, さらに (2) は $x = 0$, $x = 1$ において正則な解を少なくとも一つ有するものとしよう. すなわち, 決定方程式が 0 を解にもつようにする.

$x = 0$ における決定方程式　$\rho(\rho-1) - A\rho + c = 0$

$x = 1$ における決定方程式
$$\rho(\rho-1) + (B-2A)\rho + a + b + c = 0$$

であるから, $c = 0$, $a + b = 0$. したがって, $ax^2 + bx + c = bx(1-x)$ となる.

次に, ∞ における決定方程式をつくる. (3) を, 2-2. (8) により, z の方程式に変換すれば,

$$z^4 \frac{d^2y}{dz^2} + \left(2z^3 - z^2 \frac{(A+B)(1/z)-A}{(1/z)(1-1/z)} \right) \frac{dy}{dz}$$

$$+ \frac{b}{(1/z)(1-1/z)} y = 0 \tag{4}$$

すなわち,

$$z^2 \frac{d^2y}{dz^2} + z(2+A+B+z(\quad)) \frac{dy}{dz} - (b+z(\quad))y = 0$$

の形であるから, この方程式の $z=0$ における決定方程式
として,

$x = \infty$ における決定方程式

$$\rho(\rho-1)+(2+A+B)\rho-b=0$$

この解を, α, β とすれば,

$$\alpha+\beta = -(1+A+B), \quad \alpha\beta = -b$$

ゆえに, (3)は ($\gamma = -A$ として),

$$x(1-x)y'' + \{\gamma-(\alpha+\beta+1)x\}y' - \alpha\beta y = 0 \tag{5}$$

これがすなわち, **ガウスの超幾何微分方程式**である.

これの, $x=0$ における決定方程式 $\rho(\rho-1)+\gamma\rho =$
$\rho(\rho-1+\gamma)=0$ の $\rho=0$ なる解に対応する解として, ガ
ウスの超幾何級数 (関数),

$$F(\alpha, \beta, \gamma; x) = \sum_{n=0}^{\infty} \frac{(\alpha)_n(\beta)_n}{n!(\gamma)_n} x^n$$

を得たのであった. (→例 1-6) 決定方程式のもう一つの
解 $\rho=1-\gamma$ に対しては, $y=x^{1-\gamma}u$ として, (5)を u の
方程式に変換すると,

$$y' = x^{1-\gamma}u' + (1-\gamma)x^{-\gamma}u$$

$$y'' = x^{1-\gamma}u'' + 2(1-\gamma)x^{-\gamma}u' - \gamma(1-\gamma)x^{-\gamma-1}u$$

より，

$$x(1-x)u'' + \{2-\gamma - (\alpha+\beta-2\gamma+3)x\}u'$$
$$- (\alpha+1-\gamma)(\beta+1-\gamma)u = 0$$

となり，これはまた超幾何微分方程式である．これの解として，

$$u = F(\alpha+1-\gamma, \beta+1-\gamma, 2-\gamma; x)$$

を得るから，

$$x^{1-\gamma}F(\alpha+1-\gamma, \beta+1-\gamma, 2-\gamma; x)$$

が，$\rho = 1-\gamma$ に対応する(5)の解となる．

次に(5)を，

$$(1-x)(1-(1-x))y''$$
$$- \{\alpha+\beta-\gamma+1 - (\alpha+\beta+1)(1-x)\}y' - \alpha\beta y = 0$$

と書くことにより，$x=1$ における基本解として，

$$F(\alpha, \beta, \alpha+\beta-\gamma+1; 1-x)$$

$$(1-x)^{\gamma-\alpha-\beta}F(\gamma-\alpha, \gamma-\beta, \gamma-\alpha-\beta+1; 1-x)$$

また，$x=\infty$ では，$x = \dfrac{1}{z}$ と変換して得られる式

$$z^2(1-z)\frac{d^2y}{dz^2} + z\{(1-\alpha-\beta) + (2+\gamma)z\}\frac{dy}{dz} + \alpha\beta y = 0$$

において，$z=0$ における決定方程式の解が α, β であるこ

とがわかっているから，$y = z^\alpha u$ として変換すれば，すでに上にやったのと同様にして，

$$z(1-z)u'' + \{(\alpha - \beta + 1) - (2\alpha - \gamma + 2)z\}u'$$
$$- \alpha(\alpha - \gamma + 1)u = 0$$

を得るから，結局 $x = \infty$ における基本解として，

$$\frac{1}{x^\alpha} F\left(\alpha, \alpha - \gamma + 1, \alpha - \beta + 1; \frac{1}{x}\right)$$
$$\frac{1}{x^\beta} F\left(\beta, \beta - \gamma + 1, \beta - \alpha + 1; \frac{1}{x}\right)$$

を得ることになる．

一般化された超幾何微分方程式

超幾何微分方程式では $0, 1, \infty$ が確定特異点で，かつその $0, 1$ における決定方程式の一つの解が 0 であるようなものとして得られたが，一般に，2 階線形常微分方程式

$$y'' + P(x)y' + Q(x)y = 0$$

が三つの確定特異点 a_1, a_2, a_3 をもち，それ以外には特異点をもたないとき，a_k における決定方程式の解を ρ_k, ρ_k' とすれば，

$$\sum_{k=1}^{3} (\rho_k + \rho_k') = 1 \tag{6}$$

であり，微分方程式は，

$$\frac{d^2y}{dx^2} + \sum_{k=1}^{3} \frac{1-\rho_k-\rho_k{}'}{x-a_k} \frac{dy}{dx}$$

$$+ \sum_{k=1}^{3} \frac{\rho_k\rho_k{}'(a_k-a_p)(a_k-a_q)}{x-a_k} \frac{1}{(x-a_1)(x-a_2)(x-a_3)} y$$

$$= 0 \tag{7}$$

となる．(6)をフックスの関係式といい，(7)を一般化された超幾何微分方程式，あるいはパペリッツの微分方程式という．(7)の解（の集合）を，

$$P \left\{ \begin{array}{cccc} a_1 & a_2 & a_3 & \\ \rho_1 & \rho_2 & \rho_3 & x \\ \rho_1{}' & \rho_2{}' & \rho_3{}' & \end{array} \right\} \tag{8}$$

で表し，これをリーマンの **P 関数** という．

この書き方によれば，超幾何微分方程式(5)の解は，次のように書かれる．

$$P \left\{ \begin{array}{cccc} 0 & 1 & \infty & \\ 0 & 0 & \alpha & x \\ 1-\gamma & \gamma-\alpha-\beta & \beta & \end{array} \right\}$$

一般の P 関数は，ガウスの超幾何関数を用いて表示することができる．

2-4 合流型超幾何微分方程式

超幾何微分方程式

$$x(1-x)y'' + \{\gamma - (\alpha+\beta+1)x\}y' - \alpha\beta y = 0 \qquad (1)$$

において，$\beta x = z$ とおいて，z を変数とする微分方程式になおすと，

$$\frac{z}{\beta}\left(1-\frac{z}{\beta}\right)\beta^2\frac{d^2y}{dz^2} + \left\{\gamma - (\alpha+\beta+1)\frac{z}{\beta}\right\}\beta\frac{dy}{dz} - \alpha\beta y = 0$$

すなわち，

$$z\left(1-\frac{z}{\beta}\right)\frac{d^2y}{dz^2} + \left\{\gamma - \left(1+\frac{\alpha+1}{\beta}\right)z\right\}\frac{dy}{dz} - \alpha y = 0$$

となる．これは $0, \beta, \infty$ を確定特異点にもつフックス型の微分方程式である．

　ここで $\beta \to \infty$ とし，この特異点の一つ β を ∞ に合流させると，次の微分方程式を得る．

$$z\frac{d^2y}{dz^2} + (\gamma - z)\frac{dy}{dz} - \alpha y = 0 \qquad (2)$$

これを**合流型超幾何微分方程式**という．

　(1)の解

$$y = F(\alpha, \beta, \gamma; x)$$

$$= \sum_{n=0}^{\infty}\frac{\alpha(\alpha+1)\cdots(\alpha+n-1)\beta(\beta+1)\cdots(\beta+n-1)}{n!\gamma(\gamma+1)\cdots(\gamma+n-1)}x^n$$

において，$\beta x = z$ とし，$\beta \to \infty$ とすれば，

$$y = F(\alpha, \gamma; z) = \sum_{n=0}^{\infty}\frac{\alpha(\alpha+1)\cdots(\alpha+n-1)}{n!\gamma(\gamma+1)\cdots(\gamma+n-1)}z^n$$

$$= \sum_{n=0}^{\infty}\frac{(\alpha)_n}{n!(\gamma)_n}z^n \qquad (3)$$

が得られる．これは，全平面で正則な関数を表し，これを

合流型超幾何関数という.

合流型超幾何微分方程式(2)では, 0 は確定特異点であるが, (3)を $z=\infty$ における解と考えてみれば明らかなように, $z=\infty$ は確定特異点ではない.

(2)の $z=0$ における決定方程式は

$$\rho(\rho-1)+\gamma\rho=0$$

であるから, $\rho=0$ のほかに $\rho=1-\gamma$ に対応する解がある. この解を求め, さらに以下の考察のために, y を

$$w = z^{\sigma}e^{\lambda z}y \quad (\sigma, \lambda \text{は定数})$$

と変換して, w に関する微分方程式を導く.

$$y = z^{-\sigma}e^{-\lambda z}w$$

$$\frac{dy}{dz} = -\sigma z^{-\sigma-1}e^{-\lambda z}w - \lambda z^{-\sigma}e^{-\lambda z}w + z^{-\sigma}e^{-\lambda z}\frac{dw}{dz}$$

$$\frac{d^2y}{dz^2} = \sigma(\sigma+1)z^{-\sigma-2}e^{-\lambda z}w + \lambda^2 z^{-\sigma}e^{-\lambda z}w$$

$$+ z^{-\sigma}e^{-\lambda z}\frac{d^2w}{dz^2}$$

$$+ 2\sigma\lambda z^{-\sigma-1}e^{-\lambda z}w - 2\sigma z^{-\sigma-1}e^{-\lambda z}\frac{dw}{dz} - 2\lambda z^{-\sigma}e^{-\lambda z}\frac{dw}{dz}$$

より,

$$z\frac{d^2y}{dz^2} + (\gamma-z)\frac{dy}{dz} - \alpha y$$

$$= z^{-\sigma-1}e^{-\lambda z}\left[z^2\frac{d^2w}{dz^2} + z\{(\gamma-2\sigma)-(1+2\lambda)z\}\frac{dw}{dz}\right.$$

$$\left. + \{\sigma(1+\sigma-\gamma) + (-\alpha+\sigma-\lambda\gamma+2\sigma\lambda)z + \lambda(1+\lambda)z^2\}w\right]$$

であるから,

$$z^2 \frac{d^2w}{dz^2} + z\{(\gamma - 2\sigma) - (1 + 2\lambda)z\}\frac{dw}{dz}$$

$$+ \{\sigma(1 + \sigma - \gamma) + (-\alpha + \sigma - \lambda(\gamma - 2\sigma))z$$

$$+ \lambda(1 + \lambda)z^2\}w = 0 \tag{4}$$

なる微分方程式を得る.

$y = z^{1-\gamma}w$ としてみれば, 上記で $\sigma = \gamma - 1$, $\lambda = 0$ とした場合で

$$z \frac{d^2w}{dz^2} + (2 - \gamma - z)\frac{dw}{dz} - (\alpha - \gamma + 1)w = 0$$

を得るから, これの解として $F(\alpha - \gamma + 1, 2 - \gamma; z)$ が得られ, したがって (2) の $\rho = 1 - \gamma$ に対応する解として,

$$z^{1-\gamma}F(\alpha - \gamma + 1, 2 - \gamma; z) \tag{5}$$

が得られる. すなわち, (2) の $z = 0$ のまわりにおける基本解は (3), (5) で得られる. ($\gamma =$ 整数の場合には, $\log z$ を含む解があることとなり, もう少しめんどうになるが, 省略する.)

　ベッセルの微分方程式は, (4) の形の一つの場合である. すなわち, (4) で $\gamma - 2\sigma = 1, 1 + 2\lambda = 0, \alpha = \sigma + \frac{1}{2}$ とすれば,

$$z^2 \frac{d^2w}{dz^2} + z\frac{dw}{dz} + \left(-\frac{z^2}{4} - \sigma^2\right)w = 0$$

を得る. ここで, さらに $z = 2iu$ とすれば, ベッセルの微分方程式

$$u^2 \frac{d^2 w}{du^2} + u \frac{dw}{du} + (u^2 - \sigma^2) w = 0$$

を得る．したがって，この解として

$$w = (2iu)^\sigma e^{-iu} F\left(\sigma + \frac{1}{2}, 2\sigma + 1; 2iu\right)$$

が得られる．したがって，$u = 0$ の近傍において比較すれば，

$$J_\sigma(u) = \frac{1}{\Gamma(\sigma+1)} \left(\frac{u}{2}\right)^\sigma F\left(\sigma + \frac{1}{2}, 2\sigma + 1; 2iu\right)$$

であることとなる．

　同様に，ラゲールの微分方程式，エルミートの微分方程式もこの形に帰着させることができる．

C 第2章の演習問題

1. $y' = p_0(x) + p_1(x)y + p_2(x)y^2$ の形の常微分方程式を，一般リッカティ型常微分方程式という．いま，一次変換

$$w = \frac{cy+d}{ay+b} \quad (a, b, c, d \text{ は定数}, \ ad - bc \neq 0)$$

によって，w に関する微分方程式に変換するとき，ふたたび一般リッカティ型常微分方程式になることを示せ．

2. 一般リッカティ型常微分方程式 $y' = p_0(x) + p_1(x)y + p_2(x)y^2$ $(p_0(x), p_1(x), p_2(x)$ は複素平面上の領域 D において正則であるとする$)$ において，$y = -\dfrac{w'}{p_2(x)w}$ によって w に関する微分方程式に変換することにより，2階線形常微分方程式を得ることを示せ．

このことから，次のことが知られる．

(1) 一般リッカティ型常微分方程式では，解の分岐点（関数がその近傍で多価になるような点）は係数の特異点のみにおいて現れ，係数の特異点以外において現れる特異点は，たかだか極である．

(2) $y = p_0(x) + p_1(x)y' + p_2(x)y''$ の四つの解 y_1, y_2, y_3, y_4 に対し，その非調和比

$$(y_1, y_2, y_3, y_4) = \frac{y_1 - y_3}{y_2 - y_3} : \frac{y_1 - y_4}{y_2 - y_4}$$

は定数である.

3. 斉次 1 階線形常微分方程式 $y' + P(x)y = 0$ において,
$P(x)$ は $x = 0$ の近傍で 0 を孤立特異点にもち,それ以
外では一価正則な関数であるとする.
　　この微分方程式の $x = 0$ のまわりの解の形を求め,特
に $x = 0$ が確定特異点となるための条件を導け.

4. 斉次 1 階線形常微分方程式 $y' + P(x)y = 0$ において,
$P(x) = \displaystyle\sum_{k=1}^{m} \frac{1}{x - a_k}$ であるとき,この方程式の解を求め
よ.

5. 斉次 1 階線形常微分方程式 $y' + P(x)y = 0$ において,
$P(x)$ は $|x| < r$ で,点 a, b を除いて正則であるとする.
このとき,解 $y(x)$ は

$$y(x) = (x - a)^\alpha (x - b)^\beta u(x),$$

$$u(x) \text{ は } |x| < r \text{ で } a, b \text{ を除いて一価正則}$$

という形であることを示せ.

6. 定数係数斉次 2 階常微分方程式 $p_0 y'' + p_1 y' + p_2 y = 0$
$(p_0, p_1, p_2$ は定数$)$ の解は,$x = \infty$ において正則な解
をもたないことを示せ.(∞ で正則な関数とは,$\displaystyle\sum_{n=0}^{\infty} \frac{c_n}{x^n}$
の形に表されるものである.)

7. ルジャンドルの微分方程式(陪微分方程式)の $x = \infty$
における正則な解をガウスの超幾何関数を用いて表せ.

8. ラゲールの微分方程式,エルミートの微分方程式を合
流型超幾何微分方程式として考察し,その決定方程式
の解 $\rho = 0$ に対応する解を合流型超幾何関数を用いて表

せ.

9. (1)　微分方程式 $x^2y'' + xy' - (x^2 + \nu^2)y = 0$ の一つ
の解が $J_\nu(ix)$ であることを示せ.

　$I_\nu(x) = i^{-\nu} J_\nu(ix)$ とおいて，これを第1種の**変形さ
れたベッセル関数**という．この関数の級数展開を求めよ.

　$\nu \neq$ 整数ならば，$I_\nu(x)$, $I_{-\nu}(x)$ は基本解をなす．n
が整数のとき $I_n(x)$, $L_{-n}(x)$ の関係を求めよ.

　ν が整数のときにも，$I_\nu(x)$ と共に基本解をなすもう
一つの解として，

$$K_\nu(x) = \frac{\pi}{2} \frac{I_{-\nu}(x) - I_\nu(x)}{\sin \nu\pi} \quad (\nu \neq \text{整数}),$$

$$K_n(x) = \lim_{\nu \to n} K_\nu(x) \quad (n \text{ は整数})$$

が用いられる．これを第2種の**変形されたベッセル関
数**という.

(2)　微分方程式 $xy'' + y' - ixy = 0$ の一つの基本解が
$J_0(i^{3/2}x)$, $K_0(i^{3/2}x)$ で与えられる.

$J_0(i^{3/2}x) = \text{ber}\, x + i\, \text{bei}\, x$ （x が実数値のとき $\text{ber}\, x$,
$\text{bei}\, x$ は実数値をとるようにする）

$K_0(i^{3/2}x) = \text{ker}\, x + i\, \text{kei}\, x$ （x が実数値のとき $\text{ker}\, x$,
$\text{kei}\, x$ は実数値をとるようにする）

として，関数 ber, bei, ker, kei が定義される．これらは
ケルヴィン関数とよばれる．$\text{ber}\, x$, $\text{bei}\, x$ の級数展開を求
めよ.

10. 超幾何微分方程式に対する 2-3. の考察と同様にし
て，a_1, a_2, a_3 が有限のとき，a_1, a_2, a_3 を特異点にもつ

フックス型の微分方程式として，一般化された超幾何微分方程式（パペリッツの微分方程式）

$$\frac{d^2y}{dx^2} + \sum_{k=1}^{3} \frac{1-\rho_k-\rho_k{}'}{x-a_k} \frac{dy}{dx}$$

$$+ \sum_{k=1}^{3} \frac{\rho_k\rho_k{}'(a_k-a_p)(a_k-a_q)}{x-a_k} \frac{1}{(x-a_1)(x-a_2)(x-a_3)} y$$

$$= 0$$

を導け．

補　注

●補注1：二次曲線

　楕円，放物線，双曲線をあわせて二次曲線，または円錐曲線という．これらの方程式の標準形は，図のように座標軸をとるとき，

$$\text{楕円} \quad \frac{x^2}{a^2} + \frac{y^2}{b^2} = 1$$

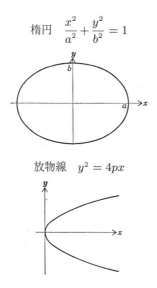

$$\text{放物線} \quad y^2 = 4px$$

双曲線　$\dfrac{x^2}{a^2} - \dfrac{y^2}{b^2} = 1$

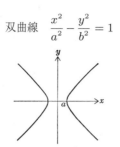

とされる.

　そして，楕円は2定点（焦点という）への距離の和が一定であるような点の集合，放物線は1定点（焦点）と1定直線への距離の長さが等しいような点の集合，双曲線は2定点（焦点という）への距離の差が一定であるような点の集合，として定義されるが，ここではむしろ，次の定義によることにしよう.

　1定点 F と，1直線 l への距離の比が一定値 $e > 0$ であるような点の集合を考える.

　$0 < e < 1$ ならば楕円，$e = 1$ ならば放物線，$e > 1$ ならば双曲線.

　いま，F を原点，F から l に引いた垂線 $\mathrm{FH_0}$ の延長を始線とする極座標を考え，上記の集合上の1点を P，P から l に引いた垂線と l との交点を H とする. P の極座標を (r, θ) とすれば，$\overline{\mathrm{FH_0}} = d$ とするとき，

$$\overline{\mathrm{PF}} = r, \qquad \overline{\mathrm{PH}} = d - r\cos\theta$$

　そして，

$$\overline{\mathrm{PF}} = e\overline{\mathrm{PH}}$$

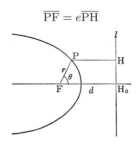

であるから,

$$r = e(d - r\cos\theta) \qquad \therefore \quad r(1 + e\cos\theta) = ed$$

ゆえに,

$$\frac{1}{r} = \frac{1 + e\cos\theta}{ed}$$

これが求める曲線を記述する式となる.

この式から,通常の xy 座標に関する式を求めてみよう. $x = r\cos\theta$, $y = r\sin\theta$ であるから,

$$r + er\cos\theta = ed \text{ より, } r = e(d - r\cos\theta)$$

$$\therefore \quad x^2 + y^2 = e^2(d - x)^2 = e^2 d^2 - 2e^2 dx + e^2 x^2$$

$0 < e < 1$ のときは,

$$(1 - e^2)x^2 + 2e^2 dx + \frac{e^4 d^2}{1 - e^2} + y^2 = e^2 d^2 + \frac{e^4 d^2}{1 - e^2}$$

$$= \frac{e^2 d^2}{1 - e^2}$$

$$\therefore \quad \frac{\left(x+\dfrac{e^2d}{1-e^2}\right)^2}{\left(\dfrac{ed}{1-e^2}\right)^2} + \frac{y^2}{\left(\dfrac{ed}{(1-e^2)^{1/2}}\right)^2} = 1$$

であり，これは初めに述べた楕円の式である．

$e=1$ のときは，

$$y^2 = d^2 - 2dx = 2d\left(\frac{d}{2} - x\right)$$

で，これは初めに述べた放物線の式である．

$e>1$ のときは楕円の場合と同様に計算して，

$$\frac{\left(x-\dfrac{e^2d}{e^2-1}\right)^2}{\left(\dfrac{ed}{e^2-1}\right)^2} - \frac{y^2}{\left(\dfrac{ed}{(e^2-1)^{1/2}}\right)^2} = 1$$

なる双曲線の式を得る．

● 補注 2：変分法の基本補題

　連続関数 $f(x)$ が，$\eta(a) = \eta(b) = 0$ を満たす任意の C^1 級関数 $\eta(x)$ に対して

$$\int_a^b f(x)\eta(x)dx = 0$$

を満たすならば，$f(x)$ は恒等的に 0 でなければならない．

　ここで，$\eta(x)$ は C^1 級関数とするかわりに，C^k 級関数としてもよい．（k は，$1 \leq k \leq \infty$ の中の固定された値.）（→『フーリエ展開』）

● 補注 3：行列の標準形（ジョルダン標準形）

l 次正方行列 A に対し，多項式 $q(\lambda) = \det(A - \lambda E)$ を固有多項式，$q(\lambda) = 0$ の解を固有根という．

固有根 λ_0 に対して $Ax_0 = \lambda_0 x_0, x_0 \neq 0$ を満たすベクトル x_0 が少なくとも一つ存在する．このとき λ_0 を固有値，x_0 を固有値 λ_0 に対応する固有ベクトルという．固有根は一般に複素数だから，x_0 も複素 l 次元ベクトル空間 $\boldsymbol{C}^l$ のベクトルである．一つの固有値に対応する固有ベクトルの全体は $\boldsymbol{C}^l$ の部分ベクトル空間をつくる．その次元が λ_0 の $q(\lambda) = 0$ の解としての重複度と一致すれば，そして，これがどの固有根についてもいえるならば，適当な正則行列 P をとって PAP^{-1} を対角線形にできる．

一般にはこうはいかないので，もう少しめんどうである．まず，次の定理から始める．

定理　行列 A は適当に変形することにより，三角形型にできる．

$$PAP^{-1} = \begin{bmatrix} \lambda_1 & & & \\ & \lambda_2 & & * \\ & & \ddots & \\ O & & & \lambda_l \end{bmatrix} \tag{1}$$

［証明］　$l = 1$ のときは明らかであるから，数学的帰納法によることとして，$l-1$ 次の行列については定理は成り立っているとする．

$q(\lambda) = 0$ の一つの解 λ_1 をとり，λ_1 に対応する固有ベ

クトルの一つを e_1 とする．そして，この e_1 を交えて，
$e_1, e_2, \cdots, e_l$ を $\boldsymbol{C}^l$ の一組の一次独立なベクトルとする．
この $\boldsymbol{C}^l$ の基に対して A を行列表示すれば，（これは適当
な正方行列 P_0 によって，$P_0 A P_0{}^{-1}$ と変換したことにな
る）

$$P_0 A P_0{}^{-1} = \left[\begin{array}{c|c} \lambda_1 & * \\ \hline O & B_1 \end{array}\right]$$

B_1 は $l-1$ 次の行列だから，適当な $l-1$ 次の正則行列
Q_1 によって，

$$Q_1 B_1 Q_1{}^{-1} = \left[\begin{array}{cccc} \lambda_2 & & & \\ & \lambda_3 & & * \\ & & \ddots & \\ O & & & \lambda_l \end{array}\right]$$

とできる．

$$P_1 = \left[\begin{array}{c|c} 1 & O \\ \hline O & Q_1 \end{array}\right]$$

とすれば，

$$(P_1 P_0) A (P_1 P_0)^{-1} = \left[\begin{array}{cccc} \lambda_1 & & & \\ & \lambda_2 & & * \\ & & \ddots & \\ O & & & \lambda_l \end{array}\right]$$

となる．　　　　　　　　　　　　　　　　（証明終り）

上記の証明を見れば，(1) で，固有根はどんな順序にで

も対角線上に並べられることが知られる.

そこで，相異なる固有根を $\lambda(1), \lambda(2), \cdots, \lambda(m)$, それぞれの重複度を $k(1), k(2), \cdots, k(m)$ とする. そうすれば,

$$PAP^{-1} = \begin{bmatrix} M_1 & * & \cdots & * \\ O & M_2 & \cdots & * \\ O & O & \ddots & \vdots \\ O & O & \cdots & M_m \end{bmatrix}, \quad M_h \text{ は } k(h) \times$$

$k(h)$ 行列で, $= \begin{bmatrix} \lambda(h) & & & \\ & \lambda(h) & & * \\ & & \ddots & \\ & O & & \lambda(h) \end{bmatrix}$ の形とできる. ここで，次の定理が成り立つ.

定理 適当な変形により，次の形にできる.

$$PAP^{-1} = \begin{bmatrix} M_1 & O & O & O \\ O & M_2 & O & O \\ O & O & \ddots & O \\ O & O & O & M_m \end{bmatrix} \qquad (2)$$

[証明] $A_{(1)} = P_{(1)} A P_{(1)}^{-1} = \begin{bmatrix} M_1 & C_{(1)} \\ O & B_{(1)} \end{bmatrix}$ の形であったとして, $C_{(1)}$ のところを O にできることがいえれば，あとは順に $M_2, \cdots$ とやっていけばよい. また, A につい

て述べるかわりに，$A - \lambda(1)E$ について述べることにしてもよい．そこでいま，

$$A_{(1)} = \left[\begin{array}{c|c} M_1 & C_{(1)} \\ \hline O & B_{(1)} \end{array} \right], \quad M_1{}^k = O, \quad \det B_{(1)} \neq 0$$

として，適当な正則行列 Q を用いて，

$$QA_{(1)}Q^{-1} = \left[\begin{array}{c|c} M_1 & O \\ \hline O & B_{(1)} \end{array} \right] \qquad (3)$$

とできることを示す．

$A_{(1)}^k = \left[\begin{array}{c|c} O & C'_{(1)} \\ \hline O & B_{(1)}^k \end{array} \right]$ であるから，$Q_{(1)} = -C'_{(1)}B_{(1)}^{-k}$，

$Q = \left[\begin{array}{c|c} E_1 & Q_{(1)} \\ \hline O & E_{(1)} \end{array} \right]$ （E_1 は k 次の，$E_{(1)}$ は $l-k$ 次の単

位行列）とすれば，簡単な計算で

$$QA_{(1)}^k Q^{-1} = \left[\begin{array}{c|c} O & O \\ \hline O & B_{(1)}^k \end{array} \right]$$

であることがわかる．この Q によって(3)が成立していることを示そう．$k=1$ のときは上記ですでにすんでいるから，$k \geqq 2$ として考える．

$$(QA_{(1)}Q^{-1})^s = \left[\begin{array}{c|c} M_1{}^s & C_{(1s)} \\ \hline O & B_{(1)}^s \end{array} \right]$$

とすれば, $(QA_{(1)}Q^{-1})^k = (\quad)(\quad)^{k-1} = (\quad)^{k-1}(\quad)$ より,

$$C_{(1k)} = M_1 C_{(1k-1)} + C_{(11)} B_1^{k-1} = O \qquad (4)$$

$$C_{(1k)} = M_1^{k-1} C_{(11)} + C_{(1k-1)} B_1 = O \qquad (5)$$

(5)に左側から M_1 を乗ずれば, $M_1^k = O$ より, $M_1 C_{(1k-1)} B_1 = O$. $\det B_1 \neq 0$ より $M_1 C_{(1k-1)} = O$. (4)より $C_{(11)} B_1^{k-1} = O$. ふたたび $\det B_1 \neq 0$ より $C_{(11)} = O$. ゆえに, (3)が成立していることが知られた.

(証明終り)

これより, 直ちに次の定理が得られることを注意しよう.

> **ハミルトン・ケイリーの定理** 行列 A の固有多項式 $q(\lambda)$ に対して, $q(A) = O$

[証明] $q(\lambda)$ はまた PAP^{-1} の固有多項式である. PAP^{-1} が(2)の形であるとき, $q(\lambda) = (\lambda - \lambda(1))^{k(1)}(\lambda - \lambda(2))^{k(2)} \cdots (\lambda - \lambda(m))^{k(m)}$ で,

$$Pq(A)P^{-1} = q(PAP^{-1}) = \begin{bmatrix} q(M_1) & O & O & O \\ O & q(M_2) & O & O \\ O & O & \ddots & O \\ O & O & O & q(M_m) \end{bmatrix}$$

ところで,

$$q(M_h) = (M_h - \lambda(1)E_h)^{k(1)} \cdots (M_h - \lambda(h)E_h)^{k(h)}$$
$$\cdots (M_m - \lambda(m)E_h)^{k(m)} = O.$$

ゆえに，$Pq(A)P^{-1} = O$.　ゆえに，$q(A) = O$.

（証明終り）

さて次に，

定理　上記 M_h の形，すなわち，

$$M = \begin{bmatrix} \lambda & & & \\ & \lambda & & * \\ & & \ddots & \\ O & & & \lambda \end{bmatrix} \qquad (6)$$

の形の行列は，ふたたび適当に変形することにより，

$$\begin{bmatrix} \lambda & 1 & 0 & & \\ & \lambda & 1 & & O \\ & & \lambda & \ddots & \\ O & & \ddots & & 1 \\ & & & & \lambda \end{bmatrix} \quad \begin{pmatrix} \text{対角線に } \lambda \text{ が並} \\ \text{ぶ．その右に沿} \\ \text{って一つずつ1} \\ \text{が並ぶ．他は 0} \end{pmatrix} \qquad (7)$$

という形の行列（ジョルダン・ブロック）を，対角線
上に並べた(2)の形にすることができる．

[証明]　いま，

$$E_{jk} = {}^{j)}\begin{bmatrix} & & \overset{k}{\vdots} & \\ \cdots\cdots\cdots & 1 & \cdots\cdots \\ & O & \vdots & \end{bmatrix} \quad \begin{pmatrix} jk \text{ 要素が } 1 \\ \text{他の要素はすべて } 0 \end{pmatrix}$$

であるような行列を考える.(これを行列単位という.)

$$E(単位行列) = E_{11} + E_{22} + \cdots + E_{ll}$$

である.そして,

$$Q_{jk}(\alpha) = E + \alpha E_{jk} \quad (j \neq k)$$

$$R_j(\alpha) = E + (\alpha - 1)E_{jj} \quad (\alpha \neq 0)$$

$$S_{jk} = E - E_{jj} - E_{kk} + E_{jk} + E_{kj} \quad (j \neq k)$$

とおく.次のことは,容易に確かめられる.

$$Q_{jk}(\alpha)^{-1} = Q_{jk}(-\alpha), \quad R_j(\alpha)^{-1} = R_j\left(\frac{1}{\alpha}\right),$$

$$S_{jk}^{-1} = S_{jk}$$

さて,PAP^{-1} をつくると,次のようになることも,ただちに確かめられる.これらについては,$A = \sum_{j,k=1}^{l} a_{jk} E_{jk}$ であること,および,$E_{jk}E_{pq} = \delta_{kp} E_{jq}$ であることを用いれば簡単である.

$P = Q_{jk}(\alpha)$ のとき k 行に α をかけて j 行に加え,j 列に α をかけて k 列から引く.jk 要素はさらに $\alpha^2 a_{kj}$ を引く.

$P = R_j(\alpha)$ のとき j 行に α をかけ,j 列に $\frac{1}{\alpha}$ をかける.

$P = S_{jk}$ のとき j 行と k 行,j 列と k 列を入れかえる.

そこで,(6)の形の行列 M について考える.ここで M のかわりに $M - \lambda E$ を考えれば,$\lambda = 0$ としておいてかま

わない.

　第1行の要素で0でないものがあれば, そのようなはじめての列をq列目とする. $R_q(a_{1q})MR_q(a_{1q})^{-1}$ をつくると, $1q$ 要素は1になる. そこで, $k=q+1, q+2, \cdots$ について, 順に $Q_{qk}(a_{1k})MQ_{qk}(a_{1k})^{-1}$ をつくれば, $1k$ 要素をすべて0にすることができる.（1回やるごとに a_{1k} の値は変わってくるが, 順にその変わった後の値を用いて変形するのである. $k=q+1, q+2, \cdots$ と順番にやっていくことがたいせつである. なお, $a_{qk}=0$ $(q\geqq k)$ だから, この操作の間で, $a_{11}, \cdots, a_{1q}$ の値は変わらない.）このようにして, 第1行が, $1q$ 要素が1, 他はすべて0, というような行列に変形できる. 第1行の要素がすべて0のときは, 次に進む.

　次に第2行について, 第2行の要素で0でないものがあれば, そのようなはじめての列をq列目として, $R_q(a_{2q})MR_2(a_{2q})^{-1}$ をつくることによって, そこをまず1とし, 次に, $k=q+1, q+2, \cdots$ について, 順に $Q_{qk}(a_{2k})MQ_{qk}(a_{2k})^{-1}$ をつくって, $2k$ 要素 $(q<k)$ をすべて0にする. 第2行の要素がすべて0のときは次に進む.

　このようにしていくと, PMP^{-1} という変形を繰り返すことにより, M は, やはり(6)のように左下部分は O で, 各行は, すべて0であるか, または一か所だけ1があるような行列に変形されることがわかる.

　次に, 各列にもたかだか一か所だけしか1がないよう

にしよう. いま列を左から順に見ていって, 二つ以上 1 がある列の最後のものを q 列目とする. そして, $a_{jq} = a_{pq} = 1$ $(j < p)$ であるとする. (ここで $p < q$ であることに注意.) いま, $Q_{jp}(-1)MQ_{jp}(-1)^{-1}$ をつくれば, 第 q 列において jq 要素は 0 となり, 他は変わらない. ただし, p 列目には別の 1 がはいってくる可能性がある. したがって, この操作をくりかえすことにより, 各列も, たかだか一か所しか 1 でないようにできる.

最後に, (7)の形をならべたものにするために, まず第 1 行を見る. これがすべて 0 ならば, (2)の形の行列で $M_1 = O$ として先に進む. 第 1 行に 1 があれば, $a_{1q} = 1$ として, $S_{2q}MS_{2q}^{-1}$ をつくれば, この 1 を 12 の位置にもってくることができる. そして, 第 2 行を見る. 第 2 行に 1 がなければ, (2)の形の行列で, $M_1 = \begin{bmatrix} 0 & 1 \\ 0 & 0 \end{bmatrix}$ として次に進む. もし 1 があれば, 上記と同様, $S_{3q}MS_{3q}^{-1}$ によってそれを 23 の位置にもってきて, 先に進む. このように進んで, 0 しか並んでいないような行に行きあたれば, そこで一段落で, そこまでが(7)の形の行列で, それが M_1 である. そして次の行に進む.

以下も全く同様で, 次の行の要素がすべて 0 ならば, $M_2 = O$ で先に進む. 1 があれば, それを $p\ p+1$ の位置にもってきて次の行を見る. 次の行に 1 がなければ, $M_2 = \begin{bmatrix} 0 & 1 \\ 0 & 0 \end{bmatrix}$ である. 1 があれば, それを $p+1\ p+2$

の位置にもってきて先に進む. このように進んで0しか
並んでいないような行に行きあたれば, そこで一段落で,
そこまでが(7)の形の行列で, それが M_2 である.

　以下, この操作をくり返して, 最後の行にまで行けばよ
い.　　　　　　　　　　　　　　　　　　　　　（証明終り）

[参考書]　竹内啓『線形数学』(培風館) 定理 6.17

●補注4　B が実数値行列で, $\det B \neq 0$ のとき, $B^2 =$
$\exp 2A$ となる実数値行列 A があること.

　B の固有方程式 $q(\lambda)$ は実係数の方程式だから, その
解, すなわち固有根は実数と, 共役複素数が対になって
現れる. 実の固有根を $\rho_1, \rho_2, \cdots, \rho_u$, 複素数の固有根を,
$\sigma_1, \overline{\sigma}_1, \sigma_2, \overline{\sigma}_2, \cdots, \sigma_v, \overline{\sigma}_v$ とする. （重複した解は, その重
複度だけくり返して数える. 行列 B の次数を l とすれば,
$l = u + 2v$）

　いま, 補注3の(2)のように, B を適当に変形して三角
形型のものを対角線上にならべたものとするとき,

$$P_1 B P_1^{-1} = \begin{bmatrix} M & O & O \\ \hline O & N & O \\ \hline O & O & N' \end{bmatrix} \begin{matrix}]u 次 \\ ]v 次 \\ ]v 次 \end{matrix} \qquad (8)$$

の形で, M は実の固有根に対応する部分, N は互いに
共役でない複素数の固有根に対応する部分, N' は N の
部分に共役な固有根に対応する部分としておくことが
できる. （N と N' はともに次数 v の行列である.） また,

(1)の形への変形において見られるように，実の固有値に対応する部分 M は，実数値行列であるとしておくことができる.

(8)の分割に応じて，$P_1{}^{-1} = Q_1$ を，

$$\overset{u 次}{\overset{\frown}{}} \overset{v 次}{\overset{\frown}{}} \overset{v 次}{\overset{\frown}{}}$$
$$Q_1 = [\ R\ |\ S\ |\ S'\ ]$$

という形にわける．これは，Q_1 を縦ベクトルを並べたものとして，

$$Q_1 = [\underbrace{r_1\, r_2 \cdots r_u}_{R}\,|\,\underbrace{s_1\, s_2 \cdots s_v}_{S}\,|\,\underbrace{s_1{}'\, s_2{}' \cdots s_v{}'}_{S'}]$$

という形に見たわけである．上記の M と同じ理由で，R は実数値であるとしておいてよい．(8)より，$BQ_1 = Q_1(P_1 B P_1{}^{-1})$，すなわち，

$$[BR|BS|BS'] = [R|S|S']\begin{bmatrix} M & O & O \\ \hline O & N & O \\ \hline O & O & N' \end{bmatrix}$$

$$= [RM|SN|S'N']$$

であるから，

$$BR = RM,\ \ BS = SN,\ \ BS' = S'N' \tag{9}$$

$BS = SN$ と，B が実数値行列であることより，

$$B\overline{S} = \overline{S}\,\overline{N} \tag{10}$$

そこで，S' のかわりに $\overline{S}$ を用いることができることを示そう.

(9)から，任意の λ に対して，

$$(B - \lambda E)R = R(M - \lambda E)$$

等であるから,

$$q_1(\lambda) = (\lambda - \rho_1)(\lambda - \rho_2)\cdots(\lambda - \rho_u)$$

$$q_2(\lambda) = (\lambda - \sigma_1)(\lambda - \sigma_2)\cdots(\lambda - \sigma_v)$$

$$q_{\overline{2}}(\lambda) = (\lambda - \overline{\sigma}_1)(\lambda - \overline{\sigma}_2)\cdots(\lambda - \overline{\sigma}_v)$$

とすれば, フロベニウスの定理より $q_1(M) = O$, $q_2(N) = 0$, $q_{\overline{2}}(N') = O$ であることを用い,

$$q_1(B)R = O, \quad q_2(B)S = O, \quad q_{\overline{2}}(B)S' = 0$$

となる. また, $q_2(B)S = O$ より,

$$q_{\overline{2}}(B)\overline{S} = O \tag{11}$$

しかるに,

$$q_{\overline{2}}(M) = \begin{bmatrix} q_{\overline{2}}(\rho_1) & & & \\ & q_{\overline{2}}(\rho_2) & & (*) \\ & O & & \ddots \\ & & & q_{\overline{2}}(\rho_u) \end{bmatrix}$$

であるから, $\det q_{\overline{2}}(M) \neq 0$, 同様に $\det q_{\overline{2}}(N) \neq 0$. したがって, ベクトル x に対し, $x = Rc_1 + Sc_2 + S'c_3$ (c_1, c_2, c_3 は, それぞれ u, v, v 次元のベクトル) とすれば,

$$q_{\overline{2}}(B)x = q_{\overline{2}}(B)Rc_1 + q_{\overline{2}}(B)Sc_2 + q_{\overline{2}}(B)S'c_3$$

$$= Rq_{\overline{2}}(M)c_1 + Sq_{\overline{2}}(N)c_2 + S'q_{\overline{2}}(N')c_3$$

$$= Rq_{\overline{2}}(M)c_1 + Sq_{\overline{2}}(N)c_2$$

であって, もしここでで, $q_{\overline{2}}(B)x = 0$ であるときは,

$c_1 = 0$, $c_2 = 0$ でなければならない. このことを(11)に対して用いれば,

$\bar{s}_1, \bar{s}_2, \cdots, \bar{s}_v$ は $s_1{}', s_2{}', \cdots, s_v{}'$ の一次結合で表される.

こととなる. 同じように論ずれば,

$\bar{s}_1{}', \bar{s}_2{}', \cdots, \bar{s}_v{}'$ は $s_1, s_2, \cdots, s_v$ の一次結合で表される.

したがって,

$s_1{}', s_2{}', \cdots, s_v{}'$ は $\bar{s}_1, \bar{s}_2, \cdots, \bar{s}_v$ の一次結合で表される.

以上により $s_1{}', s_2{}', \cdots, s_v{}'$ の一次結合全体と, $\bar{s}_1, \bar{s}_2, \cdots,$ $\bar{s}_v$ の一次結合全体とは同じものである.

このことは, S' のかわりに $\overline{S}$ を用いることができることを示しており, そのとき(10)から,

$$Q = [R|S|\overline{S}]$$

として, $Q^{-1} = P$ とすれば B の標準形として,

$$PBP^{-1} = Q^{-1}BQ = [R|S|\overline{S}]^{-1}B[R|S|\overline{S}]$$

$$= \left[\begin{array}{c|c|c} M & O & O \\ \hline O & N & O \\ \hline O & O & \overline{N} \end{array} \right]$$

が得られる.

そこで, A.3-4[2]6. で示した方法によって, $M^2 = \exp 2K$, $N^2 = \exp 2L$ となる行列 K, L がとれる. ここで, M^2 は対角線上が正数である行列となるので, K は実数値行列にとれる. (B^2 の形にしなければならないのはこのためである.)

$$A = [R|S|\overline{S}] \begin{bmatrix} K & O & O \\ \hline O & L & O \\ \hline O & O & \overline{L} \end{bmatrix} [R|S|\overline{S}]^{-1}$$

とすれば，E_u, E_v を次数 u, v の単位行列とするとき，

$$\overline{A} = [R|\overline{S}|S] \begin{bmatrix} K & O & O \\ \hline O & \overline{L} & O \\ \hline O & O & L \end{bmatrix} [R|\overline{S}|S]^{-1}$$

$$= [R|S|\overline{S}] \begin{bmatrix} E_u & O & O \\ \hline O & O & E_v \\ \hline O & E_v & O \end{bmatrix} \begin{bmatrix} K & O & O \\ \hline O & \overline{L} & O \\ \hline O & O & L \end{bmatrix}$$

$$\times \begin{bmatrix} E_u & O & O \\ \hline O & O & E_v \\ \hline O & E_v & O \end{bmatrix} [R|S|\overline{S}]^{-1}$$

$$= [R|S|\overline{S}] \begin{bmatrix} K & O & O \\ \hline O & L & O \\ \hline O & O & \overline{L} \end{bmatrix} [R|S|\overline{S}]^{-1} = A$$

となり，A が実数値行列であることが知られる．

そして，つくり方より，$B^2 = \exp 2A.$

● 補注 5

B. 1-3 節の定理 1 の証明では，延長不能な解の存在が
証明されていないが，次のようにする．

$x(t_0) = x_0$ を満たす(1)の解を考える. 解のおのおのには, それが定義されている区間が付随している. これらの区間の左端全部の集合を R_1, 右端全部の集合を R_2 で表し, $a^* = \inf R_1$, $b^* = \sup R_2$ とおく. このとき, 区間 $]a^*, b^*[$ で定義された(1)の解が存在し, これは延長不能な解である.

実際, いま, $t_1 \in]a^*, b^*[$ とする. $t_0 < t_1 < b^*$ としておいてもよい. このとき, 上で考えた解の集合に対して, もしそれが $t = t_1$ で定義されていれば, t_1 における値はすべて等しい. なぜならば, 二つの解を $x = x_1(t)$, $x = x_2(t)$ とするとき, もし $x_1(t_1) \neq x_2(t_1)$ ならば, $t_0^* = \inf\{t : t_0 < t < t_1,\ x_1(t) \neq x_2(t)\}$ とすれば, $x_1(t_0^*) = x_2(t_0^*)$. この値を x_0^* とすれば, $(t_0^*, x_0^*) \in D$ で, ここではリプシッツ条件によって解の一意性が成立するから, 適当な $r > 0$ に対して, $t_0^* \leqq t \leqq t_0^* + r$ において, $x_1(t) = x_2(t)$. これは t_0^* の定義に反することとなるからである.

そこで, この共通の値によって $x^*(t_1)$ と定義すれば, $x^*(t)$ は $]a^*, b^*[$ で定義された関数で, 各 $t_1 \in]a^*, b^*[$ の近くでは解と一致しているから, $x = x^*(t)$ は(1)の, $x^*(t_0) = x_0$ を満たす解である. また, a^*, b^* の定め方から, $]a^*, b^*[$ より広い区間で定義された解は存在しない.

なお, ② c. が成立しているときは,

$$\underline{d^*} = \varliminf_{t \to b^* - 0} x^*(t), \quad \overline{d^*} = \varlimsup_{t \to b^* - 0} x^*(t)$$

とするとき，すべての $x \in]\underline{d}*, \overline{d}*[$ に対して，$(b^*, x) \in \partial D$ であることになる.

(問)の解答

A 常微分方程式の解法

2-1-1 （1）$y = c(1+x^2)^{3/2}$　（2）$y = \dfrac{x+c}{1-cx}$

（3）$y = \dfrac{c\,|x|}{\sqrt{1+(1-c^2)x^2}}$　　（4）$\cos y = c \cos x$

2-2-1 （1）$x^2 - y^2 = cy$　（2）$\log|x-y| + \dfrac{x}{x-y} = c$

2-2-2 （1）$y = \dfrac{1}{4}(ce^{2x} - 6x - 5)$

（2）$y = \tan \dfrac{1}{2}(x+y) + c$

2-2-3 （1）$(x-1)^4 = \left\{\dfrac{4}{3}(y-c)\right\}^3$

（2）$x = c + 3t + \log\left|\dfrac{t-1}{t+1}\right|,\ y = t(1-t^2)$，および $y = 0$

2-3-1 （1）$y = ce^{3x} - \dfrac{1}{4}e^{-x}$　（2）$y = c\exp\left(-\dfrac{1}{2}x^2\right) + 2$

（3）$y = c\sqrt{1+x^2} - x + \sqrt{1+x^2}\log(x+\sqrt{1+x^2})$

2-3-2 （1）$x^2 + y^2 = u$ とおく．$x^2 + y^2 = ce^{2x}$

（2）$u = \dfrac{1}{y^2}$ とおく．$\dfrac{1}{y^2} = c\sec^2 x + 2\tan x \sec x,\ y = 0$

2-4-1 （1）$xy = c$　（2）$x^2 y - \sin x - y = c$

（3）$\dfrac{1}{4}x^4 + xy^3 + \dfrac{1}{4}y^4 + e^x \sin y = c$

2-4-2 （1）積分因子 $\dfrac{1}{x^2 y^2}$，$\dfrac{1}{xy} - y = c$

（2）積分因子 $\dfrac{1}{x^5 y^2}$，$\dfrac{1}{x^4 y} - \dfrac{1}{3x^3} = c$

(3) 積分因子 $\dfrac{1}{y^3}$,　$xy + y^2 + \dfrac{2x}{y^2} = c$

(4) 積分因子 $\dfrac{1}{x^3}$,　$e^x y^2 + \dfrac{2}{x} - \dfrac{y}{x^2} = c$

2-5-1 (1) 一般解 $c^2(y^2 - 4) - 2cx - 1 = 0$. 特異解 $x^2 + y^2 = 4$

(2) 一般解 $y = \dfrac{1}{4}c^2 \pm \dfrac{c}{2}x^2$. 特異解 $y = -\dfrac{1}{4}x^4$

2-5-2 (1) 一般解 $y = cx + \sqrt{1 + c^2}$. 特異解 $y = \sqrt{1 - x^2}$

(2) 一般解 $y = cx + \dfrac{c}{\sqrt{1 + c^2}}$. 特異解 $y = \pm(1 - x^{2/3})^{3/2}$ （$x < 0$）

2-6-1 (1) $y = c_1 e^{kx} - \dfrac{m}{2k}\left(x + \dfrac{1}{k}\right)^2 + c_2$

(2) $y = c_1 \sin(kx + c_2)$

(3) $y = (1 + c_1{}^2)\log|x + c_1| - c_1 x + c_2$

(4) $\sqrt{c_1 + y^2} = c_2 \pm x$

2-7-1 $y = c - c^2 x + c^3 x^2 - \left(c^4 - \dfrac{1}{3}\right)x^3 + \left(c^5 - \dfrac{c}{6}\right)x^4 + \cdots$

2-7-2 $y = 1 + \displaystyle\sum_{k=1}^{\infty}(-1)^k \dfrac{1 \cdot 4 \cdot 7 \cdots (3k - 2)}{(3k)!}x^{3k}$

3-1-1 $\begin{vmatrix} c_{11} & c_{12} \\ c_{21} & c_{22} \end{vmatrix} = 0$ ならば, $z_1(x), z_2(x)$ は一次従属になる.

3-1-2 $\left(\dfrac{y_2(x)}{y_1(x)}\right)' = \dfrac{W[y_1, y_2](x)}{y_1{}^2(x)}$

より, $W = 0$ ならば $y_1(x) \neq 0$ なる範囲で $y_1(x), y_2(x)$ は一次従属. 同様に, $y_2(x) \neq 0$ なる範囲でも一次従属. $y_1(x), y_2(x)$ が共通の零点をもたなければ, この二つの範囲の和集合は I. このことから, $y_1(x), y_2(x)$ は I で一次従属となる.

3-2-1 (1) $y = c_1 x + c_2 x e^x - x^2$ (2) $y = c_1(x+1) + c_2 e^x + x^2 e^x$

3-2-2 (1) $y = c_1 x^2 + c_2 x^2 e^{-x} + x^2 e^x$

(2) $y = c_1 e^x + c_2 e^x \log|x| + x^3$

3-2-3 (1) $y = c_1 + c_2 x + c_3 e^x + c_4 x e^x$

(2) $y = c_1 \exp x + c_2 \exp \omega x + c_3 \exp \omega^2 x$ （ω は 1 の 3 乗根で 1 と異なるもの）, あるいは,

$$y = c_1 e^x + c_2 e^{-(1/2)x} \cos \frac{\sqrt{3}}{2} x + c_3 e^{-(1/2)x} \sin \frac{\sqrt{3}}{2} x$$

(3) $y = 1 + x + c_1 e^x + c_2 e^{-2x}$

(4) $y = \left(c_1 + c_2 x - \dfrac{1}{24} x^3\right) \sin x + \left(c_3 + c_4 x - \dfrac{x^2}{8}\right) \cos x$

(5) $y = e^x(c_1 \cos x + c_2 \sin x) + 3 e^x + \dfrac{1}{5} \cos x - \dfrac{2}{5} \sin x$

(6) $y = (c_1 + c_2 x + c_3 x^2) e^x + \dfrac{2}{3} x^3 e^x$

3-2-4 $a = \dfrac{r}{m}$ として, $x = c_1 + c_2 e^{-at} - \dfrac{g}{a} t$. $v = \dot{x}$ は最終的に $-\dfrac{g}{a}$ に近づく. (**終速度**)

3-3-1 (1) 接線にそったベクトル (**接ベクトル**). 向きは t の増加する方向. 長さは $|\dot{\boldsymbol{x}}(t)|$ (2) $\displaystyle\int_{t_0}^{t_1} |\dot{\boldsymbol{x}}(t)| dt$ (3) $\dot{\boldsymbol{x}}(t)$ は接線方向の単位ベクトル. $|\dot{\boldsymbol{x}}|^2 = \dot{\boldsymbol{x}} \cdot \dot{\boldsymbol{x}} = 1$ (内積) が常に成立するから, $\dot{\boldsymbol{x}} \cdot \ddot{\boldsymbol{x}} = 0$. したがって, $\ddot{\boldsymbol{x}}$ は法線方向のベクトル (**法線ベクトル**). いま, 接単位ベクトル $\dot{\boldsymbol{x}}$ に対して, 単位ベクトル $\boldsymbol{n}$ を, $\dot{\boldsymbol{x}}$ に対して左向きに直交するようにとる (**法線単位ベクトル**). そのとき $\ddot{\boldsymbol{x}}$ は $\boldsymbol{n}$ の何倍かであるが, $\ddot{\boldsymbol{x}} = \kappa \boldsymbol{n}$ として, κ をこの点における曲線の**曲率**という.

3-3-2 $A(t) = \begin{bmatrix} \dot{x}_{11}(t) & \dot{x}_{21}(t) \\ \dot{x}_{12}(t) & \dot{x}_{22}(t) \end{bmatrix} \begin{bmatrix} x_{11}(t) & x_{21}(t) \\ x_{12}(t) & x_{22}(t) \end{bmatrix}^{-1}$

3-3-3 省略.

3-4-1 (1) 基本解行列 $\begin{bmatrix} e^{2t} & 0 \\ e^{2t} & e^t \end{bmatrix}$

(2) $\begin{bmatrix} e^{(-1+2i)t} & ie^{(-1-2i)t} \\ ie^{(-1+2i)t} & e^{(-1-2i)t} \end{bmatrix}$ または実数部分をとって

$\begin{bmatrix} e^{-t}\cos 2t & e^{-t}\sin 2t \\ -e^{-t}\sin 2t & e^{-t}\cos 2t \end{bmatrix}$

(3) $\begin{bmatrix} e^{2t} & te^{2t} \\ e^{2t} & (t+1)e^{2t} \end{bmatrix}$

(4) $\begin{bmatrix} e^t & e^{2t} & e^{3t} \\ 2e^t & 3e^{2t} & -e^{3t} \\ 3e^t & 5e^{2t} & -2e^{3t} \end{bmatrix}$

(5) $\begin{bmatrix} (9-4i)e^{it} & (9+4i)e^{-it} & 3 \\ (3-i)e^{it} & (3+i)e^{-it} & 1 \\ (7-2i)e^{it} & (7+2i)e^{-it} & 2 \end{bmatrix}$ または

$\begin{bmatrix} 9\cos t+4\sin t & -4\cos t+9\sin t & 3 \\ 3\cos t+\sin t & -\cos t+3\sin t & 1 \\ 7\cos t+2\sin t & -2\cos t+7\sin t & 2 \end{bmatrix}$

(6) $\begin{bmatrix} -11e^{2t} & 7e^{2t} & 6e^t \\ 2e^{2t} & 0 & 2e^t \\ 0 & 2e^{2t} & 5e^t \end{bmatrix}$

(7) $\begin{bmatrix} 17e^{2t} & (238t-5)e^{2t} & 6e^t \\ 6e^{2t} & (84t+4)e^{2t} & 2e^t \\ 14e^{2t} & 196te^{2t} & 5e^t \end{bmatrix}$

3-4-2 省略.

3-4-3 $\dfrac{1}{4}\begin{bmatrix} e+3e^5 & -e+e^5 \\ -3e+3e^5 & 3e+e^5 \end{bmatrix}$, $\begin{bmatrix} 2e^3 & -e^3 \\ e^3 & 0 \end{bmatrix}$

3-5-1 1, 1

3-5-2 $x(t)=c_1\begin{bmatrix} 0 \\ e^t \end{bmatrix}+c_2\begin{bmatrix} e^t \\ -e^t\cot t \end{bmatrix}$

$+\begin{bmatrix} \dfrac{1}{2}e^t-\dfrac{1}{2}\sin t-\dfrac{1}{2}\cos t \\ \dfrac{7}{10}e^t-\dfrac{1}{2}e^t\cos t+\dfrac{1}{4}+\dfrac{1}{2}\sin t-\dfrac{1}{2}\cos t+\dfrac{3}{20}\sin 2t+\dfrac{1}{20}\cos 2t \end{bmatrix}$

B 常微分方程式の基礎理論

1-2-1 $x_n(t)=t^2-\dfrac{t^{2n+2}}{4\cdot 6\cdots(2n+2)}$

1-2-2 最大解 $x=\dfrac{1}{9}t^3$. 最小解 $x=0$. 解が一意的でないことは, 例 1-5 を用い, $\displaystyle\int_0^\varepsilon \dfrac{1}{\sqrt{u}}du=2\sqrt{\varepsilon}<\infty$ であることからも知られる.

1-3-1 区間 I^* において $x^*(t)$ は定義されているとする. もし, 区間 I^* の右端が有限な値ならば, それを b^* とすれば, $|x^*(t)-x^*(t')|\leqq M|t-t'|$ $(t,t'\in I^*,\ M=\|F\|)$ が成立することより, $\displaystyle\lim_{t\to b^*-0}x^*(t)$ が存在することになる.

1-4-1 省略.

1-5-1 $x(t,\lambda)$ が C^k 級関数 ($1\leqq k\leqq m-1$) として, C^{k+1} 級となることをいえばよい. そのためには $\dot{x}(t,\lambda)$, $x_\lambda(t,\lambda)$ が C^k 級関数であることをいえばよい. $\dot{x}(t,\lambda)$ については, $=F(t,x(t,\lambda))$ より. $x_\lambda(t,\lambda)$ については, それが変化方程式を満たし, そして $F_x(t,x,\lambda)$, $F_\lambda(t,x,\lambda)$ が C^{n-1} 級関数であることより知られる.

2-1-1 定理 1 ②による.

2-2-1　(1) 標準形 $\begin{bmatrix} 2 & 0 \\ 0 & 1 \end{bmatrix}$. 不安定結節点. $P^{-1} =$

$\begin{bmatrix} 1 & 0 \\ 1 & 1 \end{bmatrix}$.　　(2) 安定渦心点.

(3) 標準形 $\begin{bmatrix} 2 & 1 \\ 0 & 2 \end{bmatrix}$. 不安定結節点. $P^{-1} = \begin{bmatrix} 1 & 0 \\ 1 & 1 \end{bmatrix}$.

2-2-2　軌道は x_2 軸に関して対称. $t = 0$ で $(0, b_0)$ $(b_0 > 0)$ を出発すると, 軌道は $x_1 > 0$ の側にはいる. そこで x_1 は増加, x_2 は減少. いま (a, b) $(a > 0, b > 0)$ を $t = \delta$ で通ると, ある t_1 $(0 < t_1 < a^{-1}(b - a^2) + \delta)$ で $x_2 - x_1^2 = 0$. そこでは解軌道の接線は x^2 軸に垂直. $\dfrac{d}{dt}(x^2 - x_1^2) = -2x_1\left\{ x^2 - x_1^2 + \dfrac{1}{2} \right\}$ で, $x^2 - x_1^2 + \dfrac{1}{2} = 0$ は一つの軌道だから, いま考えている軌道上, 常に $x^2 - x_1^2 + \dfrac{1}{2} > 0$. したがって, $x^2 - x_1^2$ は常に減少. 上と同様, $t_1 + \delta$ で (a_1, b_1) を通れば, $\varepsilon = a_1^2 - b_1$ として, ある t_2 $(t_1 < t_2 < \varepsilon^{-1}a_1 + \delta)$ で $x_1 = 0$ となる.

2-3-1　$\dot{V}(x) = 0$

2-3-2　リャプーノフ関数 $V(x) = x_1^2 + x_2^2$ ととれる. 漸近安定.

C　複素領域における常微分方程式

1-2-1　省略.

1-3-1　右辺の関数を $h(x)$ とおく. これが n 次の多項式であり x^n の係数が 1 であることは直ちにわかる. よって, これがエルミートの微分方程式を満たすことをいえばよい. これは h'', h' をつくり, 次の式を利用すればよい.

$$\frac{d^{n+2}}{dx^{n+2}}\exp\left(-\frac{x^2}{2}\right) = -\frac{d^{n+1}}{dx^{n+1}}x\exp\left(-\frac{x^2}{2}\right)$$

$$= -x\frac{d^{n+1}}{dx^{n+1}}\exp\left(-\frac{x^2}{2}\right) - (n+1)\frac{d^n}{dx^n}\exp\left(-\frac{x^2}{2}\right)$$

1-3-2　$t(x) = \sqrt{1-x^2}\dfrac{d^n}{dx^n}(1-x^2)^{n-1/2}$ が n 次の多項式であ

ることは容易にわかる. これがチェビシェフの微分方程式の

解であることを確かめるが，それには，

$$\frac{d^{n+2}}{dx^{n+2}}(1-x^2)^{n+1-1/2} = \frac{d^{n+1}}{dx^{n+1}}\frac{d}{dx}(1-x^2)^{n+1/2}$$

$$= \frac{d^{n+2}}{dx^{n+2}}(1-x^2)^{n-1/2}(1-x^2)$$

を計算して得られる

$$(1-x^2)\frac{d^{n+2}}{dx^{n+2}}(1-x^2)^{n-1/2}$$

$$= 3x\frac{d^{n+1}}{dx^{n+1}}(1-x^2)^{n-1/2} - (n^2-1)\frac{d^n}{dx^n}(1-x^2)^{n-1/2}$$

が利用される.

　次に，$t(1)$ を求める．それには，$x = \cos\theta$ とおいて $\theta = 0$

のときの値を求めればよい.

$$\frac{d}{dx}(1-x^2)^{n-1/2} = \frac{d}{d\theta}\sin^{2n-1}\theta \Big/ \frac{d}{d\theta}\cos\theta$$

$$= -(2n-1)\sin^{2n-3}\theta\cos\theta$$

からはじめて，順次微分していけば，

$$\sqrt{1-x^2}\frac{d^n}{dx^n}(1-x^2)^{n-1/2}$$

$$= \sin\theta\left[(-1)^n(2n-1)!!\frac{\cos^n\theta}{\sin\theta} + \cdots\right],$$

… のところは $\sin\theta$, $\cos\theta$ の多項式になっている．これによ

り，$t(1) = (-1)^n(2n-1)!! T_n(1) = 1$ であるから，

$$T_n(x) = \frac{(-1)^n}{(2n-1)!!} t(x).$$

次に，$T_n(x) = \cos n\theta$ より $\dfrac{dT_n(x)}{dx} = \dfrac{n \sin n\theta}{\sin \theta}$ これを書き直して

$$U_n(x) = \frac{\sqrt{1-x^2}}{n} \frac{dT_n(x)}{dx}.$$

1-4-1 $y_1(x) = 1 + \sum_{n=1}^{\infty} \dfrac{(-\lambda)_n}{(n!)^2} x^n$,

$y_2(x) = y_1(x)\log x + \sum_{n=1}^{\infty} \dfrac{(-\lambda)_n}{(n!)^2} \left\{ \sum_{r=1}^{n} \dfrac{1}{r-1-\lambda} - \dfrac{2}{r} \right\} x^n$

1-4-2 決定方程式は $\rho^2 = 0$ だから，多項式の解が得られれば，他の解は $\log x$ の項をもった解となり，$L_n(x)$ が解であることが示されれば，これがその求めているものであることになる．多項式の解 $y = c_0 \sum_{m=0}^{n} (-1)^m {}_n\mathrm{C}_m \dfrac{x^m}{m!}$. これを $\dfrac{d^n}{dx^n}(x^n e^{-x})$ と比較すれば，$L_n(x)$ が，この解と一致することがわかる．

1-5-1 t^n の係数は，

$n \geqq 0$ ならば $\sum_{m=0}^{\infty} (-1)^m \dfrac{1}{(n+m)!m!} \left(\dfrac{x}{2}\right)^{n+2m}$.

$n < 0$ ならば $(-1)^n \sum_{k=0}^{\infty} (-1)^k \dfrac{1}{k!(k-n)!} \left(\dfrac{x}{2}\right)^{2k-n}$.

演習問題の解答

A：第1章の演習問題

1. $x = ce^{kt} + e^{kt} \int e^{-kt} g(t) dt$ (c は任意定数)

2. $\dot{x} = kx$, $k = -T^{-1} \log 2$.

3. 室内の容積を V, 単位時間当りの送風量を A とすれば, $V\dot{x} = -Ax$, $x = ae^{-(A/V)t}$.

4. $\dot{x} = k(a-x)(b-x)$. $a \neq b$ ならば, $x = \dfrac{ab(e^{kbt} - e^{kat})}{be^{kbt} - ae^{kat}}$.

$a = b$ ならば, $x = \dfrac{ka^2t}{kat + 1}$.

5. 接線影の長さが一定 ($= k$) $y = ce^{x/k}$ (c は任意定数).
法線影の長さが一定 ($= k$) $y^2 = -2kx + c$ (c は任意定数)

6. $x + yy' = 0$

7. $\ddot{x} = -k^2p^2x$, $\ddot{y} = -k^2q^2y$ ($k \neq 0$). あるいは

$$\ddot{\boldsymbol{x}} = \begin{bmatrix} -k^2p^2 & 0 \\ 0 & -k^2q^2 \end{bmatrix} \boldsymbol{x}.$$

解は $x = A_1 \sin(kpt + \delta_1)$, $y = A_2 \sin(kqt + \delta_2)$. t を π/k 増加させたときの状態を考えれば, 対称性が得られる.

8. 惑星の運動と同様である. ただし斥力であるから, $K < 0$. 飛跡は2次曲線であるが, 焦点が曲線のまがった内側にくることはないので, 双曲線である. ($\rightarrow$ 補注1. このことは, また, 軌道の式で $l < 0$ であるから, $e < -1$ でなければ $r > 0$ となることがないことからも知られる.)

9. 原点と A(a, b) を結ぶ曲線とする. $f(a) = b$ で, $L = \displaystyle\int_0^a \sqrt{1 + f'(x)^2} dx$. オイラーの微分方程式は, $\dfrac{y''}{(1 + y'^2)^{3/2}}$

$=0$ で，解は直線.

10.　棒の一端は原点，他端は座標 l の点とする．$u(t, x) = v(x)g(t)$ の形とすれば，$k^2 \dfrac{v''(x)}{v(x)} = \dfrac{\dot{g}(t)}{g(t)}$.　境界条件 $v(0) = v(l) = 0$ より，$v(x) = c \sin \dfrac{n\pi}{l} x \ (n = 1, 2, \cdots)$，$u(t, x) = \displaystyle\sum_{n=1}^{\infty} c_n \sin \dfrac{n\pi}{l} x \exp\left(-k^2 \left(\dfrac{n\pi}{l}\right)^2 t\right)$.

A：第 2 章の演習問題

1.　(1) 変数分離形 $1 + 2y + 2(\sin x - \cos x)e^{x+2y} = ce^{2y}$

(2) 変数分離形 $(x+1)^2 + (y-1)^2 + 2\log|(x-1)(y+1)| = c$

(3) 同次形 $x^2 = c \sinh^3 \dfrac{y}{x}$

(4) 同次形 $cx = \exp\left(\sin^{-1} \dfrac{y}{x}\right)$

(5) → 例 2-7　$|y^2 - xy - x^2 + x + 3y + 1|^{\sqrt{5}}$

$\times \left(\dfrac{2y - (1+\sqrt{5})x + (3+\sqrt{5})}{2y - (1-\sqrt{5})x + (3-\sqrt{5})}\right)^2 = c$

(6) $u = y - 4x$ とおく．$\dfrac{y - 4x + 2}{y - 4x - 2} = ce^{4x}$

2.　(1) $z = y'$，$y = a \sinh t$ とする．$y = a \sinh(x+c)$

(2) $z = y'$，$x = a \sin t$ とする．$y = \pm\left(\dfrac{a^2}{2} \sin^{-1} \dfrac{x}{a} + \dfrac{1}{2} x\sqrt{a^2 - x^2}\right) + c$

(3) $z = y'$ とする．$(x-c)^2 = c - 2y$，および $x = 2y - \dfrac{1}{4}$

(4) $y' = z$，$y = xt$ とする．$y = x \cdot \dfrac{2 + cx^{1/3}}{1 + cx^{1/3}}$

3.　(1) 線形 $3y \sin x = \sin^3 x + c$

(2) 線形 $y = e^{x - (1/x)} + ce^{-1/x}$

(3) ベルヌーイ型 $\dfrac{1}{y^4} = -x + \dfrac{1}{4} + ce^{-4x}$

(4) ベルヌーイ型 $\dfrac{x^2}{y^2} = -\dfrac{2}{3}x^3\left(\dfrac{2}{3} + \log x\right) + c$

4. (1) 完全微分形 $y + \sqrt{x^2 + y^2} = c$

(2) 完全微分形 $\exp(xy^2) + x^4 - y^3 = c$

(3) 積分因子 $\dfrac{1}{y^2}$, $\ x^2 + y^2 = cy$

(4) 積分因子 xy, $\ x^2(1+x)y^2 = c$

(5) 積分因子 $\dfrac{1}{y^5}$, $\ x^2 e^y + \dfrac{x^2}{y} + \dfrac{x}{y^3} = c$

(6) 積分因子 $\sec^2 x \cdot \sec^2 y$, $\ \tan x \cdot \tan y = c$

5. (1) 一般解 $y = cx + \log c$ 　特異解 $-x = e^{-(y+1)}$

(2) 一般解 $y = cx + c - c^2$ 　特異解 $4y = (x+1)^2$

(3) $y = -\log\cos|x + c_1| + c_2$ 　(4) $c_1^2 y = c_1 x^2 - x + c_2$

6. x 軸, y 軸を漸近線とする双曲線は $xy = C$. これらに直交する曲線は $x^2 - y^2 = c$

7. 極座標では, 曲線 $r = f(\theta)$ と $r = g(\theta)$ の交点で, 接線が直交する条件は, $f'(\theta)g'(\theta) + r^2 = 0$. よって, $r = C(1 + \sin\theta)$ より $\dfrac{dr}{d\theta} = C\cos\theta = \dfrac{r\cos\theta}{1+\sin\theta}$. ここで, 左辺の $\dfrac{dr}{d\theta}$ を $-r^2\left(\dfrac{dr}{d\theta}\right)^{-1}$ でおきかえて, 直交曲線の微分方程式が得られる. これより, $r = c(1 - \sin\theta)$

8. $x^2 + y^2 = c^2$

9. $x^2 - y^2 = c$

10. $d\left(\dfrac{M_1}{M_2}\right) = N(Pdx + Qdy)$ を導く. そのためには A. 2-4[2]の(7)の式を利用し, $\dfrac{\partial P}{\partial y} - \dfrac{\partial Q}{\partial x}$ を消去する.

11. （1）同次形になる.

（2）$\dfrac{du}{dt} + \dfrac{b}{\alpha+1}u^2 = \dfrac{a}{\alpha+1}t^{-\alpha/(\alpha+1)}$

（3）$\dfrac{dz}{dx} + \dfrac{a}{x^2}z^2 = bx^{\alpha+2}$,

$\dfrac{du}{dt} + \dfrac{b}{\alpha+3}u^2 = \dfrac{a}{\alpha+3}t^{-(\alpha+4)/(\alpha+3)}$

A：第3章の演習問題

1. 省略

2. （1）$(x-1)y'' - xy' + y = 0$

（2）$x^2(1+x^2)y'' + (1+2x-x^4)y' - (x+1)^2 y = 0$

（3）$x^2 y'' - 2xy' + (\omega^2 x^2 + 2)y = 0$

3. $u(x) = \exp\left(\dfrac{1}{2}\displaystyle\int P(x)dx\right)$ とすればよい.

4. はじめの式は部分積分を繰り返し用いる.

$$(c_1 + c_2 x + \cdots + c_l x^{l-1})e^{\alpha x} + \dfrac{1}{(l-1)!}e^{\alpha x}\int_a^x e^{-\alpha t}(x-t)^{l-1}f(t)dt$$

5. $k=0$ のときは代入すれば直ちにわかる. 一般の k に対しては, $\Phi(\lambda) = (\lambda-\alpha)^k \Psi(\lambda)$ とするとき, $D^k(e^{-\alpha x}y) = e^{-\alpha x}(D-\alpha)^k y$ と, $\Phi^{(k)}(\alpha) = k!\Psi(\alpha)$ から知られる.

6. $\dfrac{dx}{d\xi} = x$, $\dfrac{dy}{d\xi} = \dfrac{dy}{dx}\dfrac{dx}{d\xi} = x\dfrac{dy}{dx}$. これより, $\dfrac{d^k y}{d\xi^k}$ を求めると, $x^h \dfrac{d^h y}{dx^h}$ の一次結合になる.

（1）$1 + c_1 x\log x + c_2 x$　　（2）$c_1 x + c_2 x^{-1/2} - x^2 + x\log x$

（3）$c_1 x + x(c_2\cos\log x + c_3\sin\log x) + \dfrac{1}{2}x^2(\log x - 2) + 3x\log x$

（4）$c_1(x+2) + c_2(x+2)\log(x+2) + \dfrac{3}{2}(x+2)(\log(x+$

$2))^2 - 2$

7. (1) $c_1 x^4 + c_2 x + c_3$　(2) $c_1 x^2 + c_2 + (x+1)\log x$

(3) $c_1 e^{-x} + c_2(1+2x)^2 e^{-x} - \dfrac{1}{4}(1+2x)e^{-x}$

8. (1) $x = 3c_1 e^t + 3c_2 e^{-t} + c_3 \cos t + c_4 \sin t + \dfrac{2}{5}e^{2t}$,

$y = -c_1 e^t - c_2 e^{-t} - c_3 \cos t - c_4 \sin t - \dfrac{1}{15}e^{2t}$

(2) $x = c_1 \cos 4t + c_2 \sin 4t + c_3 \cos t + c_4 \sin t$,

$y = -c_1 \sin 4t + c_2 \cos 4t + c_3 \sin t - c_4 \cos t$

9. $a(t) = a_1(t) + a_2(t) \cdots + a_l(t)$, $\alpha(t) = \exp\left(\displaystyle\int a(t)dt\right)$ と

おく. 基本解行列は

$$
\begin{bmatrix}
\alpha(t) & \alpha(t)\displaystyle\int \alpha(t)^{-1}a_2(t)dt & \cdots & \alpha(t)\displaystyle\int \alpha(t)^{-1}a_l(t)dt \\
\alpha(t) & \alpha(t)\displaystyle\int \alpha(t)^{-1}a_2(t)dt+1 & \cdots & \alpha(t)\displaystyle\int \alpha(t)^{-1}a_l(t)dt \\
\cdots & \cdots & & \cdots \cdots \\
\alpha(t) & \alpha(t)\displaystyle\int \alpha(t)^{-1}a_2(t)dt & \cdots & \alpha(t)\displaystyle\int \alpha(t)^{-1}a_l(t)dt+1
\end{bmatrix}
$$

ロンスキアン $= \alpha(t)$

10.　$\varPhi(t) = X(t)\exp(-tB)$

11.　(1) $y_1(a) = y_2(a) = 0$ なら $\begin{bmatrix} y_1(x) \\ y_1{}'(x) \end{bmatrix}$, $\begin{bmatrix} y_2(x) \\ y_2{}'(x) \end{bmatrix}$ は

$x = a$ で一次独立でない.

(2) $y_1(x) > 0$ $(x \in\,]a_1, a_2[)$ ならば, $y_1{}'(a_1) > 0$, $y_2{}'(a_2)$ < 0. これと, $W[y_1, y_2](x)$ が符号一定であることより, $y_2(a_1)$, $y_2(a_2)$ が符号相反することを導く.

(3) a_0 を零点の集積点とすれば, そこで $y(a_0) = y'(a_0) = 0$

12.　(2) $\left|x(t)\right| = \left|x(0)e^{-pt} + \displaystyle\int_0^t e^{-p(t-s)} f(s) ds\right|$

$$\leqq |x(0)|\, e^{-pt} + e^{-p(t-T)} \int_0^\infty |f(s)|\, ds$$

$$+ \int_T^\infty |f(s)|\, ds$$

より従う.

13.　$t \geqq T$ で $Q(t) < -\dfrac{1}{2}$ とする. $\ddot{x} = -Q(t)x$.

a.　$x(T) > 0$, $\dot{x}(T) \geqq 0$ ならば, $\dot{x}(t)$, そして $x(t)$ は増加
で, $t \geqq T$ で $x(t)$ は 0 にならない.

b.　$x(T) > 0$, $\dot{x}(T) < 0$ ならば, $x(t)$ は減少, $\dot{x}(t)$ は増加
だから, (i) $x(t)$ が 0 になるところがあるか, (ii) $\dot{x}(t)$ が 0
になるところがあるか, (iii) $x(t)$, $\dot{x}(t)$ は決して 0 になら
ないかである. (i), (ii)の場合はaの場合に帰する. (iii)の場
合は $\displaystyle\lim_{t \to \infty} x(t) = 0$, $\displaystyle\lim_{t \to \infty} \dot{x}(t) = 0$. (この場合があることは
$\ddot{x} - x = 0$ について見ればよい.)

14.　(1) $\lambda = \exp\left(-\displaystyle\int_0^\omega P(t)dt\right)$　(2) $\lambda > 1$ なら有界でな
い. $\lambda = 1$ のとき周期解. $\lambda < 1$ のとき, $\displaystyle\lim_{t \to \infty} x(t) = 0$

B：第1章の演習問題

1.　(1) $\alpha \geqq 0$, $\beta \geqq 1$ および $\alpha \geqq 0$, $\beta = 0$
　(2) $\alpha = 0$, $\beta = 1$ および $\alpha = 0$, $\beta = 0$
　(3) (2)と同じ.

2.　微分と積分の順序変更が可能だから, $y(t) = \displaystyle\int_{t_0}^t \dfrac{\sin \omega(t-s)}{\omega} G(s, x(s)) ds$ が, $y(0) = \dot{y}(0) = 0$ を満たす
特解なことがわかる.

3. $\dfrac{x(t)-y(t)}{t-t_0} = \dfrac{(x(t)-x_0)-(y(t)-y_0)}{t-t_0}$ は $t=t_0$ の近傍で有界.

4. コーシー–リプシッツの定理の証明に現れる式(4)から,
$\displaystyle\sum_{n=1}^{\infty} \dfrac{M_0}{L}\dfrac{1}{n!}(L\,|t-t_0|)^n \leqq \rho$ ならば $x_n(t)$ がすべて存在して利用でき, 議論が成立. この式は $e^{L|t-t_0|}-1 \leqq \dfrac{L\rho}{M_0}$ と書ける.

5. $u(t) \neq v(t)$ なる点では明らか. $u(t_0)=v(t_0)$ ならば, $u'(t_0)=v'(t_0)$ であるから, $w(t)=\max\{u(t),v(t)\}$ について, $w'(t_0)=u'(t_0)$. min についても同様である.

6. $\varphi(t)=|x(t)-x'(t)|$ に対し, $\varphi(t) \leqq \displaystyle\int_{t_0}^{t} \dfrac{\varphi(s)}{s-t_0}\,ds$. 右辺を $\Phi(t)$ とおくと, $\dfrac{d}{dt}\left(\dfrac{1}{t-t_0}\Phi(t)\right) \leqq 0$

7. $u'(t)-v'(t)=F(t,u(t))-F(t,v(t)) \leqq 0$. $u(t)-v(t) \geqq 0$ より矛盾.

8. $\varphi'(0)=\displaystyle\lim_{x\to 0}\varphi'(x)=\lim_{x\to 0}\dfrac{c+d(\varphi(x)/x)}{a+b(\varphi(x)/x)}=\dfrac{c+d\varphi'(0)}{a+b\varphi'(0)}$

9. $[0,T[$ で $|x(t)| \leqq \beta(T)$ のとき, $F(t,x)$ は $\{(t,x):0 \leqq t \leqq T, \ |x| \leqq \beta(T)\}$ で連続であるから有界. よって, $\displaystyle\lim_{t\to T-0} x(t)$ の存在が結論される.

10. 積分曲線にそって $\dfrac{1}{2}{x_1}^2 + \dfrac{1}{4}{x_2}^4$ は一定値である.

B：第2章の演習問題

1. 危点は $x=0$, $x=1$. $x=0$ は漸近安定. $x=1$ は不安定.

2. (1) 危点は安定渦心点 (2) 危点は中心 (3) 退化した場合. 図は例 2-1 にならってえがけばよい.

3. $(0,0)$ は中心. $(1,0)$ は鞍点.

4. $\dot{x} = v$ とおいて, xv 平面で考える. 曲線 $C : v = x - \dfrac{1}{6}x^3$ を考える. 解軌道は x 軸, v 軸に関して対称. x 軸と交わる点では x 軸を垂直に切る. 曲線 C と交わるところでは x 軸に平行に切る. 危点は $(0,0)$, $(0, \pm\sqrt{6})$. $(0,0)$ は中心. $(0, \pm\sqrt{6})$ は鞍点.

5. (1) $(2n\pi, 0)$ は安定渦心点. $((2n+1)\pi, 0)$ は鞍点.

    (2) $v^2 = c_1 e^{-2rx} + \dfrac{2h^2}{1+4r^2}(\cos x - 2r\sin x)$ $(v > 0)$

$$= c_2 e^{2rx} + \dfrac{2h^2}{1+4r^2}(\cos x + 2r\sin x) \quad (v < 0)$$

    (3) $a_k{}^2 = \dfrac{2}{1+4r^2}(1 + e^{2rk\pi})$ $(k = 1, 2, \cdots)$ とするとき,

$a_{2m-1} < v_0 < a_{2m}$

6. $\dot{x} = v$ とおいて, xv 平面で考える. 解軌道は $x^4 + 2v^2 = c^4$. 単振子の周期の場合と同様に, 周期 $T = 4\displaystyle\int_0^c \dfrac{dt}{dx}dx = \dfrac{4\sqrt{2}}{c}\displaystyle\int_0^1 \dfrac{1}{\sqrt{1-u^4}}du = \dfrac{4}{c}K\left(\dfrac{1}{\sqrt{2}}\right)$ (K は第 1 種完全楕円積分. $K\left(\dfrac{1}{\sqrt{2}}\right) \fallingdotseq 2.085$)

7. $t = \alpha s$ として, s に関する方程式に変換する. $\alpha = \sqrt{\dfrac{a}{c}}$, $\mu = \dfrac{b}{\sqrt{ac}}$

8. $v = \dot{x}$ とすれば, $(x, v) = (0, 0)$ が危点. これは不安定渦心点.

9. リャプーノフ関数が $|x| \leqq R$ で定義されているとき, 任意の $\varepsilon > 0$ に対して $\{x : \varepsilon \leqq |x| \leqq R\}$ における最小値を m とし, $\delta > 0$ を $|x| < \delta$ のとき $V(x) < m$ なるようにとる.

$|x(t_0)| < \delta$ のとき $t \geqq t_0$ に対し $|x(t)| \leqq \varepsilon$.

10. $A \leqq 0$. 漸近安定.

C：第1章の演習問題

1. (1) $y_1(x) = 1 - \dfrac{1}{6}x^3 + \dfrac{1}{180}x^6 -$,

$y_2(x) = x - \dfrac{1}{12}x^4 + \dfrac{1}{504}x^7 - \cdots$

(2) $y_1(x) = 1 - \dfrac{1}{12}x^4 + \dfrac{1}{672}x^8 -$,

$y_2(x) = x - \dfrac{1}{20}x^5 + \dfrac{1}{1440}x^9 - \cdots$

2. $P_n(x) = F\left(-n, n+1, 1; \dfrac{1-x}{2}\right)$,

$T_n(x) = F\left(n, -n, \dfrac{1}{2}; \dfrac{1-x}{2}\right)$

3. (1) $(x^2-1)^{n+1} = (x^2-1)^n(x^2-1)$ を $n+2$ 回微分し，右辺についてはライプニッツの公式を用いれば第一の等式は得られる.

(2) (1)の第一式と，それをもう一度微分した式から，微分方程式を用いて P_{n+1}'' を消去する. これによって第一式が得られる.

(3) (1)の第一式で n を $n-1$ としたものに x^2-1 を乗じ，(2)の第一式を用いて変形する. (2)の第二式は(2)の第一式と(3)から直ちに得られる. (1)の第二式は(1)の第一式と(2)の第一式（n の値は適当に変更する）と(3)から導かれる.

4. $\dfrac{1}{\sqrt{1-2xt+t^2}} = f(x,t) = \displaystyle\sum_{n=0}^{\infty} f_n(x)t^n$ とおく. $\dfrac{\partial}{\partial t}f(x,t)$

より，$(x-t)\displaystyle\sum_{n=0}^{\infty} f_n(x)t^n = (1-2xt+t^2)\sum_{n=0}^{\infty} nf_n(x)t^{n-1}$.

$\dfrac{\partial}{\partial x} f(x, t)$ より, $t \sum\limits_{n=0}^{\infty} f_n(x) t^n = (1 - 2xt + t^2) \sum\limits_{n=0}^{\infty} f_n{'}(x) t^n.$

この両辺を x で微分して,

$t \sum\limits_{n=0}^{\infty} f_n{'}(x) t^n$

$\quad = -2t \sum\limits_{n=0}^{\infty} f_n{'}(x) t^n + (1 - 2xt + t^2) \sum\limits_{n=0}^{\infty} f_n{''}(x) t^n.$

これから,

$$n f_n - (2n-1) x f_{n-1} + (n-1) f_{n-2} = 0 \quad \cdots \text{①}.$$

$$f_{n-1} - f_n{'} + 2x f_{n-1}{'} - f_{n-2}{'} = 0 \quad \cdots \text{②}.$$

$$3 f_{n-1}{'} - f_n{''} + 2x f_{n-1}{''} - f_{n-2}{''} = 0 \quad \cdots \text{③}.$$

①, ②から, $f_n{'} - n f_{n-1} + x f_{n-1}{'} = 0$ が得られ, これを利用して, ③から f_n, $f_n{'}$, $f_n{''}$ の関係を導けば, ルジャンドルの微分方程式を得る.

5. $\exp\left[tx - \dfrac{x^2}{2} \right] = f(x, t) = \sum\limits_{n=0}^{\infty} f_n(x) \dfrac{t^n}{n!}$ と お く.

$\dfrac{\partial}{\partial t} f(x, t)$ をつくれば, $f_{n+1} - x f_n + n f_{n-1} = 0$. $\dfrac{\partial}{\partial x} f(x, t)$ をつくれば, $f_n{'} = n f_{n-1}$ が得られる. これより, f_n がエルミートの微分方程式を満たす多項式であることを結論する.

6. 省略.

7. $J_\nu{''}(j_k t) + \dfrac{1}{j_k t} J_\nu{'}(j_k t) + \left(1 - \dfrac{\nu^2}{j_k{}^2 t^2} \right) J_\nu(j_k t) = 0$ $(k = 1, 2)$.

これに $j_k{}^2 t J_\nu(j_m t)$ $(k \neq m)$ をかけて引き算すれば,

$$(t(j_1 J_\nu{'}(j_1 t) J_\nu(j_2 t) - j_2 J_\nu{'}(j_2 t) J_\nu(j_1 t)))'$$

$$= -(j_1{}^2 - j_2{}^2) t J_\nu(j_1 t) J_\nu(j_2 t)$$

$$\therefore \quad (j_1{}^2 - j_2{}^2) \int_0^1 t J_\nu(j_1 t) J_\nu(j_2 t) dt$$

$$= -\Big[t(j_1 J_\nu{}'(j_1 t) J_\nu(j_2 t) - j_2 J_\nu{}'(j_2 t) J_\nu(j_1 t) \Big]_0^1 = 0.$$

ここで，$j_2 \to j_1$ とした極限として，漸化式を利用すれば，
$\int_0^1 t (J_\nu(j_1 t))^2 dt$ が得られる.

8. $\alpha'(x) = \alpha(x) \left(\nu^2 - \dfrac{1}{4} \right) \dfrac{1}{x^2} \sin(x + \beta(x)) \cos(x + \beta(x))$,

$\beta'(x) = - \left(\nu^2 - \dfrac{1}{4} \right) \dfrac{1}{x^2} \sin^2(x + \beta(x))$. これより，

$(\log \alpha(x))'$, $\beta'(x)$ が有界. ゆえに，$\lim\limits_{x \to \infty} \alpha(x)$, $\lim\limits_{x \to \infty} \beta(x)$

が存在. したがって $J_\nu(x)$ は $\sin(x + \beta_\infty)$ の零点に近いところに零点をもつ.

9. $y(x) = x^{1/2} J_{\pm 1/3} \left(\dfrac{2}{3} x^{3/2} \right)$

10. $u = x^{1/2} J_{\pm 1/(\alpha+2)} \left(\dfrac{2\sqrt{-ab}}{\alpha+2} x^{(\alpha+2)/2} \right)$

C：第 2 章の演習問題

1. $w' = \dfrac{1}{-ad+bc} [p_0(x)(aw-c)^2 + p_1(x)(aw-c)(-bw + d) + p_2(x)(-bw+d)^2] = q_0(x) + q_1(x)w + q_2(x)w^2$

2. $p_2 w'' + (p_1 p_2 - p_2')w' + p_0 p_2{}^2 w = 0$. (2)については $y_k = -\dfrac{w_k{}'}{p_2 w_k}$ $(k = 1, 2, 3, 4, w_k$ は上記線形微分方程式の解) を非調和比の表示式に代入し，ロンスキアンに対するアーベルの公式を利用する.

3. 2-2 と同様に，解 $y(x)$ において 0 のまわりをまわって考えれば，$y(x) = x^\rho u(x)$ の形で $u(x)$ はローラン級数に

展開される. $xP(x)$ が $x = 0$ で正則, が確定特異点のための条件である. これはまた, $y' + P(x)y = 0$ の解が $y = C\exp(-\int p(x)dx)$ であることを用いて論じてもよい.

$P(x) = \sum p_n x^n$ とするとき,

$$y = Cx^\rho \exp\left(-\sum_{n \neq -1} \frac{p_n}{n+1} x^{n+1}\right) \quad (\rho = -p_{-1})$$

となる.

4. 係数 $P(x)$ の特異点は $x = a_1, a_2, \cdots, a_m$ 各特異点は確定特異点. 決定方程式の解は $\rho = -1$, ゆえに解 $y(x)$ は

$$y(x) = \frac{u_k(x)}{x - a_k} \quad (u_k(x) \text{ は } x = a_k \text{ で正則}, \ k = 1, 2, \cdots, m) \text{ の}$$

形. ゆえに $(x - a_1)(x - a_2)\cdots(x - a_n)y(x)$ は全平面で正則. これは定数になる. 直接, A. 2-3 の方法で解を求めることもできる.

5. $y(x)$ は $|x| < r$ で a, b を除いては任意に解析接続できる. a のまわりを 1 回まわれば定数倍. これより $y(x) = (x - a)^\alpha u_1(x)$ の形であることがわかる. ここで $u_1(x)$ は a の近傍で a を除いて正則, b のまわりでも, $y(x) = (x - b)^\beta u_2(x)$. よって, $(x - a)^{-\alpha}(x - b)^{-\beta}y(x)$ は $|x| < r$ で a, b を除いて一価正則.

6. 2-2(8)より, $x = \dfrac{1}{z}$ によって微分方程式を変換する. そこで $z = 0$ で正則な解は, $y = 0$ しかないことを示す.

7. $\dfrac{(x^2-1)^{m/2}}{x^{n+m+1}} F\left(\dfrac{n+m}{2}+1, \dfrac{n+m+1}{2}, n+\dfrac{3}{2}; \dfrac{1}{x^2}\right)$

8. ラゲールの微分方程式 $F(-n, 1; x)$ $(= L_n(x))$.

エルミートの微分方程式では, $z = \dfrac{x^2}{2}$ で変換する.

$$F\left(-\frac{n}{2}, \frac{1}{2}; \frac{x^2}{2}\right)$$

n が偶数のときは，これで多項式を得る.

$$H_{2k}(x) = (-1)^k (2k-1)!! \, F\left(-k, \frac{1}{2}; \frac{x^2}{2}\right).$$

$$h_{2k}(x) = (-1)^k 2^k k! \, x F\left(\frac{1}{2}-k, \frac{3}{2}; \frac{x^2}{2}\right).$$

n が奇数のときは，$F\left(-\dfrac{n}{2}, \dfrac{1}{2}; \dfrac{x^2}{2}\right)$ は多項式にならず，こちらが第2種のエルミート関数を与えることになる.

$$H_{2k+1}(x) = (-1)^k (2k+1)!! \, x F\left(-k, \frac{3}{2}; \frac{x^2}{2}\right).$$

$$h_{2k+1}(x) = (-1)^{k+1} 2^k k! \, F\left(-\frac{1}{2}-k, \frac{1}{2}; \frac{x^2}{2}\right)$$

9. (1) $I_\nu(x) = \left(\dfrac{x}{2}\right)^\nu \displaystyle\sum_{k=0}^\infty \dfrac{1}{k! \, \Gamma(\nu+k+1)} \left(\dfrac{x}{2}\right)^{2k}$,

$I_{-n}(x) = I_n(x)$.

(2) $\operatorname{ber} x = \displaystyle\sum_{k=0}^\infty \dfrac{(-1)^n}{((2n)!)^2} \left(\dfrac{x}{2}\right)^{4n}$,

$\operatorname{bei} x = \displaystyle\sum_{k=0}^\infty \dfrac{(-1)^n}{((2n+1)!)^2} \left(\dfrac{x}{2}\right)^{4n+2}$

10. $y'' + P(x)y' + Q(x)y = 0$ で，$x = a_1, a_2, a_3$ を確定特異点とすることより，$P(x) = \displaystyle\sum_{k=1}^3 \dfrac{\alpha_k}{x - a_k} + F(x)$, $F(x)$ は全平面で正則の形. $x = \infty$ が正則点であることより，$\displaystyle\sum_{k=1}^3 \alpha_k = 2$, $F(x) = 0$. $Q(x)$ が各 a_k をたかだか2位の極にもつことより，

$$Q(x) = \frac{G(x)}{(x-a_1)^2(x-a_2)^2(x-a_3)^2} + H(x),$$

$H(x)$ は x の 5 次以下の多項式.$H(x)$ は全平面で正則の形.ふたたび $x = \infty$ が正則より $H(x) = 0$,$G(x)$ はたかだか 2 次の多項式.そこで,

$$Q(x) = \frac{1}{(x-a_1)(x-a_2)(x-a_3)} \sum_{k=1}^{3} \frac{\alpha_k{}'}{x-a_k}$$

と書ける.各 a_k における決定方程式の解は,$\rho_k + \rho_k{}' = 1 - \alpha_k$,$\rho_k \rho_k{}' = \dfrac{\alpha_k{}'}{(a_k-a_p)(a_k-a_q)}$ となる.

さ　く　い　ん

404

本書は一九七七年二月一八日、秀潤社から刊行された。

おなじみ一刀斎の秘伝公開！　極限と連続に始まり、指数関数と三角関数を経て、偏微分方程式に至る。見晴らしのきく、読み切り22講義。

1次元線形代数学から多次元へ、1変数の微積分から多変数へ。応用面とも異なる、教育的重要性を軸に展開するユニークなベクトル解析のココロ。

数楽的センスの大饗宴！　読み巧者の数学者と数学ファンの画家が、とめどなく繰り広げる興趣つきぬ数学談義。
（河合雅雄・亀井哲治郎）

理工系大学生必須の線型代数を、その生態のイメージと意味のセンスを大事にしつつ、基礎的な概念をひとつひとつユーモアを交え丁寧に説明する。

一刀斎の案内で数の世界を気ままに歩き、勝手に遊ぶ数学エッセイ。「微積分の七不思議」「数学の大いなる流れ」他三篇を増補。
（亀井哲治郎）

「数学のノーベル賞」とも称されるフィールズ賞。その誕生の歴史、および第一回から二〇〇六年までの歴代受賞者の業績を概説。

レヴィ゠ストロースと群論？　ニーチェやオルテガの遠近法と射影幾何学。ヘーゲルと解析学、孟子と関数概念……。数学的アプローチによる比較思想史。

熱の正体とは？　その物理的特質とは？　『磁力と重力の発見』の著者による壮大な科学史。全面改稿。

熱力学はカルノーの一篇の論文に始まり骨格が完成した。熱素説に立ちつつも、時代に半世紀も先行していた。理論のヒントは水車だったのか？

「自己相似」が織りなす複雑で美しい構造とは。その数理とフラクタル発見までの歴史を豊富な図版とともに紹介。

集合をめぐるパラドックス、ゲーデルの不完全性定理からファジー論理、P＝NP問題などのより現代的な話題まで。大家による入門書。（田中一之）

『集合・位相入門』などの名教科書で知られる著者による。懇切丁寧な入門書。組合せ論・初等数論を中心に、現代数学の一端に触れる。（荒井秀男）

自然現象や経済活動に頻繁に登場する超越数e。この数の出自と発展の歴史を描いた一冊。ニュートン、オイラー、ベルヌーイ等のエピソードも満載。

オイラー、モンジュ、フーリエ、コーシーらは数学者であり、同時に工学の課題に方策を授けていた。「ものづくりの科学」の歴史をひもとく。

偏微分方程式論などへの応用からベクトル値関数、半群の話題まで。バナッハ空間論からベクトル値関数、半群の話題まで。の基礎理論を過不足なく丁寧に解説。（新井仁之）

平面、球面、歪んだ空間、そして……。幾何学的世界像は今なお変化し続ける。『スタートレック』の脚本家が誘う三千年のタイムトラベルへようこそ。

科学の魅力とは何か？　創造とは、そして死とは？老境を迎えた大物理学者との会話をもとに書かれた、珠玉のノンフィクション。（山本貴光）

現代生物学では何が問題になるのか。20世紀生物学に多大な影響を与えた大家が、複雑な生命現象を理解するためのキー・ポイントを易しく解説。

多岐にわたるノイマンの業績を展望するための文庫オリジナル編集。本巻は量子力学・統計力学など物理学の重要論文四篇を収録。全篇新訳。

終戦直後に行われた講演「数学者」から、「作用素環について」まで I〜IV の計五篇を収録。一分野としての作用素環論を確立した記念碑的業績を網羅する。

中南米オリノコ川で見たものとは？ 植生と気候、緯度と地磁気などの関係を初めて認識した、ゲーテ自然学を継ぐ博物・地理学者の探検紀行。

気鋭の文法学者によるチョムスキーの生成文法解説書。文庫化にあたり旧著を大幅に増補改訂し、付録として黒田成幸の論考「数学と生成文法」を収録。

実験・観察にすぐれたファラデー、電磁気学にまとめたマクスウェル、ほかにクーロンやオームなど科学者十二人の列伝を通して電気の歴史をひもとく。

大学、学会、企業、国家などと関わりながら「制度化」の歩みを進めて来た西洋科学。現代に至るまでの約五百年の歴史を概観する定評ある入門書。

円周率だけでなく意外なところに顔をだすπ。ユークリッドやアルキメデスによる探究の歴史に始まり、オイラーの発見したπの不思議にいたる。

微積分の基本概念・計算法を全盲の数学者がイメージ豊かに解説。版を重ねて読み継がれる定番の入門教科書。練習問題・解答付きで独習にも最適。

「フラクタルの父」マンデルブロの主著。膨大な資料を基に、地理・天文・生物などあらゆる分野から事例を収集・報告したフラクタル研究の金字塔。

事実・推論・証明……。理屈っぽいとケムたがられる話題を、なるほどと納得させながら、ユーモアたっぷりにひもといたゲーデルへの超入門書。

美しい数学とは詩なのです。うまくひもとければそれを楽しめたら……そんな期待に応えてくれる心やさしいエッセイ風数学再入門。

成績の平均や偏差値はおなじみでも、実務の水準とは隔たりが！基礎からやり直したい人のために伝説の検定教科書を指導書付きで復活。

わかってしまえば日常感覚に近いものながら、数学挫折のきっかけの微分・積分。その基礎を丁寧にひもといた入門のための検定教科書第2弾！

高校数学のハイライト「微分・積分」！その入門コース『基礎解析』に続く本格コース。公式暗記の学習からほど遠い、特色ある教科書の文庫化第3弾。（細谷暁夫）

7次元球面には相異なる28通りの微分構造が可能！フィールズ賞受賞者を輩出したトポロジー最前線を臨場感ゆたかに解説。（竹内薫）

ここにも数学があった！石鹸の泡、くもの巣、雪片曲線、一筆書きパズル、魔方陣、DNAらせん……。イラストも楽しい数学入門150篇。

アインシュタインが絶賛し、物理学者内山龍雄をして「研究のためでも訳したかった」と言わしめた、相対論三大名著の一冊。

「わたしの物理学は……」ハイゼンベルク、ディラック、ウィグナーら六人の巨人たちが集い、それぞれの歩んだ現代物理学の軌跡や展望を語る。

ちくま学芸文庫

常微分方程式
じょうびぶんほうていしき

二〇二〇年十二月十日　第一刷発行

著　者　竹之内　脩（たけのうち・おさむ）

発行者　喜入冬子

発行所　株式会社　筑摩書房
　　　　東京都台東区蔵前二─五─三　〒一一一─八七五五
　　　　電話番号　〇三─五六八七─二六〇一（代表）

装幀者　安野光雅

印刷所　大日本法令印刷株式会社

製本所　株式会社積信堂

乱丁・落丁本の場合は、送料小社負担でお取り替えいたします。
本書をコピー、スキャニング等の方法により無許諾で複製する
ことは、法令に規定された場合を除いて禁止されています。請
負業者等の第三者によるデジタル化は一切認められていません
ので、ご注意ください。

© Yumiko TAKENOUCHI 2020　Printed in Japan
ISBN978-4-480-51026-6 C0141